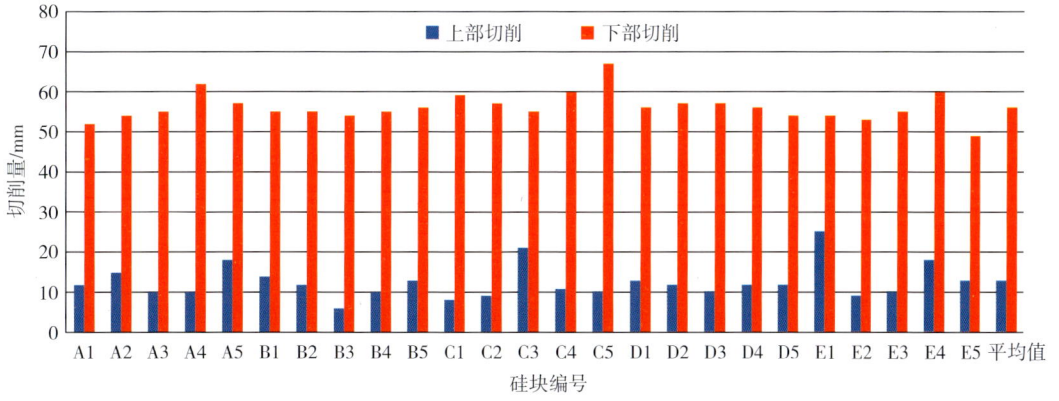

彩图 1　硅块上、下部切削量（见正文图 2-26）

彩图 2　Cu_2ZnSnS_4 前驱体溶液（见正文图 3-41）

彩图 3　Cu_2ZnSnS_4 前驱体溶液（见正文图 3-51）

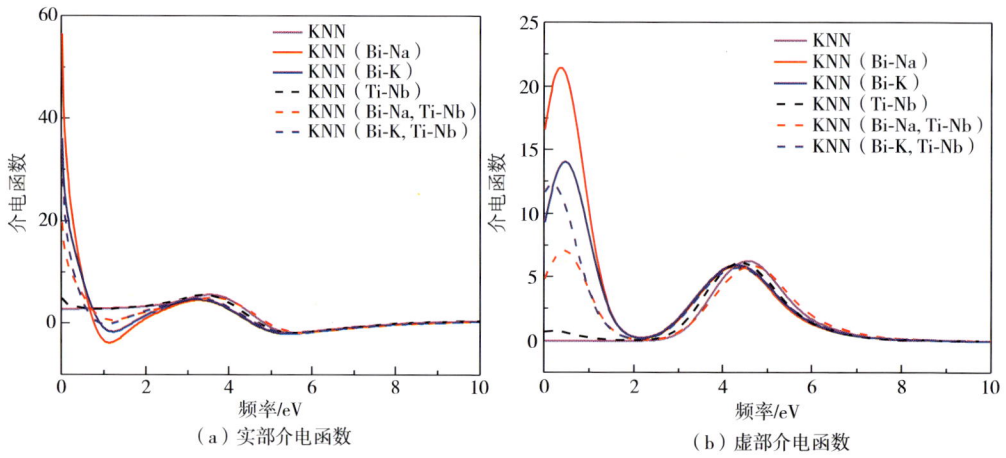

（a）实部介电函数

（b）虚部介电函数

彩图 4　Bi、Ti 掺杂 KNN 的介电函数（见正文图 4-40）

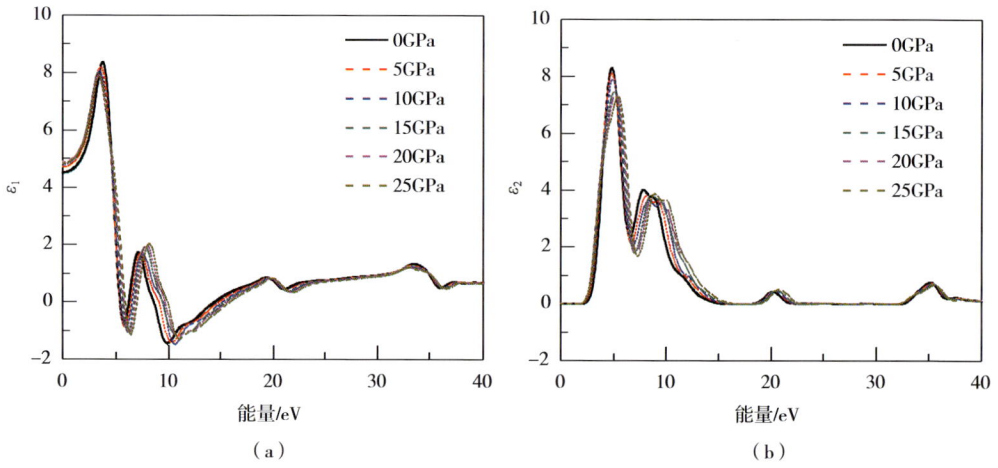

（a）

（b）

彩图 5　压应力作用下 KNaNbO$_3$ 的复介电函数（见正文图 4-51）

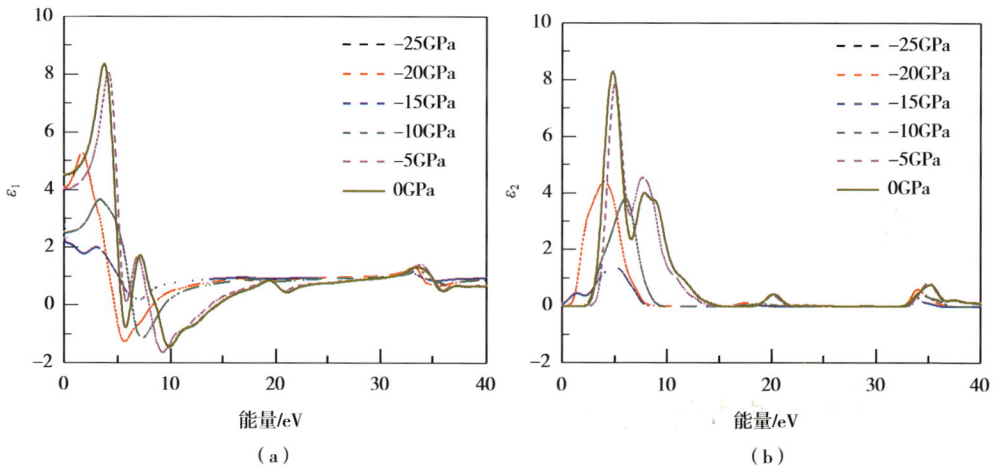

（a）

（b）

彩图 6　拉应力作用下 KNaNbO$_3$ 的复介电函数（见正文图 4-52）

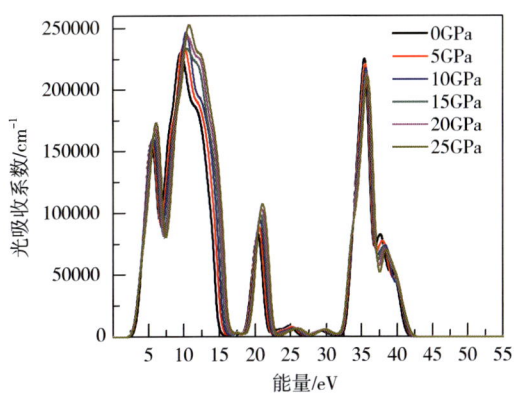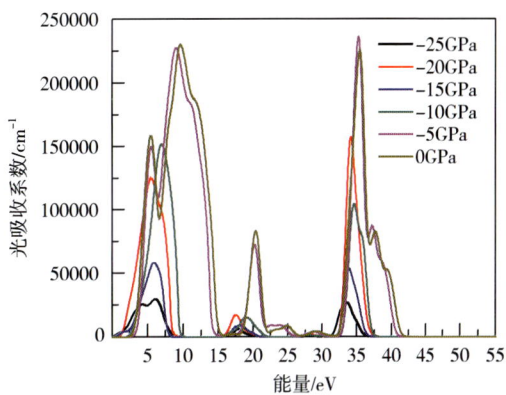

（a） （b）

彩图 7　应力下 KNaNbO$_3$ 的光吸收系数（见正文图 4-53）

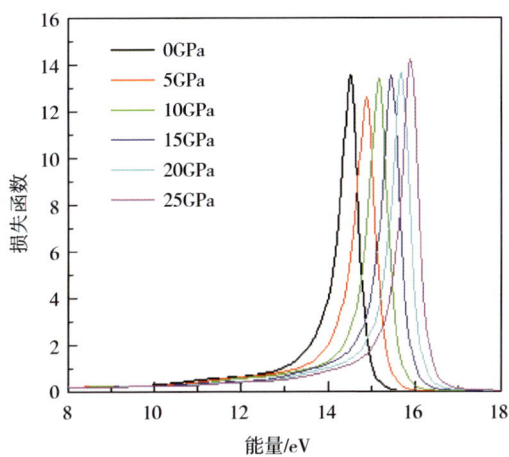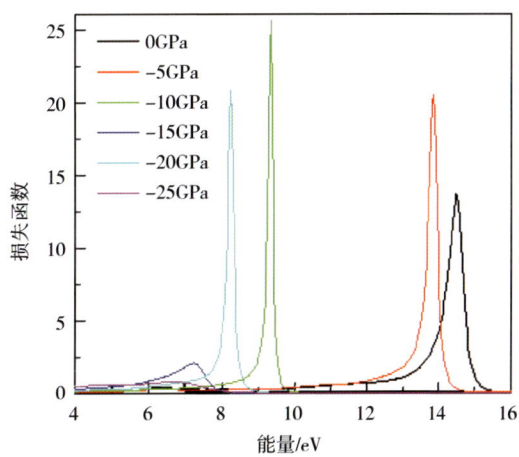

（a） （b）

彩图 8　应力下 KNaNbO$_3$ 的能量损失函数（见正文图 4-54）

光电功能材料的制备与性能研究

杨秀凡 著

中国纺织出版社有限公司

内 容 提 要

本书对光电功能材料领域中太阳能电池铸锭多晶硅、太阳能电池铸造类单晶、太阳能电池铜锌锡硫、无铅压电材料铌酸钾钠、红荧烯光电薄膜等光电功能材料开展了第一性原理的模拟计算和实验研究，理论模拟结合实验制备，从理论和实验的角度阐述了影响以上光电功能材料性能的因素及原因。

本书可作为从事光电功能材料研究的科技人员、教师、研究生及本科生的参考书使用。

图书在版编目（CIP）数据

光电功能材料的制备与性能研究 / 杨秀凡著 .

北京：中国纺织出版社有限公司，2025.5. -- ISBN 978-7-5229-2680-3

Ⅰ. TN204

中国国家版本馆 CIP 数据核字第 2025DE3767 号

责任编辑：苗 苗 责任校对：寇晨晨 责任印制：王艳丽

中国纺织出版社有限公司出版发行

地址：北京市朝阳区百子湾东里 A407 号楼 邮政编码：100124

销售电话：010—67004422 传真：010—87155801

http://www.c-textilep.com

中国纺织出版社天猫旗舰店

官方微博 http://weibo.com/2119887771

三河市宏盛印务有限公司印刷 各地新华书店经销

2025 年 5 月第 1 版第 1 次印刷

开本：787×1092 1/16 印张：16 插页：2

字数：340 千字 定价：88.00 元

前言
Preface

新型工业化在高质量发展中具有重要作用，新型工业化强调技术创新、信息化与工业化深度融合、绿色低碳发展等特征。在这个过程中，材料学科的发展尤为重要，尤其是那些具有特殊功能和高性能的材料，如光电功能材料。随着全球对可持续发展和技术创新的重视，新型工业化进程不断推进，光电功能材料作为这一进程中的重要组成部分，正发挥着越来越关键的作用。

在当今这个日新月异的科技时代，光电功能材料作为推动科技进步和产业变革的关键要素，正日益受到全球科研界和产业界的广泛关注。光电功能材料，顾名思义，是指那些具有光电转换、电致发光、光电探测、光电存储等特殊功能的材料。它们不仅能够将光能高效转化为电能，如太阳能电池中的光电效应，还能够在电场作用下发出光信号，如 LED 的电致发光现象。此外，光电功能材料还能在力和电之间转换，甚至实现光与电之间的双向转换与存储，展现了其在多个高科技领域的核心作用。

尽管光电功能材料在光电转换效率、光电响应速度等方面已经取得了显著进展，但在进一步提升材料性能方面仍面临瓶颈。材料性能提升问题，例如，太阳能电池的光电转换效率虽然已经较高，但仍难以满足某些高效能应用的需求。同时，材料的稳定性也是一个关键问题。一些新兴的光电功能材料虽然具有优异的性能，但在实际应用中往往因为稳定性不足而受到限制。材料选择与制备工艺问题，光电功能材料的种类繁多，选择适合特定应用的材料需要综合考虑多种因素，包括性能、成本、制备工艺等。这种复杂性增加了材料筛选和应用的难度。此外，光电功能材料的制备工艺往往较为复杂，需要精确控制反应条件和参数，这对生产设备的精度和稳定性提出了高要求。环境污染与资源消耗问题，一些光电功能材料在制备和使用过程中可能产生环境污染问题，如废水、废气等排放物需要处理。同时，这些材料的生产也可能消耗大量资源，如能源、矿产等。如何在保持材料性能的同时降低环境污染和资源消耗是当前光电功能材料研究需要解决的重要问题之一。多学科交叉不足问题，光电功能材料的研究涉及物理学、化学、材料科学、电子工程等多个学科领域。然而，在实际研究中往往存在多学科交叉不足的问题，这限制了材料性能的进一步提升和应用领域的拓展。

对光电功能材料研究存在的问题，研究者需要持续探索新型材料，通过分子设计、纳米技术等手段优化材料性能，同时加强跨学科合作，开发综合性能更优的材料。深入研究光电转换机制，探索新的光电转换途径。同时，通过材料改性、结构优化等手段提高光电转换效率。通过表面改性、封装保护等手段提高材料的耐久性和环境适应性。同时，建立完善的测试和评价体系，确保材料在实际应用中的可靠性。推动绿色制造和循环经济，减少生产过程中的环境污染和资源消耗。同时，开发可回收、可降解的材料，实现资源的可持续利用。

本著作凝聚了作者在光电功能材料领域多年研究的心血和成果，并广泛参考了国内外最新的研究成果，力求为读者呈现一个专业、深入的光电功能材料知识体系。本著作介绍了光电功能材料领域中太阳能电池铸锭多晶硅、太阳能电池铸造类单晶、太阳能电池铜锌锡硫、无铅压电材料铌酸钾钠、红荧烯光电薄膜等的研究内容。为了揭示以上光电功能材料性能的物理微观机制，提高光电功能材料的性能，作者开展了第一性原理的模拟计算和实验研究。从掺杂改性、制备工艺、外界因素（如温度、应力等）等方面入手对以上光电功能材料展开研究，从理论和实验角度阐述了影响材料性能的因素，寻求提高光电功能材料性能的制备方法和工艺。同时，我们也期待本著作能够激发更多科研工作者和产业界的兴趣与热情，共同推动光电功能材料领域的持续创新与发展，为实现新型工业化添砖加瓦。

本著作出版得到安顺学院 2024 年中央支持地方高校改革发展资金（材料与航空学科）经费资助。

在此，衷心感谢所有为光电功能材料领域做出杰出贡献的科研人员和产业界同仁。是你们的智慧和努力，让这个世界变得更加光明和美好。我们也期待本著作的出版能够为光电功能材料领域及新型工业化的发展和应用贡献一份力量。

著者
2025 年 5 月

目录
Contents

第 1 章

光电功能材料概述

光电功能材料是指那些具有光电转换、电致发光、光电探测及光电存储等特殊功能的材料。这类材料能够高效地将光能转化为电能（如太阳能电池中的光电效应），或在电场作用下发出光信号（如 LED 的电致发光现象），也可以在力和电之间进行转换（如压电效应），甚至实现光与电之间的双向转换与存储。光电功能材料凭借其独特的光电性质，在光电器件、光伏发电、光电通信、光储存等多个高科技领域发挥核心作用，是推动信息技术进步和新能源产业发展的重要基石。它们不仅具备高效的光电转换效率、快速的光电响应速度以及良好的环境稳定性，还展现出多样化的材料体系，包括有机光电材料、无机光电材料、纳米光电材料等，为科技创新和产业升级提供了无限可能。本章将从光电功能材料的分类、性质及应用三个方面进行阐述。

　　光电功能材料之所以能够在众多领域发挥关键作用，得益于其独特的性能特点[1-6]：

　　（1）高效的光电转换能力。光电功能材料具有优异的光吸收和光电转换效率，能够将光能高效地转化为电能，这是太阳能电池等器件的核心性能指标。

　　（2）快速的光电响应速度。光电功能材料对光信号的响应非常迅速，能够在极短时间内完成光电转换或电致发光过程，这对于光电传感器和高速光通信等领域至关重要。

　　（3）良好的稳定性。光电功能材料在各种环境下都能保持稳定的性能，不易受温度、湿度等外界因素影响，能够满足长期稳定运行的需求。

　　（4）多样化的材料体系。光电功能材料种类繁多，包括有机光电材料、无机光电材料、纳米光电材料等，每种材料都有其独特的性能和应用领域。

1.1　光电功能材料的分类

　　光电功能材料可以根据其光电效应、材料组成、应用领域等多种方式进行分类。以下是一种基于光电效应和常见类型的分类方法。

1.1.1　光电转换材料

　　这类材料能够将光能转换为电能，是光电功能材料中最为重要的一类。光电转换材料最具代表性的是太阳能电池光伏材料。如晶体硅、非晶硅、铜锌锡硫太阳能电池材料、钙钛矿太阳能电池材料等，用于太阳能电池板，将太阳能转化为电能。

　　硅基太阳能电池是目前商业化应用最广泛的光电转换材料之一。单晶硅太阳能电池具有最高的光电转换效率。目前，单晶硅太阳能电池光电转换效率可达 26.6%[7]，商业化产品的光电转换效率通常在 22%~25%[8]。多晶硅太阳能电池是在单晶硅太阳能电池基础上发展而来的一种新型太阳能电池。与单晶硅相比，多晶硅材料制备工艺相对简单, 成本更低, 因此在大规模商业化应用中具有明显优势。目前, 多晶硅太阳能电池实验室最高光电转换效率为24.4%, 商业化使用的多晶硅电池转换效率为19%~20%, 适用于大规模商业化应用[8]。

铜锌锡硫 (CZTS) 薄膜太阳能电池作为一种新型无机薄膜太阳能电池, 近年来因其独特的材料性能和显著的应用潜力, 受到了广泛的关注。CZTS 由铜 (Cu)、锌 (Zn)、锡 (Sn) 和硫 (S) 四种元素组成, 化学式为 Cu_2ZnSnS_4, 是一种高性能的直接带隙半导体材料。CZTS 具有较高的光吸收系数, 能够在较薄的厚度下吸收大部分太阳光, 有助于降低材料消耗和成本。CZTS 的禁带宽度可在 1.0~1.5eV[9,10] 连续可调, 处于单结太阳能电池的理想带隙值范围内, 适合作为太阳能电池的吸收层。

另外, 光电导材料也是一种重要的光电转换材料, 其主要特性是在光照下电导率会显著上升。这类材料在无光照时通常是绝缘体或半导体, 但在受到光照射后, 其内部会产生电子–空穴对, 导致电导率增加, 从绝缘体或半导体转变为导体性质。光电导材料的应用非常广泛, 是现代信息技术的重要组成部分。光电导材料具备较高的化学、光化学和热稳定性, 以及对环境温度和湿度变化的不敏感性。如砷化镓 (GaAs)、铟磷 (InP)、硫化镉、硒化镉等, 用于光电导器件, 通过光照改变材料的电导率。

1.1.2　电致发光材料

电致发光材料是一类在直流或交流电场作用下, 依靠电流和电场的激发, 电子和空穴发生复合并发光, 将电能直接转换成光能的材料[11]。电致发光不是通过热辐射的形式实现发光, 而是一种非热转换过程。电致发光材料通常具有较高的发光效率, 能够在较低的电压和电流下产生较高的光亮度。这类材料在现代电子技术和光电子技术中具有广泛的应用, 不仅用于照明和显示领域, 还涉及传感、通信、医疗等多个领域, 如 LED (电致发光二极管)、OLED (有机电致发光二极管)、ELP (高分子电致发光材料) 等。

(1) LED 材料。LED 的核心是半导体材料, 这些材料通常由多种元素组成, 主要包括砷 (As)、铝 (Al)、镓 (Ga)、铟 (In)、磷 (P)、氮 (N) 等。这些元素通过不同的组合和配比, 形成具有特定光电特性的半导体化合物。如氮化镓 (GaN)、磷化镓 (GaP) 等, 用于制造 LED 灯和显示屏。砷化镓 (GaAs) 常用于制造红色、黄色及红外线的 LED。砷化镓具有良好的电导性和发光特性, 是 LED 制造中的重要材料。磷化镓 (GaP) 主要用于制造绿色 LED。磷化镓同样具有优异的电学和光学性能, 适用于发光器件。铝镓砷 (AlGaAs) 通过调整铝、镓和砷的比例, 可以制造出发光波长从红外到红色的多种 LED。这种材料在高性能 LED 制造中占据重要地位。氮化镓 (GaN) 是制造蓝色和绿色 LED 的关键材料。氮化镓具有宽能隙和高电子迁移率的特性, 使其制造的 LED 具有高亮度和高效率。铟镓氮 (InGaN) 通过调整铟、镓和氮的比例, 可以制造出发光波长从蓝色到紫外的 LED。这种材料在制造高亮度白光 LED 中尤为重要。

(2) OLED 材料。OLED 是一种由有机化合物构成的薄膜材料。通过电压激发有机分子的激发态，OLED 能够发出光线。OLED 具有发光均匀、色彩鲜艳、可弯曲等特点，因此被广泛应用于手机屏幕、电视屏幕、车载显示器等领域。典型有机发光材料如红荧烯，场发射显示材料如碳纳米管、氧化锌等，用于场发射显示器。

（3）ELP 材料。ELP 是一类能够通过施加电场而发光的有机高分子材料，具有良好的柔性和可塑性。ELP 材料在 OLED 和有机电激发光（OLET）等领域具有广泛的应用潜力。

（4）无机电致发光材料。如硫化锌（ZnS）等，这些材料在强电场或注入式电流的作用下也能发出可见光。其中，ZnS 是应用最早、最广泛的荧光粉基质材料之一。

（5）稀土电致发光材料。稀土元素因其独特的电子结构和光学性质，在电致发光领域也占有重要地位。稀土激活的直流电致发光荧光粉正在研制中，如绿色的 CaS：Ce，Cl、红色的 CaS：Eu，Cl 和蓝绿色的 SrS：Ce，Cl 等。

1.1.3　光电探测材料

光电探测材料通过吸收光子能量，产生电子-空穴对，进而在外加电场或内建电场的作用下分离，形成电流，实现光信号到电信号的转换。[12] 光电探测材料在光电探测器、光电传感器等光电器件中发挥着关键作用。这类材料通常具有较高的光电转换效率和较快的响应速度，是光电探测技术的核心组成部分。

（1）光电导型材料。在光照作用下，材料的电导率会发生变化。当光照射到光电导材料上时，材料中的电子会被激发至导带，从而增加材料的电导率。典型材料如硫化镉（CdS）、硒化镉（CdSe）等。

（2）化合物半导体。如硒化镉（CdSe）、硒化锌（ZnSe）、砷化镓（GaAs）等，这些材料具有较窄的带隙宽度和较高的光电转换效率，适用于不同波段的光电探测。

（3）热释电型材料。基于材料吸收红外辐射后的热效应进行工作。当红外辐射被材料吸收后，会导致材料温度升高，进而引起材料物理性质的变化（如电阻的变化）。典型材料如钽酸锂（LiTaO$_3$）、锆钛酸铅（PZT）等。

（4）量子阱型材料。利用量子力学效应工作，通过设计特定的能级结构来实现对光信号的高效探测。典型材料如铟镓砷（InGaAs）/铟磷（InP）多层异质结构等。

（5）光电二极管材料。如硅、锗等，用于制造光电二极管。

（6）光敏电阻材料。如硫化镉、硒化镉等，光照时电阻发生变化。

（7）新型二维材料。如黑磷、二硒化钯、硒化锗等，这些材料具有本征低对称结构和光学各向异性，在偏振敏感光电探测器中展现出巨大潜力。

1.1.4　光电存储材料

光电存储材料是一类利用光与材料的相互作用进行信息记录，并通过光或光电转换方法进行信息读取的光电子材料。[13,14] 这类材料能够存储光信息，是光盘、光存储器等的基础。

（1）感光存储材料。信息（如文字、图像和物体）通过照相方法存储于感光记录材料中。信息被缩小为信息源的 1/100 以上，并可通过光学放大的方法读取，或用照相和复印的方法显示。常用材料包括缩微胶片，主要为卤化银感光材料。

（2）光全息存储材料。利用相干光（如激光）作为光源，通过光的干涉原理将信息存储在材料中。信息的再显示同样通过激光束实现。可分为一次性全息存储材料（如银盐照相材料、重铬酸盐明胶和热塑材料等）和可擦除全息存储材料（如光折变电光晶体）以及可逆性全息存储材料（如光二向色材料）。

（3）光盘存储材料。数字光盘存储是动态的、二进位的数字存储方式。根据数据的记录和读出方式不同，可分为只读式、一次写入多次读出式、可擦重写式。常用的光盘存储材料包括稀土–过渡金属合金、氧化物磁光材料、有机染料和光色材料等。

（4）荧光材料。用于某些类型的光存储介质，通过荧光效应存储和读取信息。典型材料有卤化银感光材料，如缩微胶片，是这类材料中的典型代表。

（5）稀土–过渡金属合金。具有优异的光学性能和磁性能，适用于高密度光盘存储。

（6）氧化物磁光材料。在磁场和光场的共同作用下能够改变磁化方向，从而实现信息的记录和擦除。

（7）有机染料。通过光照引起化学变化，从而记录信息。这类材料成本低廉，制备简单，广泛应用于一次性写入光盘中。

（8）光色材料。在光照下发生颜色变化，从而记录信息。这类材料具有色彩丰富、可读性强等优点。

1.1.5 压电材料

压电材料是一类具有特殊物理性质的功能材料，其最显著的特点是压电效应。压电材料的工作原理基于晶体结构的非对称性，当外力作用于压电材料上时，会导致晶体结构发生形变，从而使正负电荷中心不再重合，产生电势差和电荷分离，这种电势差即为压电材料产生的电信号。[15,16] 反之，当施加电场时，压电材料内部的电荷分布也会发生改变，从而引起机械形变。广泛应用于压电传感器、压电执行器（在精密机械、航空航天等领域，压电执行器用于实现精确的位置控制和动态响应）、可穿戴设备、无线传感器网络、心脏起搏器、人工耳蜗等领域。此外，压电材料还在声学、光学、机器人等领域具有广泛的应用。

（1）晶体类压电材料。如石英晶体、镓酸锂、锗酸锂等。这类材料具有优异的压电性能，但成本较高。

（2）陶瓷类压电材料。如钛酸钡、锆钛酸铅（PZT）、铌酸钾钠（KNN）等。这类材料是应用最广泛的压电材料之一，具有良好的压电性能和较低的成本。

（3）高分子类压电材料。聚偏氟乙烯（PVDF）等。这类材料具有良好的柔韧性和可塑性，适用于一些特殊应用场合。

（4）复合类压电材料。如压电陶瓷-高分子复合材料等。这类材料综合了多种材料的优点，具有比较优异的压电性能和机械性能。

1.1.6 其他光电功能材料

除了上述几类，还有一些具有特殊光电功能效应的材料。

（1）光电催化材料。如二氧化钛（TiO_2），用于光解水制氢等光电催化反应。

（2）非线性光学材料。如铌酸锂（$LiNbO_3$），用于制造光开关、光调制器等非线性光学器件。

（3）量子点材料。具有量子尺寸效应的材料，如硒化镉（CdSe）量子点，用于光电转换、电致发光等领域。

光电功能材料的分类多种多样，随着科技的进步和研究的深入，新的光电功能材料不断涌现，为光电技术的发展提供了更多的可能性。

1.2 光电功能材料的性质

光电功能材料是一类具有特殊光电转换性质的材料，它们的性质主要体现在以下几个方面。

1.2.1 光电转换性

光电功能材料能够将光能转换为电能，或者将电能转换为光能。这是光电功能材料最基本的性质，也是其在太阳能电池、光电传感器、LED 照明等领域得到广泛应用的基础。光电转换效率是衡量光电转换性能的重要指标[17]，表示单位光辐射能量能转换成多少电能。光电转换效率受多种因素影响，包括材料的禁带宽度、光吸收系数、载流子迁移率等。

为了提高光电转换效率，研究人员致力于优化材料的成分、结构和表面状态，以及采用先进的制备工艺和技术手段。

1.2.2 光谱响应性

光谱响应性[18] 通常指的是材料对特定波长光线的吸收、反射、透射或光电转换能力。在光电领域，这直接关系到器件的性能和效率。一般来说，材料对特定波长的光具有更高的吸收和转换效率。因此，根据应用需求选择合适的光谱响应范围对于提高光电转换性能至关重要。例如，在太阳能电池中，需要选择对太阳光主要辐射波长范围（如可见光和近红外光）具有高效响应的材料。

光谱响应性的影响因素主要有[19-21]：①材料成分与结构。光电功能材料的成分和微观结构对其光谱响应性具有决定性作用。不同的元素、化合物以及它们的排列方式都会影响材料对光的吸收和发射特性。②能带结构。材料的能带结构，特别是禁带宽度，决定了其对光子的吸收边界。只有能量大于禁带宽度的光子才能被材料吸收，并激发电子从价带跃迁到导带。③表面状态。材料的表面状态，如粗糙度、缺陷和表面涂层，也会影响其对光的反射、散射和吸收特性。④外界条件。温度、压力、光照强度等外界条件也可能对材料的光谱响应性产生影响。

为了优化光电功能材料的光谱响应性，研究人员采取了多种调控方法。①成分调控通过改变材料的成分比例或引入新的元素/化合物，调整其能带结构和吸收特性。②结构调控。设计不同的微观结构，如纳米颗粒、多孔结构等，以增加材料的比表面积和光捕获能力。③表面修饰。通过化学或物理方法在材料表面形成特定的涂层或结构，改变其表面状态和对光的响应特性。④外界条件控制。在特定的温度、压力或光照条件下制备或使用材料，以优化其光谱响应性。

1.2.3 光电导性

光电导性[22]是指材料在无光照的情况下呈现电介质的绝缘性质，电阻率（暗电阻）非常高，而在受到一定波长的光（包括可见光、红外线或紫外线）的照射后，电阻率明显下降（光电阻），呈现出导体或半导体性质的现象。这种性质使光电功能材料在光电器件中具有广泛的应用潜力。

（1）导电特性。部分光电功能材料具有良好的导电性，能够在光照下产生显著的电流变化。这对于光电探测器和太阳能电池等器件至关重要。

（2）电阻率特性。材料的电阻率受掺杂、温度等因素的影响，通过调控这些因素可以优化材料的电学性能。

（3）光电导性的影响因素。①材料成分与结构。不同成分和结构的光电功能材料对光的吸收和载流子输运能力不同，因此其光电导性也会有所差异。②光照条件。光照强度、波长和光照时间等因素都会影响材料的光电导性。一般来说，光照强度越大、波长越短（能量越高），材料的光电导性越好。③温度。温度的变化也会影响材料的光电导性。一般来说，随着温度的升高，材料的载流子浓度和迁移率都会增加，从而提高光电导性。但是过高的温度也可能导致材料性能下降。

1.2.4 光学性质

光电功能材料的光学性质[23,24]是其核心特性之一，这些性质直接决定了材料在光电器件中的应用潜力和性能表现。

（1）吸收特性。光电功能材料的吸收特性指的是材料对入射光的吸收能力。这种能力通常与材料的带隙能量密切相关。带隙是指材料中的能带间隔，能带隔离能量越大，材料对于较高能量的光吸收就越好。常见的半导体光电材料如硅、锗和镓等在近红外波段的吸收较强，这也是它们在光电器件中得到广泛应用的原因之一。吸收特性是评估光电功能材料性能的重要指标之一，因为它直接影响材料对光能的捕获和利用效率。

（2）反射性。是指光在传播到不同物质界面时，在分界面上改变传播方向又返回原来物质中的现象。光电功能材料的反射性决定了材料表面对光的反射程度和反射光的特性，对于光电器件的性能和应用具有重要影响。

（3）透光性。某些光电功能材料具有良好的透光性，允许光线穿透材料而不被吸收。这对于光学传感器和显示器等应用尤为重要。

（4）散射特性。散射是指光在材料中发生方向变化的现象。从材料的散射特性可以了解材料中微观结构的特点。尺寸较小或密度不均匀的微粒会导致光的散射。在光电功能材料中，尺寸较小的微粒可能导致材料的光学透明度降低，而尺寸较大的微粒则可能使材料具有良好的散射性能，适用于制作反光材料、光学波导器件等。散射特性对于光电器件中的光信号传输和分布具有重要影响。

（5）发射特性。发射特性是指材料在受到外界激发能量后所发出的光。当光电功能材料受到能量激发时，能带中的电子跃迁至较低能级，产生光子并向外发射。这种发射可以是荧光、磷光、激光等形式。其中，激光是利用激发态原子或分子中的能量跃迁来产生的高纯度、单色性良好的光，具有方向性好、能量密度高、相干性强等特点，适用于光通信、激光打印、激光加工等领域。发射特性是光电功能材料在发光器件、显示器等领域应用的基础。

（6）折射特性。折射特性是光电功能材料另一个重要的光学性质。当光线从一种介质进入另一种介质时，由于速度的改变而发生方向偏折的现象称为折射。光电功能材料的折射率决定了光线在材料中的传播路径和速度，对于光学透镜、光纤等器件的设计和应用具有重要意义。通过调控材料的折射率，可以实现光信号的聚焦、分散和传输等功能。

1.2.5 稳定性与耐久性

光电功能材料的稳定性与耐久性[25-28]是其在实际应用中至关重要的性能参数，它们直接决定了材料在长时间使用过程中的性能表现和寿命。

1.2.5.1 稳定性

光电功能材料的稳定性包括材料本身的结构稳定性、化学稳定性以及光电性能稳定性等方面。

（1）结构稳定性。材料在长期使用过程中，其微观结构应保持不变或变化极小。例如，钙钛矿材料虽然具有优异的光电性能，但其晶体结构具有显著的离子特性，在LED外加电场作用下容易移动，从而造成材料降解，影响其稳定性。因此，研究人员通过引入双极性分子稳定剂等方法，有效地提高了钙钛矿材料的结构稳定性。

（2）化学稳定性。材料应能抵抗环境中的水、氧、紫外线等有害因素的侵蚀，避免发生氧化、降解等化学反应。有机光电材料在长期使用过程中，往往会出现降解、氧化等问题，导致其性能下降。为了提高有机光电材料的化学稳定性，研究人员采取了分子结构优化、添加稳定剂、控制材料制备过程等策略。

（3）光电性能稳定性。材料的光电性能（如吸收光谱、发射光谱、光电转换效率等）在长时间使用过程中应保持稳定。光电性能的稳定性与材料的能带结构、缺陷控制、微观结构调控等密切相关。例如，通过调控光伏材料的能带结构，可以有效地改善其光电性能；通过优化生长工艺、退火处理等方法，可以控制光伏材料中的缺陷，提高其光电性能稳定性。

1.2.5.2 耐久性

光电功能材料的耐久性是指材料在长时间使用过程中，能够保持其原有性能而不发生显著退化的能力。耐久性与材料的稳定性密切相关，但更侧重于材料在实际应用环境中的长期表现。

（1）环境适应性。材料应能够适应不同的环境条件，如温度、湿度、光照强度等。在高温、高湿、强光照等恶劣环境下，材料的性能可能会受到较大影响。因此，提高材料的环境适应性是增强其耐久性的重要途径。

（2）抗老化能力。材料应能够抵抗长时间使用过程中的老化现象，如光老化、热老化等。老化会导致材料性能下降，甚至失效。通过优化材料的成分、结构以及制备工艺等方法，可以提高材料的抗老化能力，从而延长其使用寿命。

（3）封装保护。对于有机光电材料等易受环境影响的材料，采用适当的封装保护措施可以有效地隔绝环境中的有害因素，提高材料的耐久性。例如，将有机光电材料封装在气体屏障材料或高分子材料中，可以有效延长其使用寿命。

1.2.6 可加工性

光电功能材料的可加工性[29,30]是指该材料在加工过程中满足特定形状、尺寸和性能要求的难易程度。这一性质对于光电功能材料的实际应用至关重要，因为它直接影响到材料的制备成本、生产效率以及最终产品的性能。

可加工性的影响因素有：①材料特性。光电功能材料的化学成分、晶体结构、硬度、韧性等物理和化学特性直接影响其可加工性。例如，一些高硬度、脆性的材料在加工过程中容易出现裂纹和破损，从而降低可加工性。②加工方法。不同的加工方法对材料的可加工性有不同的要求。常见的光电功能材料加工方法包括溶液法、气相法、固相法、薄膜沉积法等。这些方法各有优缺点，适用于不同类型的材料。选择合适的加工方法对于提高材料的可加工性至关重要。③加工条件。加工过程中的温度、压力、速度等条件也会对材料的可加工性产生影响。例如，在薄膜沉积过程中，适当的温度和压力有助于形成均匀、致密的薄膜层，从而提高材料的可加工性和性能。

综上所述，光电功能材料具有一系列独特的性质，这些性质使它们在光电转换、光通信、光探测、光存储等领域具有广泛的应用潜力。随着科技的进步和研究的深入，光电功能材料的性质将不断得到优化和提升，为相关领域的技术创新和发展提供有力的支持。

1.3　光电功能材料的应用

光电功能材料是一类在光和电领域具有特殊性能和应用潜力的材料，它们在多个领域展现出了广泛的应用前景。以下是光电功能材料的主要应用领域。

1.3.1　能源领域

（1）硅基太阳能电池。硅材料是最常见的光电材料之一，它利用半导体材料的特性，通过光生电流的方式将太阳光转化为电能。硅太阳能电池具有成熟的技术和广泛的市场应用，是目前主流的太阳能电池类型。尽管其效率相对较低，但稳定性和制备工艺成熟。

（2）染料敏化太阳能电池。采用染料分子吸收光能并传递电子的原理进行能量转化。其优点是制备简便、成本较低，同时在弱光环境下也能较好地发挥作用。然而，使用寿命相对较短，稳定性仍需改进。

（3）钙钛矿太阳能电池。近年来备受关注的新型光电材料，具有高效率、制备简单、成本低等优点。但其稳定性和环境适应性仍面临挑战，需要进一步的研究与改进。

1.3.2　信息通信领域

（1）光纤通信。光电功能材料在光纤通信中扮演着关键角色。光纤通信作为一种高效、高速、大容量的信息传输方式，对材料的要求非常高。光电新材料的应用可以提高光纤的传输性能和稳定性，同时减少能量损耗和信号失真，提升信息传输的质量和速度。例如，通过优化光电材料的光学性质，可以制造出具有更低衰减、更高带宽的光纤，从而满足现代通信系统的需求。

（2）光电存储材料。光电存储材料能够通过光照或电场操控材料中的电子，实现信息的存储和读取。典型的光电存储材料包括钙钛矿材料、有机染料材料等。这些材料被广泛应用于光电存储器件，如光盘、光存储卡等。光电存储材料的使用将大大提高数据存储的密度和速度，推动信息技术的发展。

1.3.3 医疗领域

光电功能材料在医疗领域的应用也日益广泛。例如，光电新材料在光疗、光动力学治疗和光传感等领域都有着重要的应用。

（1）光疗与光动力学治疗。利用光电新材料的吸收和发射光能的特性，实现对疾病的诊断和治疗。例如，在光疗中，特定波长的光照射到人体组织上，通过光电材料的辅助作用，可以促进组织修复和再生；在光动力学治疗中，光敏药物在光照下产生单线态氧等活性氧物质，破坏肿瘤细胞达到治疗目的。

（2）生物传感。光电传感材料在生物传感领域也有重要应用。它们可以通过光照或电场响应生物分子并产生相应的电信号，实现对生物分子的检测和分析。这种技术在生物医学研究、临床诊断等领域具有广泛应用前景。

1.3.4 环境保护领域

光电功能材料在环境保护方面也发挥着重要作用。例如，光电催化材料。利用光照激发材料中的电子，促进化学反应发生。典型材料如二氧化钛、银离子掺杂二氧化钛等，可应用于水的光催化分解、有机污染物的光催化降解等领域，实现清洁能源的转化和利用。此外，光电新材料的应用还可以改善能源利用效率，减少能源消耗和污染物排放，为可持续发展的环境保护作出重要贡献。

1.3.5 其他领域

除了上述领域外，光电功能材料还在光电探测、光电显示等领域具有广泛的应用。光电探测器是测量光信号的重要器件，其应用范围涵盖了科学、医学、通信、军事、环保等广泛领域。而光电显示器则将电信号转化为可见光信号，用于显示图像和信息，在电子产品领域得到广泛应用，如手机、平板电脑、电视机等。综上所述，光电功能材料在能源、信息通信、医疗、环境保护等多个领域都展现出了广泛的应用前景和重要意义。随着科技的进步和市场需求的不断增加，光电功能材料的研究和应用将不断深入和发展，为社会进步和人类福祉作出更大的贡献。

参考文献

[1] 宋宏伟，周东磊，白雪，等．稀土掺杂铅卤钙钛矿发光、光电材料与器件研究进展 [J]．发光学报，2023，44（3）：387-412.

[2] 石文奇，田宏，陆玉新，等．金属卤化物钙钛矿纳米光电材料的研究进展 [J].

物理学报，2021，70（8）：153-170.

［3］谭彦妮，吕剑锋，陈晔松，等．铷与含铷功能材料的研究进展［J］．材料工程，2024（9）：1-21.

［4］张杰，丁玉琴，马劲，等．有机光电功能材料的研究进展——以 Nature/Science 等高质量期刊发表的高被引论文为例［J］．化工新型材料，2021，49（10）：19-26，33.

［5］孙雨佳，赵公元，陈春霞．咔唑类有机光电功能材料的设计开发与应用进展［J］．化学与粘合，2023，45（1）：70-75.

［6］王涛．半导体光电信息功能材料的研究探讨［J］．电子世界，2019（3）：70-71.

［7］YOSHIKAWA K, YOSHIDA W, IRIE T, et al. Exceeding conversion efficiency of 26% by heterojunction interdigitated back contact solar cell with thin film Si technology［J］. Solar Energy Materials and Solar Cells, 2017（173）：37-42.

［8］严大洲，刘艳敏，万烨，等．晶硅太阳能在"双碳"经济中的作用与影响［J］．中国有色冶金，2021，50（5）：1-6.

［9］KAUR K, KUMAR N, KUMAR M. Strategic review of interface carrier recombination in earth a bundant Cu-Zn-Sn-S Se solar cells：current challenges and future prospects［J］. Journal of Materials Chemis-try A, 2017, 5（7）：3069-3090.

［10］GOUR K S, KARADE V, BABAR P, et al. Potential role of kesterites in development of earth-abundant elements-based next generation technology［J］. Solar RRL, 2021, 5（4）：2000815.

［11］贾云飞，汲胜昌，杨欣颐，等．基于电致发光效应的电压传感特性研究［J］．中国电机工程学报，2020，40（17）：5547-5557.

［12］刘宇，林志诚，王鹏飞，等．超宽带光电探测器研究进展［J］．红外与毫米波学报，2023，42（2）：169-187.

［13］任书霞，杨铮，安帅领，等．高效光电调控钙钛矿量子点阻变存储性能［J］．物理化学学报，2023，39（12）：103-110.

［14］王英，黄慧香，黄香林，等．光电协同调控下 HfO_x 基阻变存储器的阻变特性［J］．物理学报，2023，72（19）：228-237.

［15］EUM J M, KIM E J, KIM D S, et al. Developing a face-shear lead-free piezoelectric transducer through anti-parallel co-poling and its application to an omnidirectional piezoelectric transducer［J］. Ceramics International, 2023, 49（5）：7556-7565.

［16］STUTZER D, HOFMANN M, WENGER D, et al. Characterization and modeling of a planar ultrasonic piezoelectric transducer for periodontal scalers［J］. Sensors and Actuators：A. Physical, 2023（351）：114131.

［17］潘婧，苏丽君，李婧，等．高性能钙钛矿太阳能电池吸光层的制备及其光电性能研究［J］．功能材料，2023，54（11）：11186-11191.

［18］万巍，唐志列，梁瑞生，等．光声光谱技术在测量光谱响应特性方面的应用［J］．光学技术，2005（6）：59-61.

［19］ 王丹军，张洁，郭莉，等．基于能带结构理论的半导体光催化材料改性策略 ［J］．无机材料学报，2015，30（7）：683-693.

［20］ 杨映红，张蓉竹．常见点缺陷对硅光电池响应特性的影响 ［J］．半导体光电，2024，45（2）：200-205.

［21］ 张如亮，皮明超，安涛，等．基于 P3HT∶PC_（61）BM∶ITIC 双受体三元有机光电探测器特性研究 ［J］．光子学报，2023，52（6）：195-205.

［22］ 李林森，汪涛．硅基 ZnO 光电导紫外传感器的制备与性能表征 ［J］．电子元件与材料，2021，40（4）：328-332.

［23］ 周忠祥，田浩，孟庆鑫，等．光电功能材料与器件 ［M］．北京：高等教育出版社，2017.

［24］ 樊美公，姚建年，等．光功能材料科学 ［M］．北京：科学出版社，2013.

［25］ 姚美灵，廖纪星，逯好峰，等．影响钙钛矿/异质结叠层太阳能电池效率及稳定性的关键问题与解决方法 ［J］．物理学报，2024，73（8）：358-374.

［26］ 刘思雯，任立志，金博文，等．溶液法制备二维钙钛矿层提高甲脒碘化铅钙钛矿太阳能电池稳定性 ［J］．物理学报，2024，73（6）：379-388.

［27］ 王静，高姗，段香梅，等．钙钛矿太阳能电池材料缺陷对器件性能与稳定性的影响 ［J］．物理学报，2024，73（6）：83-100.

［28］ 孟婧，高博文．新型高效率和高稳定性钙钛矿/有机集成太阳电池光伏性能研究 ［J］．物理学报，2023，72（1）：352-360.

［29］ 张杰，朱旭辉，吴宏滨，等．溶液加工型有机电致发光材料与器件研究进展 ［J］．中国科学：化学，2013，43（11）：1418-1430.

［30］ 陈昊，杨涛，李杰伟，等．可溶液加工的蒽醌/芴类双极性荧光材料的合成及其光电性质 ［J］．物理化学学报，2016，32（9）：2346-2354.

第 2 章

晶体硅太阳能电池材料制备与性能

在众多的光电功能材料中，晶体硅太阳能电池材料作为光伏产业的核心材料具有重要的作用，对其展开研究具有重要意义。

随着全球经济的快速发展，能源需求急剧增加，传统的化石能源如石油、煤炭和天然气等日益枯竭，能源危机已成为人类面临的重要挑战。能源短缺不仅影响经济增长，还对生态环境造成严重破坏，导致气候变化、环境污染等问题日益突出。因此，开发新能源，实现能源结构的多元化和可持续发展，已成为全球共识。

在众多新能源中，太阳能作为一种清洁、可再生、分布广泛的能源形式，其开发利用具有极其重要的战略意义。光伏太阳能电池作为太阳能利用的核心技术之一，其材料的研究与发展直接关系到太阳能发电的效率与成本，进而影响到太阳能的大规模应用。光伏太阳能电池作为光伏产业的核心部件，其性能的提升和成本的降低是推动光伏产业发展的关键。因此，研发高效、稳定、低成本的光伏太阳能电池材料，不仅是学术界的热点研究方向，也是产业界竞相追逐的技术高地。

太阳能电池用晶体硅是光伏产业中的核心材料，作为当前光伏产业中的主流材料，以其卓越的性能和广泛的应用领域，在可再生能源领域占据着举足轻重的地位。晶体硅，尤其是单晶硅和多晶硅，因其独特的物理和化学性质，成为制作高效、稳定太阳能电池的理想选择。晶体硅材料是一种带有金属光泽的灰黑色固体，具有高熔点（1410℃）、高硬度以及常温下化学性质不活泼等特点。晶体硅太阳能电池光电转换效率一般在 18%~27%[1-6]，且使用寿命长，可达 25 年以上。这些优势使晶体硅太阳能电池在太阳能发电系统、光伏电力系统、光伏电池板以及移动设备充电等多个领域得到广泛应用。

在太阳能电池的制作过程中，晶体硅材料经历了从原料提纯、硅片切割、表面制绒、扩散制结到镀膜、印刷电极等一系列复杂的工艺流程，最终制成高效的太阳能电池板。随着技术的不断进步，晶体硅太阳能电池的种类也在不断丰富。例如，根据衬底硅材料掺杂元素的不同，可分为 P 型电池（硅片掺镓）和 N 型电池（硅片掺磷）。其中，N 型电池因其少数载流子寿命较高，具有更好的抗光衰能力和更高的光电转换效率，已成为电池技术的重要发展方向。

尽管晶体硅太阳能电池的生产工艺已经相对成熟，但在大规模生产过程中，如何保证工艺的稳定性和产品的一致性仍然是一个挑战。晶体硅太阳能电池在极端环境条件下的性能稳定性也有待提高，如高温、高湿、强光照等环境可能对电池性能产生不利影响。因此，要发展光伏产业，提高硅晶体的产品质量，提高硅晶体的电学性能，提高硅片电池转换效率成为人们研究的热点。

下面就太阳能电池用晶体硅的生长制备、性能测试、计算模拟等方面的内容进行介绍。

　　太阳能电池多晶硅往往指的是铸锭多晶硅，铸锭多晶硅由于其成品率高、性能稳定、容易制成方形基片、容易进行组件排列，在光伏晶体硅中占据 50% 左右的市场份额。[7] 2023 年，中国多晶硅产量继续保持增长态势，全国多晶硅产量超过 143 万吨[8,9]，同比增长 66.9%。这一显著增长得益于中国光伏产业技术的快速迭代升级以及行业应用的融合创新，推动了产业规模的进一步扩大。光伏产业的高速发展对多晶硅产品的需求量不断增加，对多晶硅产品质量也提出了更高的要求。[10]

　　低成本和高效率是太阳能电池产业得以长久发展的根本条件，这要求铸锭多晶硅硅片的成品率高以及铸锭多晶硅材料中具有电活性的杂质浓度低，从而提高硅片的电池转换效率。而影响太阳能电池转换效率的主要因素之一就是硅片的少数载流子寿命。铸锭过程中不可避免地会引入有害杂质及高密度的缺陷，这些都将会降低多晶硅少数载流子寿命，从而影响多晶硅电池片的转换效率。因此，研究多晶硅材料中这些杂质元素的浓度和分布规律，杂质与缺陷对多晶硅电学性能的影响，寻求提高多晶硅少数载流子寿命的铸锭工艺，提高硅片少数载流子寿命，有助于生产出高质量的多晶硅材料，提高产品的成品率，降低生产成本，对促进我国光伏产业的发展具有重要意义。

　　少数载流子寿命，即少子寿命，是衡量太阳能电池材料性能的一个重要参数。铸锭多晶硅中一般存在高浓度的杂质和缺陷，这些杂质原子本身或者与结晶学缺陷的相互作用，会导致晶体中形成较多的载流子复合中心，从而降低晶体的少子寿命，进而影响太阳能电池的转换效率。传统的铸锭多晶硅，由于工艺和铸锭设备等因素的影响，多晶硅少数载流子寿命值受到一定程度限制，提高多晶硅电池片的转换效率遇到难题。因此，研究铸锭多晶硅少数载流子寿命，对提高硅锭质量、降低生产成本、提高硅片电池转换效率等具有重要意义。

　　目前，有研究表明铸锭多晶硅中氧、铁等主要杂质对少子寿命的影响比晶界和位错对少子寿命的影响要大。方昕等的研究表明[11]，铸造多晶硅中的最主要杂质为氧，氧在多晶硅锭的缺陷处易形成氧沉淀，进而形成少数载流子的复合中心。多晶硅锭中，如果氧处于间隙位置，则通常不显电活性。[12] 而高浓度的间隙氧会形成热施主、新施主或氧沉淀，还会进一步吸引铁等元素，形成铁-氧复合体，进而降低晶体的少数载流子寿命。方昕等[11] 还研究了多晶硅中碳浓度分布及对少子寿命的影响。结果表明碳浓度更能影响氧沉淀的尺寸和数量，是造成多晶硅锭中部材料较多大尺寸氧沉淀和底部材料较少氧沉淀的主要原因。铸锭多晶硅少子寿命的另一重要因素来自石墨坩埚或石墨加热器中的碳。当碳的浓度超过其溶解度（$8 \times 10^{-17} cm^{-3}$）时，就会有 SiC 沉淀，诱导缺陷，从而降低多晶硅的少子寿命。魏奎先等[13] 研究了坩埚表面改性对少数载流子寿命的影响，结果表明坩埚表面改性使少子寿命由原来的 0.81μs 提高到 1.91μs。

　　金属杂质及其沉淀复合体是少数载流子主要的复合中心。为了改善晶体的电学性能，目前出现了吸杂工艺技术[14]。当前工业上采用的吸杂技术主要有磷吸杂、铝吸杂、硼吸杂以及氧化物吸杂[15,16]。S. Riepe 等提出共吸杂比单一的磷、铝吸杂效果要好，[17] 采用共吸杂后硅锭的少子寿命比单一吸杂的要高约 8 倍。对于存在较高晶界、点缺陷的晶体，通常通过对材表面和体内的钝化来中和这些复合中心[18]，钝化技术分为氢钝化和氧化钝化。研究表明，经过钝化技术处理后，晶体硅的少子寿命得到显著提高。[19]

文献[20-22]报道了杂质、缺陷、固液界面、过冷度、温度等对多晶硅晶体性能的影响，要获得高性能的多晶硅需要生长大晶粒、低结晶学缺陷、低杂质含量的晶体。多晶硅晶体生长速率影响杂质在硅锭中的分凝[23,24]，也影响晶粒的大小、数量，对晶体性能产生重要影响。晶体生长过程中通过优化铸锭工艺来控制生长速率，降低晶体结晶学缺陷，降低杂质含量，提高晶体少数载流子寿命。

为了提高铸锭多晶硅块的少数载流子寿命，可以通过优化晶体生长工艺来实现。例如，采用分段控制生长速率的工艺，可以在晶体生长的不同阶段提供适当的生长动力，从而减少缺陷和杂质，提高晶体质量。

采用定向凝固法生长多晶硅，通过优化长晶工艺获得不同生长速率多晶硅，研究生长速率对铸锭多晶硅少数载流子寿命的影响。结果表明，平均生长速率为 1.0cm/h 的晶体硅块中下部红外图像有颜色较浅的阴影，硅块少数载流子寿命小于 $4\mu s$ 的区域占比约 50%，平均少数载流子寿命为 $5.28\mu s$。降低生长速率到 0.94cm/h，晶体红外图像纯净、晶粒粗大，硅块平均少数载流子寿命有所增加，为 $5.65\mu s$。进一步降低生长速率降到 0.87cm/h 时，晶体生长偏离竖直方向，硅块小于 $4\mu s$ 的区域占比约 40%，平均少数载流子寿命反而降低为 $5.39\mu s$。采用相场法计算模拟多晶硅生长，结果表明流速越大晶核生长越快，更容易形成竞争生长，与实验较好吻合。

2.1.1　晶体生长速率实验

2.1.1.1　实验仪器设备

实验设备主要有 DDL-450 铸锭炉、红外扫描仪、少子寿命测试仪、四探针电阻率测试仪。

（1）DDL-450 铸锭炉。由罐状炉体、加热器、装载及隔热笼升降机构、送气及水冷系统、控制系统和安全保护系统组成。铸锭多晶硅利用定向凝固的方法进行晶体生长，先通过铸锭炉顶部和侧部加热器对坩埚内硅料进行加热，待硅料融化均匀、硅熔体稳定后降低加热器功率，同时缓慢提升隔热笼高度进行散热、降低硅熔体温度，使坩埚底部的硅熔体过冷形核并以一定速率向上生长。

（2）红外扫描仪。红外扫描仪是一种基于红外光谱原理工作的设备，它通过接收和解析物体发出的红外辐射来生成映像。采用红外扫描仪探测铸锭多晶硅块内部阴影、杂质情况，以此判断晶体生长的质量。

（3）少子寿命测试仪。少子寿命测试仪能够对多晶硅块及硅片进行快速、全方位的扫描测试。原理是利用微波光电衰退特性来测量非平衡载流子寿命的，并且多晶硅块无须进行特殊处理。

（4）四探针电阻率测试仪。仪器由主机、测试台、四探针探头、计算机四部分构成。测量原理：将四根排成一条直线的探针以一定的压力垂直地放在被测铸锭多晶硅样品表面上，在1、4探针间通以电流（mA），2、3探针间就产生一定的电压（mV）。测量此电压并根据测量方式和样品的尺寸不同，可分别按公式计算样品的电阻率、方块电阻、电阻。

2.1.1.2 工艺设计

晶体生长速率工艺优化设计为，当坩埚内的硅料熔化至籽晶层时，开始降低石墨加热器功率，并提高隔热笼，通过控制加热器温度和隔热笼提升快慢实现对铸锭多晶硅晶体生长速率的控制。通过工艺参数设定三组不同生长速率的工艺进行晶体制备。主要工艺如表2-1所示。

表2-1 主要长晶工艺

工艺段	步骤	加热器温度/℃	隔热笼高度/cm
长晶	1	1435.0	12.00
长晶	2	1435.0	14.00
长晶	3	1433.0	15.00
长晶	4	1428.0	16.00
长晶	5	1414.0	19.00
长晶	6	1411.0	19.00
长晶	7	1403.0	19.00

为了研究晶体生长速率对铸锭多晶硅性能的影响，设计了3组不同生长速率的工艺进行铸锭，得到3组不同生长速率的铸锭多晶硅样品，对其电阻率、少数载流子寿命等性能进行分析。

采用同一台DDL-450铸锭炉进行铸锭，坩埚、多晶硅料等原辅料采用同一厂家同一批次。多晶硅铸锭工艺分为加热、熔化、长晶、退火、冷却五个步骤，长晶段工艺共七步。铸锭炉加热器分布在铸锭炉腔体顶部和侧壁，硅料熔化时从坩埚顶部开始向下熔化，晶体生长时从坩埚底部向上生长。硅锭上表面温度由顶部和侧壁加热器控制，通过顶部热电偶温度 T_{c1} 反馈，硅锭底部温度由式（2-1）给出[25]：

$$T = \frac{RT_m + \dfrac{XT_{c2}}{k_s}}{R + \dfrac{X}{k_s}} \tag{2-1}$$

式中，R 是石英坩埚、石墨护板及定向凝固块之间的接触热阻，$m^2 \cdot K/W$；T_m 是硅的熔点，K；T_{c2} 是底部热电偶温度，K；X 是已凝固硅锭的高度，m；k_s 是固相硅热导率，W/(m·K)。铸锭工艺进入长晶后每间隔 1h 利用石英棒从铸锭炉顶部小孔中插入硅熔体测量晶体高度，间隔时间内晶体高度差与间隔时间之比为晶体生长速率。

2.1.1.3 铸锭步骤

（1）装料。实验要用到的配料有籽晶、碎片硅料、回制硅料。籽晶 35kg、原生多晶 230kg、碎片料 15kg、其他硅料 360kg。

装料之前，先把坩埚用气体吹干净，避免带入杂质。首先在坩埚底部铺一层 35kg 的籽晶，目的是进行引晶。然后在底部四周铺一圈原生晶硅料以防划伤坩埚涂层，其次在坩埚底部中间铺 15kg 的碎片硅料，作为硅原料，最后把回制硅料清洗干净后，在坩埚底部的碎片硅料上平整地放置头、边、尾的回制硅料。

把装好料的坩埚放置在铸锭炉的定向凝固块上，关闭炉体抽真空，充入氩气，装料完成。

（2）加热。先进行预热除气，然后对石墨加热器加热，温度从坩埚顶部和四周向下导入。

（3）化料。晶硅铸锭炉石墨加热器升温至硅材料熔点以上，直至硅料熔化到籽晶层的时候停止熔化；熔化温度 1400~1440℃。

（4）晶体生长。待硅材料熔化到籽晶层的时候，降低石墨加热器功率，慢慢升起隔热笼，使热量从底部开始散失。此时液态硅开始在底部形核，并呈柱状向上生长，直至所有硅液体全部结晶，分别在 1435~1400℃ 之间每隔 1h 记录晶体的高度，并计算出生长速率。

（5）退火、冷却。晶体生长完毕后，待铸锭炉发出警报，降低隔热笼进行原位退火。温度 1400~1000℃；之后打开隔热笼，冷却至 450℃ 以下后即可出炉。

铸锭后将多晶硅锭进行破锭、切片，得到面积为 156mm×156mm，厚度约为 0.18mm 的多晶硅片。利用 IRB30 红外探测仪对铸锭后硅块进行红外扫描，利用 WT-2000 型少子寿命测试仪测量晶体少子寿命。

2.1.2 晶体生长速率实验结果分析

2.1.2.1 铸锭多晶硅生长速率设置

多晶硅铸锭工艺运行至长晶段后，通过优化工艺，每间隔 1h 测量晶体高度计算出长晶工段 G1~G7 平均生长速率，如图 2-1 所示。

从图 2-1 可以看出，长晶初期晶体生长速率较快，呈线性增加趋势，最大生长速率达到 1.5cm/h。在长晶初期，为给硅熔体提供形核驱动动力，迅速降低加热器功率使硅液温度降到 1430℃ 左右，并将隔热笼提升到 8cm 以上，降低硅熔体温度的同时，增加底部散热。当坩埚底部温度达到过冷时，开始形核生长。从图 2-1 中可知，G1~G3 段生长速率对温度变化较为敏感，较小的温度变化就可以获得较大的生长速率。进入长晶中期，晶体生长速率趋于缓慢，3 种不同的生长速率区别越来越明显。长晶后期生

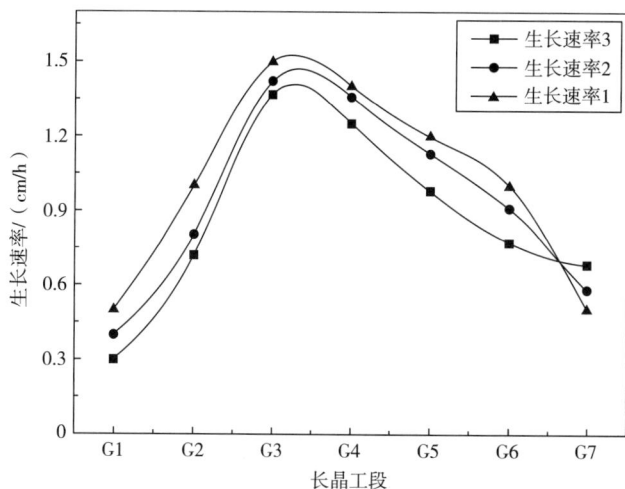

图 2-1　铸锭多晶硅晶体生长速率

长速率减缓，初期和中期生长速率最快的晶体在后期降速最快。图 2-1 中生长速率 1 的晶体平均生长速率为 1.0cm/h，生长速率 2 的晶体平均生长速率为 0.94cm/h，生长速率 3 的晶体平均生长速率为 0.87cm/h。

2.1.2.2　生长速率对铸锭多晶硅形貌的影响

利用 IRB30 红外探测仪对破锭后多晶硅块进行红外扫描，图 2-2 为三种生长速率硅块典型的红外图像。图 2-2（a）为平均生长速为 1.0cm/h 的红外图像，硅块底部和中下部有较小面积阴影，硅块红外图像存在的阴影为杂质富集或微晶所致[26,27]。由图可知，硅块红外图像阴影面积小、颜色浅、周围无杂乱细小枝晶，因此推测硅块阴影为杂质富集所致。

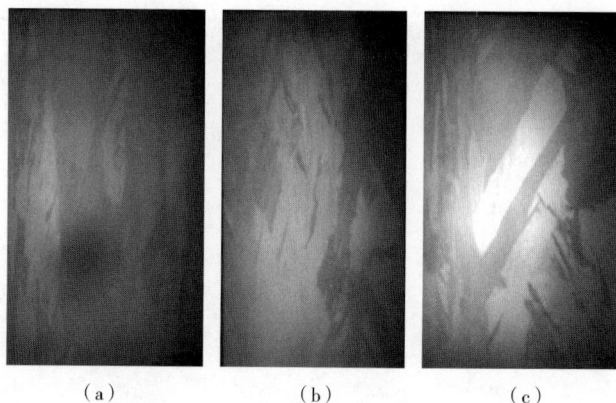

（a）　　　　　　　（b）　　　　　　　（c）

图 2-2　不同生长速率多晶硅红外图像

图 2-2（b）为平均生长速率为 0.94cm/h 硅块红外图像，晶体红外图像纯净，晶粒较为粗大，生长方向基本沿竖直方向，说明在此生长速率下得到晶粒粗壮、生长方向较为一致的晶体。图 2-2（c）为平均生长速率 0.87cm/h 硅块红外图像，晶体红外图像纯净，晶粒也较为粗大，但多数晶粒生长方向偏离竖直方向，由底部向顶部收拢。此时由于晶体生长速率较低，固液界面形状由平坦趋向凹陷状，晶体生长偏离竖直方向。[28]

2.1.2.3　生长速率对晶体杂质分布的影响

生长速率直接影响铸锭多晶硅硅块中杂质的分布。在多晶硅定向凝固过程中，固液界面的形状和移动速率对杂质的排除起关键作用。一般来说，较慢的生长速率有利于形成微凸的固液界面，这种界面形状更有利于杂质的排除，使杂质在硅块中的分布更加均匀且浓度较低。相反，较快的生长速率可能导致固液界面形状不利于杂质的排除，使杂质在晶体中残留较多，尤其是在硅锭的顶部和底部区域。生长速率还会影响硅块中杂质的浓度。较快的生长速率可能导致杂质在硅块中的扩散不充分，从而使杂质浓度较高。而较慢的生长速率则有助于杂质的充分扩散和排除，降低硅块中的杂质浓度。此外，不同种类的杂质对生长速率的敏感度也不同，例如氧和碳等非金属杂质对生长速率的变化可能更为敏感。

生长速率对硅块质量的影响也是显著的。较快的生长速率虽然可以缩短生产周期，但可能以牺牲硅块质量为代价。较快的生长速率可能导致硅块内部产生更多的缺陷和杂质残留，从而降低硅块的整体质量。相反，较慢的生长速率虽然会增加生产周期，但有助于生长出高质量的多晶硅硅块，减少缺陷和杂质对硅块性能的不利影响。

用红外扫描仪对 3 组不同生长速率制备得到的硅锭进行扫描，得到不同生长速率硅块红外图片。图 2-3 所示为生长速率 3 即较慢生长速率制备所得典型硅块红外照片。从图中可看出其红外成像图显示四块硅片都无明显的阴影、点杂。这说明了较慢的生长速率有助于杂质的分凝排杂。

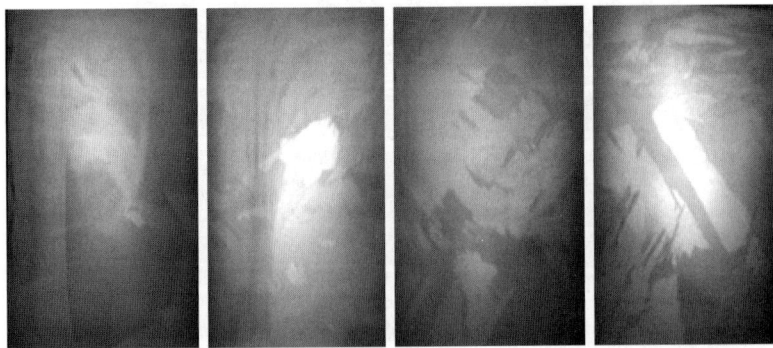

图 2-3　生长速率 3 对杂质分布的影响

图 2-4 所示为生长速率 1 即较快生长速率制备所得典型硅块红外照片。从图中可看出，在硅块的中间部分或中下部分都存在明显的阴影、点杂。

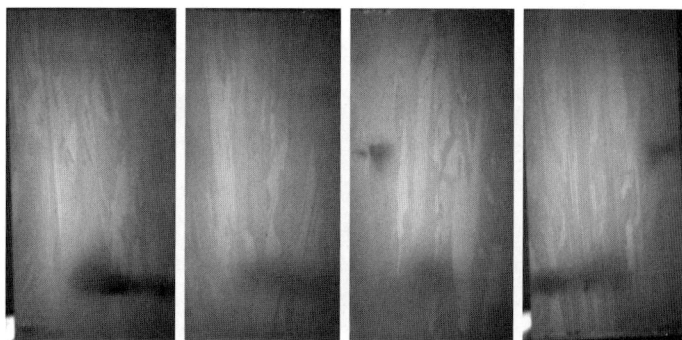

图 2-4　生长速率 1 对杂质分布的影响

一般来说，晶体的杂质都是分布在晶体的两端。杂质在多晶硅硅锭中的分布遵循 Scheil 方程[29]：

$$C_s = k_{eff} C_o (1 - f_s)^{k_{eff}-1} \qquad (2-2)$$

式中，C_s 为杂质在固相中的含量；C_o 为定向凝固开始时硅熔体中杂质的含量；f_s 为凝固分数；k_{eff} 为有效分凝系数。

有效分凝系数与杂质的平衡分凝系数 k_0、硅的凝固速率 v、杂质在液相中的扩散系数 D 以及固液界面上溶质扩散层厚度 δ 有关[30]：

$$k_{eff} = \frac{k_0}{k_0 + (1 - k_0)\exp(-v\delta/D)} \qquad (2-3)$$

当分凝系数小于 1 时，杂质趋于存在液相中，随着生长速率的加快，晶体中杂质来不及在液相中分凝就已经参与长晶形核而在固相中沉淀，其结果是晶体中杂质会增多。相反，随着生长速率的减慢，晶体中杂质浓度则会减小。从图 2-3 和图 2-4 的对比中可知，由于杂质在硅中的分凝系数是一致的，晶体生长速率较慢的硅锭红外图像无阴影、点杂，说明杂质得到了良好的排除。晶体生长速率较快的硅锭红外图像存在阴影、点杂，说明杂质来不及在液相中分凝就已经参与长晶形核而在固相中沉淀。

2.1.2.4　不同生长速率晶体少数载流子寿命

利用 WT-2000 型少子寿命测试仪测量破锭开方后硅块少数载流子寿命，取所有硅块的平均少数载流子寿命，如表 2-2 所示。

表 2-2　不同生长速率多晶硅少数载流子寿命

多晶硅平均生长速率/(cm/h)	硅块平均少数载流子寿命/μs
0.87	5.39
0.94	5.65
1.0	5.28

由表 2-2 可知，生长速率为 0.94cm/h 的多晶硅少数载流子寿命最高为 5.65μs，

过高或过低的生长速率都不利于提高晶体少数载流子寿命，通过调整晶体生长速率可实现提高晶体少数载流子寿命的目的。

在多晶硅晶体生长过程中，较快的生长速率可能导致晶体内部产生更多的位错、晶界和其他微缺陷。这些缺陷会成为少数载流子的复合中心，从而降低少数载流子的寿命。相反，较慢的生长速率有助于减少这些缺陷，提高晶体质量，进而提升少数载流子寿命。从表 2-2 中可以得知较快生长速率制备得到的硅块少子寿命最低。主要原因也就是晶体生长过快内部晶体学缺陷多。

在定向凝固过程中，固液界面的形状对杂质的排除起着关键作用。通常认为，微凸的固液界面更有利于杂质的排除。[30] 较快的生长速率可能导致固液界面形状不利于杂质的排除，使杂质在晶体中残留较多，从而降低少数载流子寿命。而较慢的生长速率可能有助于形成更有利于杂质排除的固液界面形状。

此外，长晶阶段的降温速率也对多晶硅少子寿命有显著影响。降温速率越低，获得的多晶硅少子寿命越高。但降温速率低到一定程度时，少子寿命反而会降低。这是因为过低的降温速率可能导致晶体内部产生新的缺陷或使原有缺陷扩展，从而降低少子寿命。[21]

2.1.2.5　生长速率对多晶硅块少数载流子寿命分布的影响

图 2-5 为多晶硅块少数载流子寿命值面积比。图 2-5（a）为平均生长速率 1.0cm/h 的硅块少数载流子寿命分布，值从 $0\sim5.4\mu s$，主要分布在 $1.88\sim4.52\mu s$ 之间，低于 $4\mu s$ 少数载流子寿命区域占比约 50%。图 2-5（b）为平均生长速率 0.87cm/h 的硅块少数载流子寿命分布，值从 $0\sim7\mu s$，主要分布在 $2.28\sim5.82\mu s$，高少数载流子寿命值区域增加。图 2-5（c）为生长速率 0.94cm/h 的硅块少数载流子寿命分布，值从 $0\sim8.4\mu s$，主要分布在 $2.72\sim6.98\mu s$，少数载流子寿命为 $8\mu s$ 的区域占比约为 23%。

影响铸锭多晶硅少数载流子寿命的因素主要为杂质、晶体缺陷。其中，杂质通过分凝影响少数载流子寿命，分凝系数大于 1 的杂质富集在晶体底部，分凝系数小于 1 的杂质被排挤到晶体顶部。根据式（2-2）、式（2-3）理论分析，生长速率显著影响杂质分凝，若生长速率增加，则杂质的有效分凝系数增大，杂质倾向于富集到固液界面，并随晶体生长固化到固相中，成为少数载流子的复合中心，降低少数载流子寿命。结合硅块红外图像可知，平均生长速率为 1.0cm/h 的晶体中下部和底部有小面积阴影，硅块少数载流子寿命小于 $4\mu s$ 的区域占比约 50%，平均少数载流子寿命值最低为 $5.28\mu s$，说明该生长速率较快，杂质未得到有效分凝，杂质富集增加了少数载流子复合中心，降低晶体少数载流子寿命。生长速率降低到 0.94cm/h 后硅块少数载流子寿命小于 $4\mu s$ 的区域占比约 25%，低少数载流子寿命区域下降了 25%，平均少数载流子寿命值最高为 $5.65\mu s$，说明降低生长速率有利于杂质充分分凝到液相中，通过液相最后凝固到硅锭顶部，从而提高晶体少数载流子寿命。当生长速率进一步降低到 0.87cm/h 后，少数载流子寿命小于 $4\mu s$ 的区域反而升高到 40%，平均少数载流子寿命值降为 $5.39\mu s$。低生长速率有利于获得晶粒粗大的晶体，也有利于杂质分凝，低生长速率易使晶体生长偏离竖直方向，增加结晶学缺陷降低少数载流子寿命。

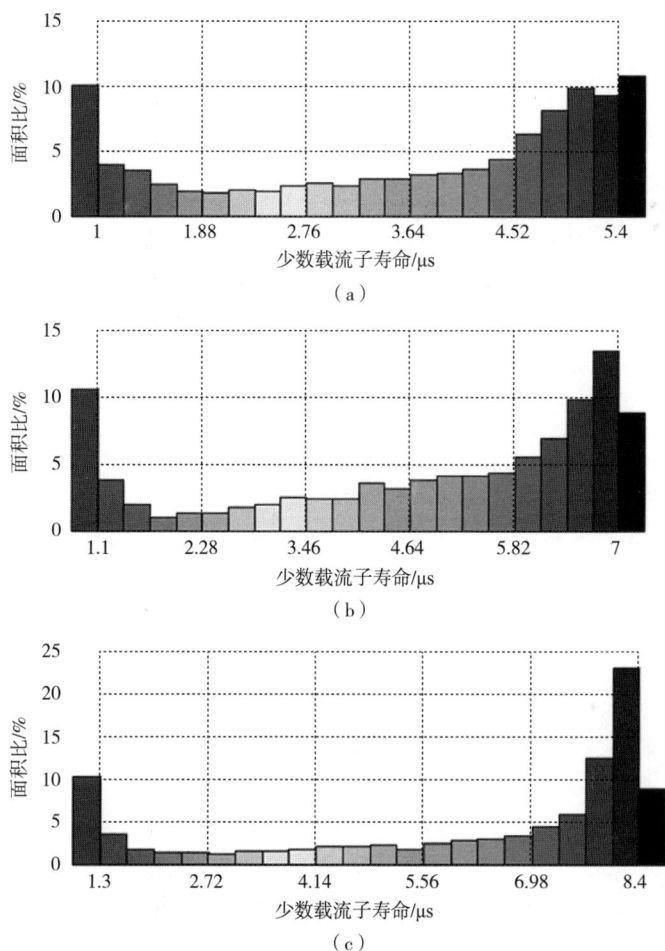

图 2-5　多晶硅块少数载流子寿命值面积比

在多晶硅晶体生长过程中，较快的生长速率可能导致晶体内部产生更多的位错、晶界、小晶粒和微缺陷。这些缺陷会成为少数载流子的复合中心，从而降低少数载流子的寿命。相反，较慢的生长速率有助于减少这些缺陷，提高晶体质量，使少数载流子寿命在硅块中的分布更加均匀且整体较高。在多晶硅定向凝固过程中，固液界面的形状和移动速率对杂质的排除起关键作用。较快的生长速率可能导致固液界面形状不利于杂质的排除，使杂质在晶体中残留较多，尤其是在硅锭的顶部和底部区域，这会导致这些区域的少数载流子寿命降低。而较慢的生长速率可能有助于形成更有利于杂质排除的固液界面形状，使杂质在晶体中的分布更加均匀，从而提高少数载流子寿命的整体分布。

铸造多晶硅材料的原生少子寿命沿晶锭生长方向通常呈倒 U 字形分布，这种分布规律与硅锭体内杂质和缺陷的分布密切相关。[31,32] 硅锭底部由于形核时核心数目较多，晶粒尺寸较小，且可能受到坩埚壁等外界因素的影响，杂质和缺陷较多，因此少子寿命较短。随着晶体生长的进行，晶粒逐渐变大，杂质和缺陷减少，少子寿命逐渐增长。然而，当生长速率过快时，可能导致硅锭顶部区域出现新的缺陷和杂质残留，使得少子寿命再次缩短。

2.1.2.6 生长速率对多晶硅块电阻率的影响

电阻率是多晶硅产品质量检验的主要指标之一，其数值高低可以反映出多晶硅产品中金属杂质含量的多少。一般来说，金属杂质含量越高，多晶硅的电阻率越低；反之，金属杂质含量越低，电阻率越高。因此，生长速率对电阻率的影响，很大程度上是通过影响硅块中的杂质含量来实现的。

通过四探针电阻率测试仪分别测出晶体生长速率较慢的硅块和晶体生长速率较快的硅块的电阻率，如表 2-3 所示。

表 2-3 不同生长速率多晶硅电阻率

硅块编号	生长速率 3 硅块电阻率/($\Omega \cdot cm$)		生长速率 1 硅块电阻率/($\Omega \cdot cm$)	
	最小	最大	最小	最大
A1	1.25	2.17	1.38	2.31
A2	1.37	2.40	1.49	2.11
A3	1.15	2.21	1.00	1.89
A4	1.36	2.29	1.22	2.17
A5	1.19	2.05	1.11	1.96
B1	1.23	2.11	1.27	2.00
B2	1.00	1.97	1.11	1.99
B3	1.26	2.11	1.34	2.00
B4	1.23	2.16	1.57	2.49
B5	1.37	2.13	1.45	2.31
C1	1.21	2.26	1.37	2.01
C2	1.31	2.35	1.29	2.37
C3	1.05	2.11	1.03	1.87
C4	1.29	2.47	1.65	2.20
C5	1.03	1.96	1.01	1.89
D1	1.41	2.37	1.27	2.31
D2	1.22	2.07	1.21	2.26
D3	1.16	2.11	1.09	2.18
D4	1.21	2.01	1.02	1.96

硅块编号	生长速率3硅块电阻率/(Ω·cm)		生长速率1硅块电阻率/(Ω·cm)	
	最小	最大	最小	最大
D5	1.00	1.87	1.25	2.37
E1	1.27	2.13	1.07	2.17
E2	1.03	1.87	1.00	1.87
E3	1.12	1.89	1.22	2.11
E4	1.10	1.99	1.22	2.07
E5	1.41	2.22	1.00	1.87
实验平均值	1.21	2.13	1.23	2.11

从实验结果可知，不同生长速率的硅块电阻率略有不同，但差别很小。电阻率测试值符合产品需求，本次设置的生长速率符合电阻率的要求。

生长速率直接影响铸锭多晶硅硅块中杂质的分布。较快的生长速率可能导致固液界面形状不利于杂质的排除，使杂质在晶体中残留较多，尤其是在硅锭的顶部和底部区域。这些杂质的存在会降低硅块的电阻率。相反，较慢的生长速率有助于形成更有利于杂质排除的固液界面形状，减少杂质残留，从而提高硅块的电阻率。

生长速率还会影响硅块中的晶体缺陷，如位错、晶界等。较快的生长速率可能导致晶体内部产生更多的缺陷，这些缺陷会成为载流子的复合中心，影响载流子的迁移率，进而降低硅块的电阻率。而较慢的生长速率有助于减少晶体缺陷，提高载流子的迁移率，从而提高硅块的电阻率。

除了生长速率外，硅块的电阻率还受到其他多种因素的影响，如原料纯度、气体保护条件、冷却速率等。因此，在生产过程中需要综合考虑这些因素，以达到最佳的电阻率控制效果。

2.1.2.7 硅片氧碳含量分布分析

不同生长速率铸锭多晶硅片氧含量分布如图2-6所示。3#为生长速率最快的硅锭所得硅片氧含量分布，2#为生长速率最慢的硅锭所得硅片氧含量分布。

从图2-6中可看出，硅块头部至中部氧含量较低，基本处于1mg/kg以下，在硅块尾部氧含量陡增，基本维持在7mg/kg，从头部至尾部氧含量增加了约7倍。影响铸锭多晶硅少数载流子寿命的因素主要为杂质、晶体缺陷。其中，杂质通过分凝影响少数载流子寿命，分凝系数大于1的杂质富集在晶体底部，分凝系数小于1的杂质被排挤到晶体顶部。从杂质的有效分凝系数式（2-3）中可知，生长速率显著影响杂质分凝，若生长速率增加，则杂质的有效分凝系数增大，杂质倾向于富集到固液界面，并随晶体生长固化到固相中，成为少数载流子的复合中心，降低少数载流子寿命。氧在硅中的分凝系数 $k_0 = 1.25$ 大于1，因此，氧杂质倾向于富集在硅锭的底部（尾部），由图2-6可知，氧杂质主要富集在距硅锭底部约80mm的区域。

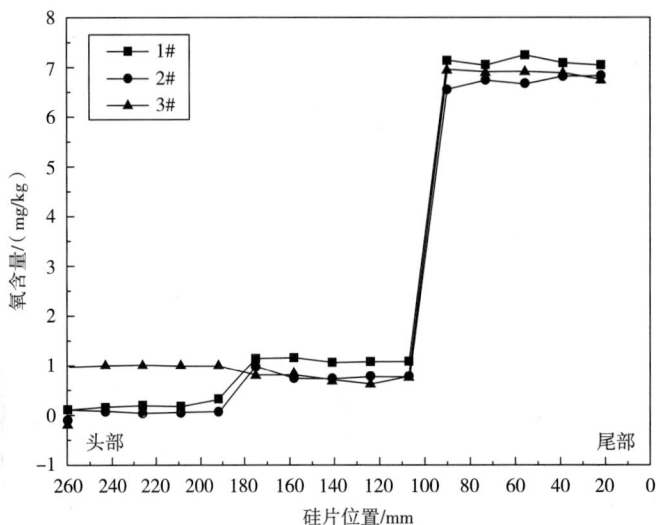

图 2-6　不同生长速率铸锭多晶硅片氧含量分布

图 2-7 为硅块不同区域硅片的碳含量分布图。3#为生长速率最快的硅锭所得硅片碳含量分布，2#为生长速率最慢的硅锭所得硅片碳含量分布。

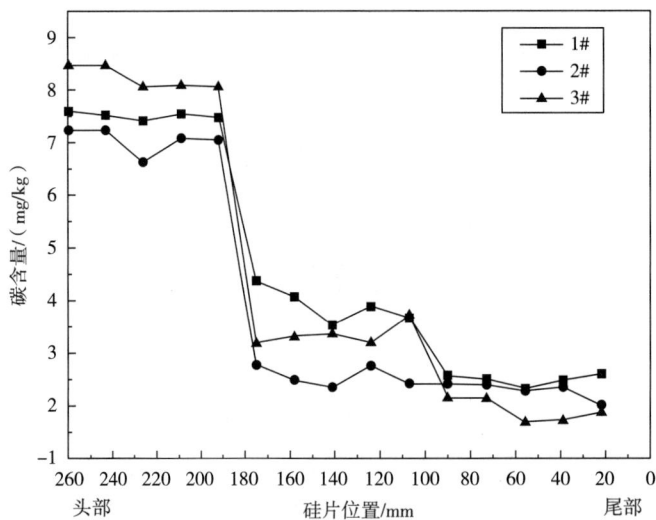

图 2-7　不同生长速率铸锭多晶硅片碳含量分布

从图 2-7 可以看出，碳含量主要富集在距头部 80mm 的范围内，平均值为 7.6mg/kg。硅块中下部碳含量较低，基本处于 2~4mg/kg，在距底部 190~170mm 范围内，碳含量出现陡降的现象。

碳在硅中的分凝系数 k_c =0.07 小于 1，因此在晶体生长过程中碳杂质分凝到液相中随着长晶的推进最后在硅锭的顶部（头部）凝固下来。

2.1.3 多晶硅相场法模拟

采用相场法对多晶硅生长进行模拟,各向异性系数为 0.05,过冷度为 0.55,网格划分为 1200×1200,流速分别为-1.0、-1.5、-2.0,选取步长为 1500 的计算结果如图 2-8 所示。

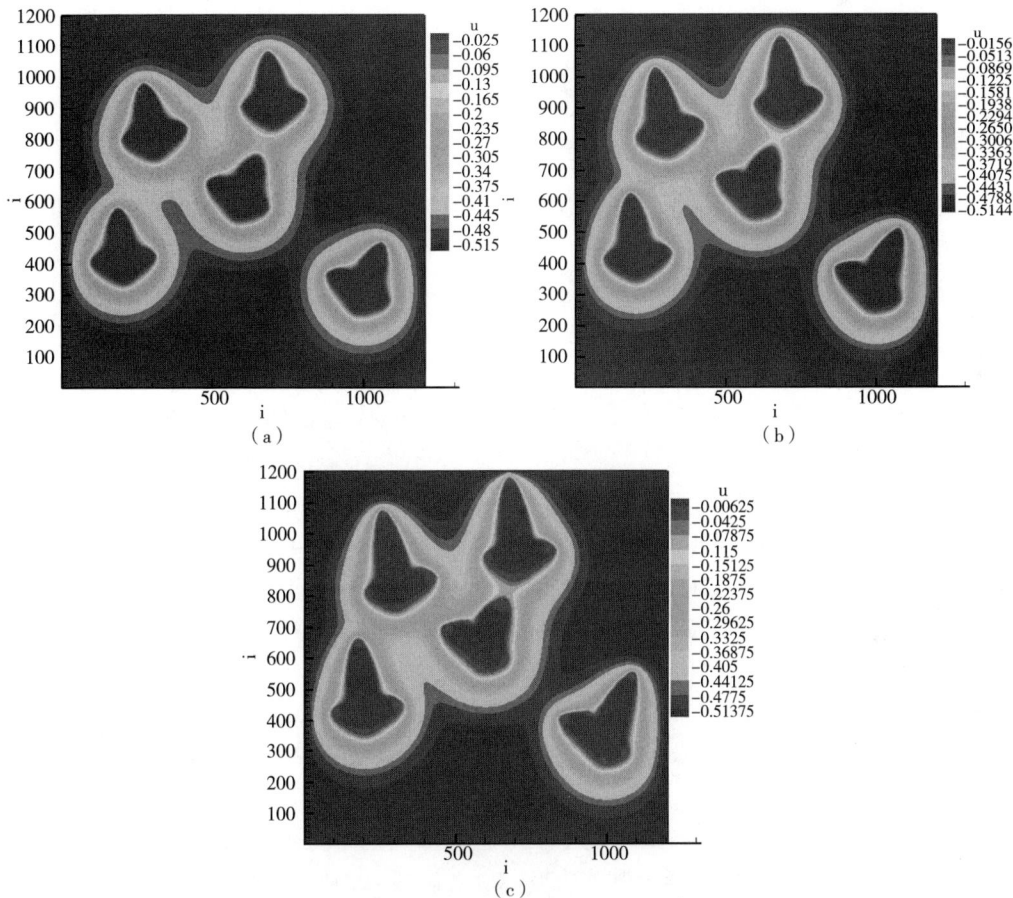

图 2-8　相场法计算模拟结果

图 2-8（a）（b）（c）分别为流速-1.0、-1.5、-2.0 相场法模拟结果。由计算结果可知,流速为-2.0 的多晶硅晶核内、外温度梯度大,晶核尖端生长较快,在相同计算步长条件下,更容易产生竞争生长。由此可知,生长速率较快的晶体,晶核之间易产生竞争生长,使杂质更易固化到晶体中进而影响少数载流子寿命。因此,选择合适的生长速率才有利于提高晶体少数载流子寿命。

2.1.4 小结

较大的生长速率使多晶硅晶体中的杂质得不到充分的排除,形成杂质富集降低晶体少数载流子寿命。较低的生长速率会使晶体生长偏离竖直方向，增加结晶学缺陷，同样降低晶体少数载流子寿命。平均生长速率为 0.94cm/h 的多晶硅红外图像纯净、晶粒粗大、硅块少数载流子寿命值最高为 5.65μs。相场法模拟结果表明，流速越大晶体生长越快，易形成竞争生长，不利于提高晶体少数载流子寿命，结论与实验较好吻合。因此选择合适的生长速率可以提高晶体的少数载流子寿命。

参考文献

［1］梁启超，乔芬，杨健，等．太阳能电池的研究现状与进展［J］．中国材料进展，2019，38（5）：505-511.

［2］成健，廖建飞，杨震，等．太阳能电池多晶硅表面激光制绒技术研究进展［J］．材料导报，2023，37（6）：16-25.

［3］GREEN M A. The path to 25% silicon solar cell efficiency：history of silicon cell evolution［J］. Progress in Photovoltaics：Research and Applications, 2009, 17（3）：183-189.

［4］DAVID D S, PETER C, STAFFAN W, et al. Toward the practical limits of silicon solar cells［J］. IEEE Journal of Photovoltaics, 2014, 4（6）：1465-1469.

［5］KEIICHIRO M, MASATO S, TAIKI H, et al. Achievement of more than 25% conversion ffficiency with crystalline silicon heterojunction solar cell［J］. IEEE Journal of Photovoltaics, 2014, 4（6）：1433-1435.

［6］LIN H, YANG M, RU X. et al. Silicon heterojunction solar cells with up to 26.81% efficiency achieved by electrically optimized nanocrystalline-silicon hole contact layers［J］. Nature Energy, 2023（8）：789-799.

［7］韩博，李进，安百俊．石墨坩埚厚度对感应加热制备太阳能级多晶硅影响的数值模拟研究［J］．人工晶体学报，2020，49（10）：1904-1910.

［8］中华人民共和国工业和信息化部．2023 年全国光伏制造行业运行情况［R/OL］.（2024-02-28）［2024-10-20］. https：//wap. miit. gov. cn/jgsj/dzs/gzdt/art/2024/art_ 23c220a8b3b34340851632dfae47a34e. html.

［9］国际能源网．中华人民共和国工业和信息化部：2023 年全国多晶硅产量超过 143 万吨，同比增长 66.9%［R/OL］.（2024-02-28）［2024-10-20］. https：//newenergy. in-en. com/html/newenergy-2431689. shtml.

［10］SIO H C, MACDONALD D. Direct comparison of the electrical properties of multicrystalline silicon materials for solar cells：Conventional p-type, n-type and High Performance p-type［J］. Solar Energy Materials & Solar Cells, 2016（144）：339-346.

［11］方昕，沈文忠．多晶硅中的氧碳行为及其对太阳电池转换效率的影响［J］．物理学报，2011，60（8）：795-806.

［12］谭毅，秦世强，石爽，等．太阳能级硅中轻质元素（C，N，O）研究进展［J］．材料工程，2017，45（2）：112-118.

［13］张聪，魏奎先，马文会，等．坩埚表面改性对冶金法多晶硅电学性能的影响［J］．轻金属，2013（1）：68-72.

［14］李毕武，黄强，刘振淮，等．多晶硅铸锭诱导吸杂技术［J］．人工晶体学报，2011，40（2）：537-540.

［15］YANG Z S, KRÜGENER J, FELDMANN F, et al. Comparing the getting effect of heaving doped polysilicon films and its implications for tunnel oxide-passivated contact solar cells［J］. Solar RRL, 2023, 7（8）：2200.

［16］游小刚，谭毅，李佳艳，等．电子束注入对多孔硅吸杂效果的影响［J］．功能材料，2014（8）：8129-8133.

［17］RIEPE S, GHOSH M, MULLER A, et al. Lieftime characrterics and gettering effects In n-type multicrystalline silicon block material［C］//Barcelona：The 20th European Photovoltaic Solar Energy Conference and Exhibition, 2005.

［18］ISTRATOV A A, BUONASSI T, MCDONALD R J, et al. Metal content of multicry-stalline silicon for solar cells and its impact on minority carrier diffusion length［J］. Journal of Applied Physics, 2002（94）：6552-6563.

［19］陈金学，晶体硅太阳电池材料的磷吸杂研究［D］．杭州，浙江大学，2005.

［20］周耐根，张弛，刘博，等．硅晶体生长速率与过冷度关系的分子动力学模拟研究［J］．人工晶体学报，2016，45（1）：28-34.

［21］刘志辉，罗玉峰，龚洪勇，等．降温速率对升级冶金硅定向凝固生长多晶硅少子寿命的影响［J］．人工晶体学报，2017，46（1）：13-17.

［22］苏文佳，牛文清，齐小方，等．定向凝固法多晶硅杂质控制数值模拟概述［J］．材料导报，2018，32（11）：1795-1805.

［23］LUO T, LU G, MA W, et al. Numerical and experimental study of vacuum directional solidification purification process for SoG-Si in metallurgical route［J］. Journal of Crystal Growth, 2013, 384（6）：122-128.

［24］HOFSTERTTER J, LELIEVRE J F, DELCANIZO C, et al. Acceptable contamination levels in solar grade silicon：from feed-stock to solar cell［J］. Materials Science and Engineering：B, 2009（159-160）：299-304.

［25］杨金祥，石爽，姜大川，等．多晶硅定向凝固过程中温度对凝固速率的影响［J］．材料导报，2019，33（S1）：28-32.

［26］张志强，黄强，黄振飞，等．定向凝固多晶硅中细晶产生的原因分析［J］．中国科学：技术科学，2011，41（6）：754-759.

［27］张克从，张乐从．晶体生长科学与技术［M］．北京：科学出版社，1997.

［28］陈亚军，陈琦，王自东，等．定向凝固过程中柱状晶的生长机制［J］．清华大学学报（自然科学版），2004（11）：1464-1467.

［29］BROWN R A, KIM D H. Modelling of directional solidification：from Scheil to detailed numerical simulation [J]. Journal of Crystal Growth, 1991, 109 (1-4): 50-65.

[30] BURTON, J A, PRIM R C, SLICHTER W P. The distribution of solute in crystals grown from the melt. part I. theoretical [J]. Journal of Chemical Physics, 1953, 21 (11): 1987-1991.

[31] 钟德京, 邱家梁, 邹军, 等. 多晶硅锭高氧浓度与少子寿命的研究 [J]. 太阳能学报, 2018, 39 (3): 758-762.

[32] 刘世龙, 周耐根, 刘淑慧. 籽晶类型对高效多晶硅铸锭质量的影响 [J]. 热加工工艺, 2021, 50 (13): 72-74, 77.

2.2 工艺优化对铸锭多晶硅性能的影响研究

随着石油、煤炭等不可再生资源的日益耗尽, 寻求绿色、环保的新能源成为人们努力的方向, 太阳能由于用之不竭、取之不尽在新能源开发中占据重要的位置。[1] 在太阳能材料应用领域中, 铸锭多晶硅由于低成本和高效率在太阳能电池应用中占据重要的地位。[2-4] 铸锭多晶硅的杂质、位错、缺陷等性能对太阳能电池的转换效率具有决定性作用。[5] 因此, 研究多晶硅的生长对提高太阳能电池的转换效率、降低生产成本、减少生产过程对环境的影响具有重要的意义。为了提高效率、降低生产成本, 目前普遍采用类单晶铸锭。[6] 该方法铸锭产生大约30%的边皮、头尾杂料, 这部分杂料增加影响硅料利用率。为了提高材料的利用率、降低成本、提高产品性能, 利用类单晶铸锭产生的边皮、头尾杂料进行再铸锭, 经过工艺优化后研究杂料铸锭的性能。

采用多晶硅杂料铸锭, 优化了铸锭工艺和装料配方, 硅料利用率为66.15%, 有效提高了多晶硅杂料的利用率。硅块少数载流子寿命为 $5.02\mu s$, 符合太阳能电池产品要求。硅块其他电学性能满足产品需要, 工艺优化杂料铸锭实现了资源的再利用, 大大降低了生产成本, 提高了效益。

2.2.1 多晶硅工艺优化铸锭实验

2.2.1.1 装料配方

此处所使用的实验仪器设备与2.1中的实验仪器设备一致, 铸锭实验步骤与2.1实验步骤也一致。实验采用相同的DDL-450铸锭炉, 坩埚采用同一厂家同一批次产品。

多晶硅杂料铸锭采用类单晶工艺, 坩埚最底层铺一层籽晶进行引晶。硅料采用全边皮、头尾杂料, 硅料投炉量440kg, 装料配方如表2-4所示。由于类单晶铸锭产生的头料和尾料中杂质较多, 考虑铸锭的效果, 装料配方中适当减少头料和尾料的比例而增加边皮料的分量。

表 2-4　多晶硅工艺优化铸锭装料配方

边皮料/kg	头料/kg	尾料/kg	籽晶/kg
165	90	150	35

2.2.1.2　铸锭工艺优化

前期研究发现生长速率对晶体少数载流子寿命等性能产生重要影响，因此在晶体生长阶段适当降低生长速率，以便充分排杂，提高杂料多晶的少数载流子寿命等性能。工艺优化主要为晶体生长阶段 G5 时间由 2h 增加到 3.5h，温度不变，G6 时间由 2h 增加到 3h，温度不变。铸锭完成后将硅锭破锭开方得到 25 个硅块，硅块经红外扫描和少子寿命检测后切片成面积为 156mm×156mm、厚度约为 0.18mm 的硅片。

2.2.2　工艺优化铸锭实验结果

2.2.2.1　工艺优化铸锭硅料利用率

将硅块进行红外扫描和少子寿命检测，切除不符合生产要求的边皮和头尾料，剩余合格部分与硅锭总质量之比为硅料利用率。图 2-9 为工艺优化铸锭头尾料切除长度。

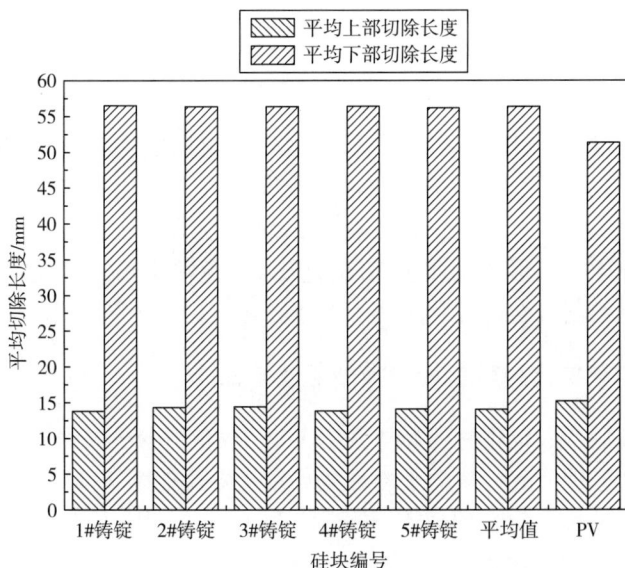

图 2-9　工艺优化铸锭头尾料切除长度

图 2-9 横坐标 PV 表示同期生产的平均值，与后续图表示相同。由图 2-9 可知，工艺优化铸锭硅块上部切除长度平均为 14.08mm，与原生多晶硅料、杂料混合铸锭的硅块上部切除长度基本相同。工艺优化铸锭硅块的下部切除长度平均为 56.34mm，比原

生多晶硅料、杂料混合铸锭硅块下部切除长度高 5.02mm。

工艺优化铸锭硅料利用率如图 2-10 所示，平均利用率为 66.15%。实验锭平均利用率略低于原生晶硅料铸锭利用率。结合图 2-9 可知，影响工艺优化铸锭利用率的直接因素为硅块下部切除长度较长，总体切除质量偏多。在铸锭过程中，硅锭底部都不可避免地存在少数载流子寿命的红区[7]，这部分区域的少数载流子寿命低于标准值而被切除掉。工艺优化铸锭采用全边皮头尾料，硅料杂质相对较多，但硅块上部切除部分并没有由于杂料增多而增加，说明铸锭过程中杂质基本都被分凝到液相中最后集中在硅锭顶部。

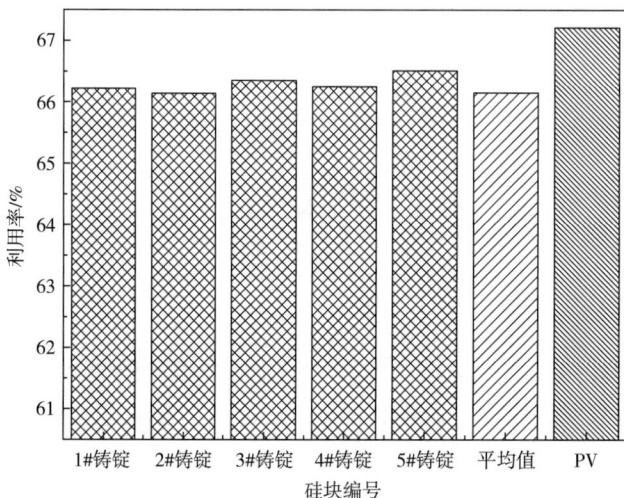

图 2-10 工艺优化铸锭料利用率

工艺优化铸锭硅块下部切除长度稍长，主要为坩埚底层籽晶层仅融化了大约一半的高度即开始长晶以获得大晶粒的类单晶。前期研究发现，晶体生长初期生长速率较快。此时，由于籽晶未完全融化，处于固液界面附近的杂质来不及分凝到液相中即随着晶体生长而固化下来，形成杂质沉淀降低少数载流子寿命。工艺优化铸锭的利用率仅低于原生多晶、杂料混合铸锭利用率 1 个百分点，说明工艺优化铸锭得到有效利用。

2.2.2.2 工艺优化铸锭晶体少数载流子寿命

工艺优化铸锭后，破锭得到的硅块采用 WT-2000 型少子寿命测试仪测量硅块少数载流子寿命，每个硅锭所有硅块的平均少数载流子寿命如图 2-11 所示。

工艺优化铸锭硅块平均少数载流子寿命为 5.02μs，低于原生多晶硅、杂料混合铸锭硅块少数载流子寿命约 0.21μs，处于产品要求的范围内。

图 2-12 为典型硅块少数载流子寿命分布情况。图 2-12（a）为典型的工艺优化铸锭硅块少数载流子寿命分布图，其硅块下部少子寿命红区较长，主要为底部籽晶层未完全熔化即晶和坩埚底部杂质的固相扩散所致。图 2-12（b）为典型的原生多晶硅、杂料混合铸锭硅块少数载流子寿命分布情况，硅块底部红区较短。主要为硅料中有原生多晶硅，大大降低了杂质含量。杂质通过分凝影响少数载流子寿命，分凝系数大于 1

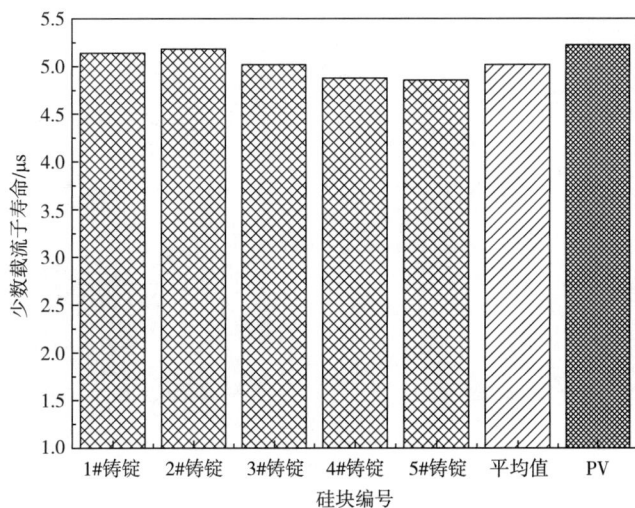

图2-11　工艺优化铸锭少数载流子寿命

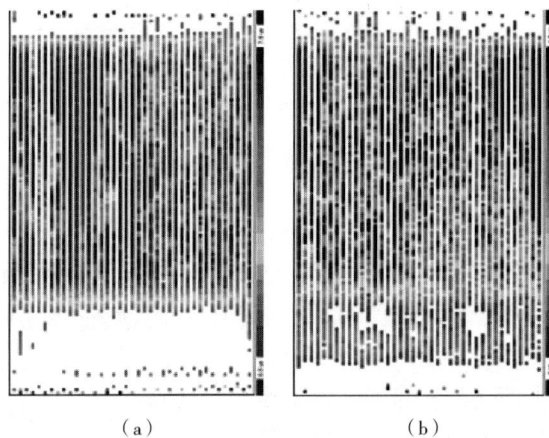

（a）　　　　　　　　　（b）

图2-12　典型硅块少数载流子寿命分布

的杂质富集在晶体底部，分凝系数小于1的杂质被排挤到晶体顶部。[8,9]

由2.1中式（2-3）可知，生长速率影响分凝系数的大小。晶体生长初期生长速率快，杂质的有效分凝系数大。此时，杂质倾向于富集到固液界面，并随晶体生长而凝固。由于硅锭底部杂质富集，大大降低了少数载流子寿命。

2.2.3　多晶硅相场法模拟

采用相场法对多晶硅生长进行模拟，各向异性系数为0.05，网格划分为1200×1200，流速分别为-1.0、-2.0，计算结果如图2-13所示。

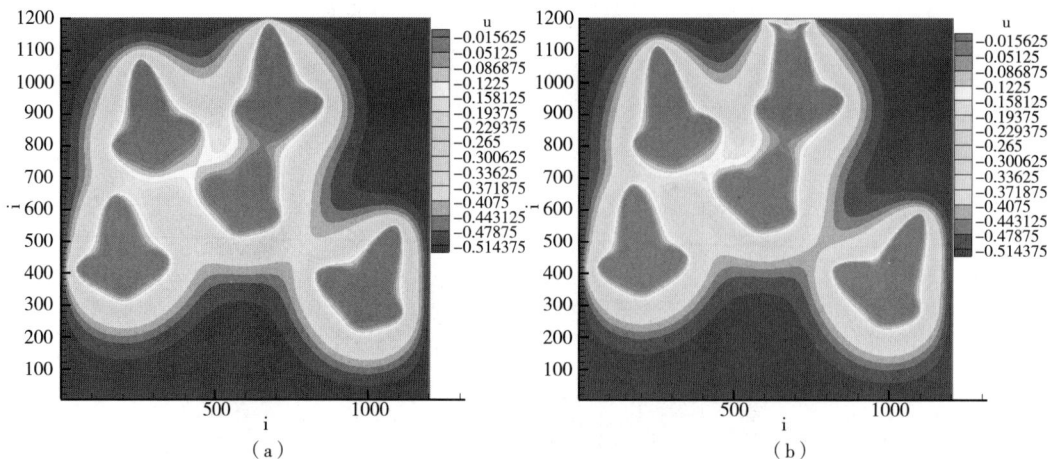

图 2-13　相场法计算模拟结果

图 2-13（a）为流速-1.0 模拟结果。图 2-13（b）为流速-1.5 模拟结果。由计算结果可知，流速越大，晶核尖端生长较快，越易形成竞争生长。结合以上分析可知，多晶硅杂料铸锭需要籽晶层进行引晶，引晶初期晶体生长较快，杂质随着晶体快速生长而固化下来影响了少数载流子寿命等性能，这与模拟结果较好吻合。

2.2.4　小结

该部分提出了多晶硅全杂料铸锭的方法，通过优化铸锭工艺和装料配方，得到了杂料多晶硅锭。硅料利用率为 66.15%，低于杂料、原生多晶硅料混合铸锭的利用率 1 个百分点。硅块少数载流子寿命为 5.02μs，低于杂料、原生多晶硅料混合铸锭硅块少数载流子寿命 0.21μs。硅料利用率和少数载流子寿命略低的主要原因为全杂料铸锭引入的杂质较多，硅块下部切除长度稍长。最终得到的硅锭性能指标符合太阳能电池产品要求，实现了杂料资源的再利用，提高了效益。

参考文献

［1］李天佑，杜海文，费宏明，等．隔热笼提升速度对高效多晶硅定向凝固的影响［J］．铸造技术，2017，38（10）：2339-2343.

［2］LAN C W, LAN A, YANG C F, et al. The emergence of high-performance multi-crystalline silicon in photovoltaics［J］. Journal of Crystal Growth, 2017（468）：17-23.

［3］IRYNA B, OLEKSANDR L, TIMUR V, et al. Different nucleation approaches for production of high-performance multi-crystalline silicon ingots and solar cells［J］. Solar

Energy Materials and Solar Cells, 2017 (159): 128-135.

[4] 谭毅，王鹏，秦世强，等. 多晶硅铸锭中碳、氮、氧杂质特性的研究进展 [J]. 材料导报，2015，29（21）：15-20.

[5] 苏文佳，牛文清，齐小方，等. 定向凝固法多晶硅杂质控制数值模拟概述 [J]. 材料导报，2018，32（11）：1795-1805.

[6] ZHANG F, YU X G, HU D L, et al. Controlling dislocation gliding and propagation in quasi-single crystalline silicon by using <110>-oriented seeds [J]. Solar Energy Materials and Solar Cells, 2019 (193): 214-218.

[7] 张聪. 多晶硅铸锭低少子寿命红区抑制及工艺优化研究 [D]. 昆明：昆明理工大学，2017.

[8] 王孟磊，任世强，姜大川，等. 温度梯度对多晶硅感应熔炼除杂效果的影响 [J]. 太阳能学报，2019，40（3）：797-802.

[9] 史冰川，董俊，李昆，等. 硅芯制备技术及对沉积多晶硅棒杂质的影响 [J]. 材料科学与工程学报，2016，34（3）：513-516，485.

2.3　太阳能电池类单晶铸锭及性能研究

随着全球对可再生能源需求的日益增长，光伏产业迎来了前所未有的发展机遇。硅类单晶铸锭技术作为光伏产业链中的关键一环，其重要性日益凸显。[1-3]

硅类单晶铸锭技术是一种通过在常规多晶铸锭工艺基础上加入单晶籽晶，定向凝固后形成方形硅锭，并通过开方、切片等环节最终制成单晶硅片的技术。[2-4] 该技术结合了多晶硅的低成本和单晶硅的高性能优势，成为近年来光伏领域的研究热点。苏州大学的研究团队[5]采用美国 GT 公司 G6-850 定向凝铸炉，对多晶硅籽晶辅助定向凝铸技术进行了优化，创新性地设计了缓冲式籽晶熔化控制技术，有效提高了硅锭的质量，降低了缺陷密度，制备出了单晶比例高达 87.5% 的产业化类单晶硅锭。清华大学航天航空学院和工程物理系的研究团队[6]通过数值模拟研究，深入探讨了堆积硅料熔化过程中孔隙率阶跃分布对籽晶熔化的影响，为优化硅类单晶铸锭工艺提供了理论支持。国内外研究者在铸造类单晶数值模拟和实验研究中取得了显著的成果。[7-13]

铸锭多晶硅的硅锭中含有氧、碳、铁和含量较少的铜、镍等金属杂质。一般冶金法都经过定向凝固分凝与真空挥发去除杂质[14]。因此要制备出高效率的铸锭多晶硅，需要更好地解决多晶硅杂质和缺陷问题。[15-21]

要想降低晶体硅的缺陷、减少杂质的影响、提高电学性能，比较好的办法是提高铸锭多晶硅晶粒的大小和面积。以此来降低晶体学缺陷，降低晶界，减少载流子的复合中心。由此，类单晶铸锭的方法得到研究者的大量关注。笔者提出了一种类单晶铸锭的制备方法，通过装料工艺、铸锭工艺的优化得到了大面积的单晶，并探究了铸锭类单晶的制备和性能。

2.3.1 类单晶铸锭方案

类单晶铸锭原理是在定向凝固技术的基础上加以改进，其主要是通过控制垂直方向上的温度梯度，使固-液界面保持平行，使晶体从坩埚底由下往上生长，以得到取向较好的类单晶。晶体生长结束后对高效多晶硅硅锭进行热处理，待硅料完全凝固后再经过退火、冷却，完成铸锭。而坩埚底部区域的沉淀是晶体生长过程中位错或位错簇的起源，因此在晶体生长的基板上采用单晶硅块作为籽晶诱导生长，然后定向凝固铸造出大晶粒多晶硅。需要解决的问题一是在定向凝固技术的基础上，对多晶硅的铸锭工艺进行优化设计，寻求一种新型的高效铸锭多晶硅的制备工艺。二是使用这种类单晶的制备方法，用单晶硅块作为籽晶诱导生长，能否定向凝固铸造出晶粒尺寸大和晶体缺陷少的高效多晶硅。三是通过控制籽晶的熔化程度，来探究应该把籽晶熔多少才适合晶体在此基础上形核生长，使生长出的类单晶的电学性能更加优良。

2.3.1.1 类单晶铸锭方案思路

类单晶铸锭方案设计思路为：首先是在坩埚底部铺设一层籽晶，作为引晶来诱导晶体生长。其次是加热熔料，并不是将硅料完全熔化，而是部分熔化，也就是籽晶层上的硅料完全熔化的同时，籽晶不能完全熔化。当硅料熔到籽晶层时，慢慢提升隔热笼，控制不同的籽晶熔化量。通过控制垂直方向上的温度梯度，使固-液界面保持平行，使晶体在籽晶的基础从坩埚底部上由下往上生长，以得到取向良好的类单晶。

2.3.1.2 类单晶铸锭工艺设计

通过控制铸锭炉温度来控制籽晶层的融化量，设计五组不同籽晶层融化量进行铸锭。类单晶工艺设计如表2-5所示。

表2-5 类单晶工艺设计

组别	加热温度/℃	熔化时间/h	籽晶层熔化量/mm
A	1460	5	20
B	1450	5	15
C	1440	5	10
D	1430	5	5
E	1420	5	0

2.3.2 类单晶铸锭实验步骤

2.3.2.1 硅料的配备

籽晶层采用经打磨抛光的单晶硅块，单晶硅块先经过酸洗后，制备成长、宽、高尺寸为156mm、156mm、20mm的硅块籽晶。实验主要用到的硅料有籽晶、硅料碎片、回制硅料和原生晶料，类单晶硅料配备如表2-6所示。

表2-6 类单晶硅料配备 单位：kg

籽晶	碎片	回制料	原生硅料
35	15	头40，边60，尾70	230

2.3.2.2 装料步骤

装料之前，对坩埚进行真空清洁处理，去除坩埚内部原有气体和杂质，以免影响铸锭多晶硅的质量。具体装料步骤如图2-14所示。

（a） （b） （c）

图2-14 类单晶装料步骤

首先在坩埚底部晶体生长的基板上铺设一层长、宽、高尺寸为156mm、156mm、20mm的方形引晶硅块，均匀平整地铺到坩埚底部，与坩埚底部及四周充分接触；籽晶铺设好后用长晶棒从铸锭炉顶部长晶测量口伸向底部直到触碰到籽晶为止，并记下此时长晶棒相对参考平面的高度，用H_0表示，如图2-14（a）所示。

在籽晶基层面上靠锅炉边缘用边皮头尾料填充，且使用光滑带弧线的硅料面与锅炉壁紧密接触；然后在籽晶基层面上和边皮头尾料中间位置用原生晶料和硅料碎片填充，就这样一层一层地往上添加硅料，如图2-14（b）所示。

当添加的硅料接近坩埚标准硅容量时，在硅料顶层平铺一层比较规则的回制料，完成所有装料工作，如图 2-14（c）所示。

2.3.2.3 籽晶层融化量测量

当坩埚底部铺满籽晶层未开始装料时，从铸锭炉顶部使用一根长晶棒向下插到籽晶层表面，此时测得籽晶层表面到铸锭炉顶部参考点的高度，用 H_0 表示。在铸锭过程中每间隔 1h 用长晶棒测量硅料表面到铸锭炉顶部参考点的高度，用 H_χ（$\chi = 1, 2, 3, \cdots$）表示，其目的是用长晶棒检测硅料熔化的高度情况。当 H_χ 与 H_0 相同时，说明硅料已经熔到籽晶层。每次测量后都要及时抽回长晶棒，离开坩埚内未熔硅料层面，回到安全距离，以保证长晶棒不接触到硅液。通过控制加热系统，提升隔热笼，来控制籽晶层的熔化尺寸，使晶体在籽晶作用下进行单一方向由下往上地形核生长。当 $H_\chi - H_0 < 0$ 时，说明硅料还未融化到籽晶层，当 $H_\chi - H_0 > 0$ 时，说明籽晶开始熔化，设熔化量 L_χ 为（$H_\chi - H_0$）。当 $H_\chi - H_0 = 20\text{mm}$ 时，说明籽晶已全部熔化。分别控制 A、B、C、D、E 五组籽晶熔化量，分别用 L_1、L_2、L_3、L_4、L_5 来表示。

2.3.3 铸锭类单晶性能分析

2.3.3.1 类单晶红外图像

利用红外扫描仪对不同籽晶熔化量的硅块进行红外成像，得到多晶硅红外扫描图。如图 2-15 所示为类单晶典型硅块红外扫描图。从图中可以看出，类单晶铸锭所得的硅块在形貌上没有较大的亮条纹，其中有亮条纹的属于硅锭边皮头尾部位，这部分区域有较小的亮条纹，表示有不同方向生长的晶粒存在，但灰暗部分比较大属于晶粒同向生长，说明晶粒尺寸比较大，出现类单晶。而部分区域则完全没有亮条纹，说明了得到了面积较大的类单晶。

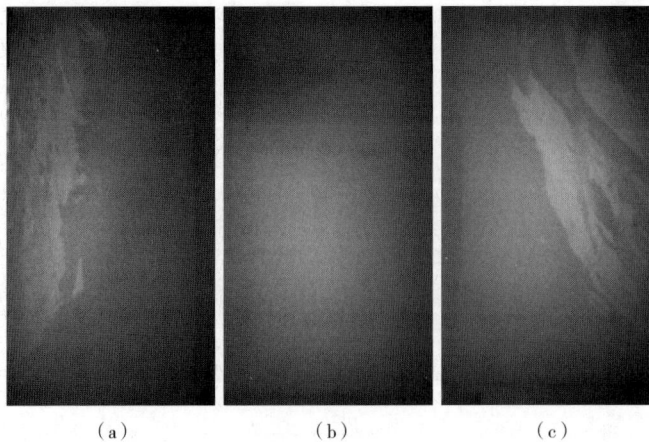

（a）　　　　　　　（b）　　　　　　　（c）

图 2-15　典型类单晶硅块红外扫描图

如图2-16所示为铸锭多晶硅红外扫描图。与类单晶红外扫描图比较发现，一般铸锭多晶硅亮条纹较多而细小，说明细晶较多且晶粒尺寸较小，没有形成单一方向生长、晶粒尺寸大的类单晶。这类晶片存在着很多晶体杂质和缺陷，其电学性能不佳。而类单晶硅块上基本没有多而细小的亮条纹，其晶粒尺寸大，且晶体杂质缺陷少。

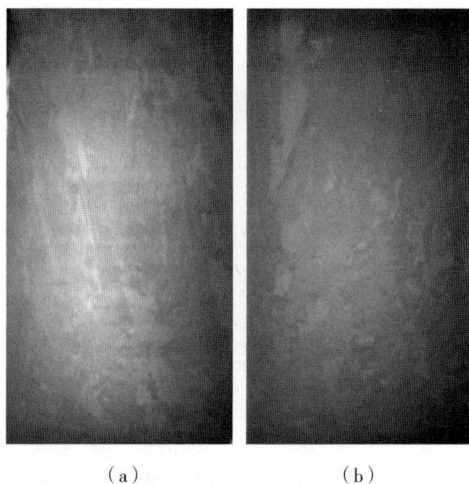

（a）　　　　　　　　（b）

图2-16　铸造多晶硅红外扫描图

2.3.3.2　类单晶少数载流子寿命

利用少子寿命测试仪对类单晶硅块进行少数载流子寿命的检测。每组随机抽取5份不同籽晶熔化量生长的硅块样品进行检测，记录线内少子寿命平均值，详细检测结果如表2-7所示。

表2-7　类单晶硅块少数载流子寿命　　　　　单位：μs

硅块编号	硅块1	硅块2	硅块3	硅块4	硅块5	平均值
A	5.19	5.57	5.55	5.25	4.18	5.15
B	5.39	5.23	5.70	6.60	4.94	5.57
C	6.02	5.18	5.86	5.01	5.95	5.60
D	5.48	5.46	5.89	6.08	5.28	5.64
E	5.34	5.34	6.49	5.21	4.07	5.29
平均值	5.45					

从表2-7可以看出，类单晶硅块少数载流子寿命平均值为5.45μs，远比生产同期的平均值高出0.25μs，这说明高效多晶硅铸锭所得的硅锭少数载流子寿命比一般铸锭

多晶硅少数载流子寿命长。可以说使用这种高效铸锭多晶硅的方案能得到电学性能优良的多晶硅，因为少数载流子的寿命决定着多晶硅的质量，也就是晶体的少数载流子寿命越长，其电学性能越好。

图 2-17 为类单晶硅块少数载流子寿命分布。A、B、C、D、E 每组各 5 块硅块。从图中可看出，所有测量硅块的最高峰值在 B 组和 E 组，少子寿命分别为 6.60μs 和 6.49μs，而最低峰值在 A 组和 B 组，其值分别为 4.18μs 和 4.07μs。具有最高峰值有两个原因，其一说明该组硅块晶体质量较好；其二是随机选择各组 5 个样品检测，峰值组可能取到的样品为硅锭中部质量较好的区域，因此不能直接从最高峰值判定哪组晶体质量最佳，存在最低峰值的情况也可以如此分析。但从总体来看，根据各组的分布趋势及各组的平均值。分析得出 D 组总体少子寿命都较高，不存在最高和最低峰值，其分布趋势较好，且 D 组的平均值最高，其值为 5.64μs。因此可以得出，D 组熔料温度为 1430℃，籽晶熔化量为 5mm 的高效多晶硅铸锭所得的多晶硅晶体质量较好，少数载流子寿命较长。

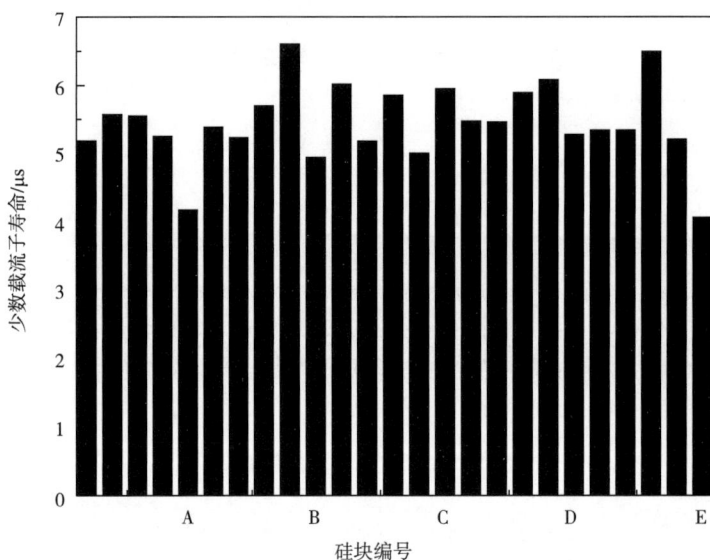

图 2-17　类单晶硅块少数载流子寿命分布

2.3.3.3　类单晶硅块头尾切除分析

在晶体生长过程中，杂质会在固、液相分凝。由于分凝系数的不同，部分杂质会向硅溶液表面及底层分凝，也就是硅料中的杂质会在硅锭的底部和顶部聚集。杂质聚集的越多则在该区域少数载流子复合中心越多，少数载流子寿命越低，甚至不符合产品要求，因此太阳能电池多晶硅铸锭后需要把头部和尾部不符合电学性能要求的部分切除。杂质在不同相中存在不同的溶解度，故而在界面两边的分布浓度不相同，称为杂质的分凝现象。表 2-8 为杂质在硅中的分凝系数。

表2-8 杂质在硅中的分凝系数[22]

杂质	分凝系数	杂质	分凝系数
B	0.9	Au	3×10^{-5}
Al	$\geqslant 0.004$	Sn	0.02
Ga	0.01	Ta	1×10^{-7}
In	5×10^{-4}	Fe	5×10^{-4}
P	0.35	S	1×10^{-5}
As	0.3	Co	1×10^{-4}
Sb	0.04	Pt	1×10^{-8}
Bi	8×10^{-4}	Cd	1×10^{-8}
Cu	4×10^{-4}	Pd	1×10^{-8}
Ag	1×10^{-8}	Mn	1×10^{-5}
Li	1×10^{-2}	Zn	1×10^{-5}
O	1.25	C	0.07

从表2-8中可看出杂质在硅中的分凝系数远小于1,说明杂质在硅溶液中会漂浮在液面,而不会与硅固体共融。类单晶铸锭的方案就是结合多晶硅铸锭和定向凝固法,将坩埚中籽晶层面上的硅料充分熔化为液态硅,慢慢提升隔热笼,通过底部过冷成核和杂质的分凝完成长晶和排杂,得到理想的高效多晶硅晶体。根据高效铸锭多晶硅的少子寿命检测情况,高效铸锭所得的多晶硅总体平均少子寿命远高于生产同期的平均值,说明类单晶铸锭所得的晶体杂质及缺陷较少。

类单晶铸锭后所得的硅锭需要进行切割处理,即需要把头部和尾部不符合电学性能要求的部分切除。也就是一个完整的硅锭需要将杂质缺陷较多的部位进行切割。切割的依据是少子寿命低于标准线,具体切除情况如表2-9所示。

表2-9 类单晶硅块切除   单位：mm

硅块编号	上部划线	下部划线	线内长度
A1	12	52	189
A2	15	55	184
A3	10	55	190

硅块编号	上部划线	下部划线	线内长度
A4	10	65	180
A5	24	57	170
B1	14	55	183
B2	12	55	186
B3	6	54	191
B4	10	55	185
B5	13	56	185
C1	8	59	185
C2	9	57	187
C3	27	55	168
C4	11	60	183
C5	10	71	172
D1	13	56	184
D2	12	57	188
D3	10	57	185
D4	12	56	188
D5	12	54	190
E1	32	54	165
E2	9	53	188
E3	10	55	189
E4	18	60	175
E5	13	49	189
生产同期平均值	13	56	183

由表 2-9 可知，类单晶硅块的上部切除平均值和下部切除平均值都比同期的平均值低，这说明类单晶铸锭，杂质的有效分凝较好。对于硅锭头部，多数杂质进行了有效分凝，而尾部杂质的固相扩散也得到了很好的抑制作用，所得的硅锭杂质及缺陷较少。类单晶平均线内长度比生产同期的平均值高，说明类单晶铸锭所得硅块可利用部分较多。因此，本类单晶铸锭方案，能够达到高效铸锭的目的，从而减少多晶硅铸锭过程中的电力消耗，提高生产效率和降低多晶硅的生产成本，合理而有效地利用资源。

根据类单晶头尾部切除情况，计算出各组上部划线、下部划线和线内长度的平均值。图 2-18 为类单晶上部划线平均长度分布图。

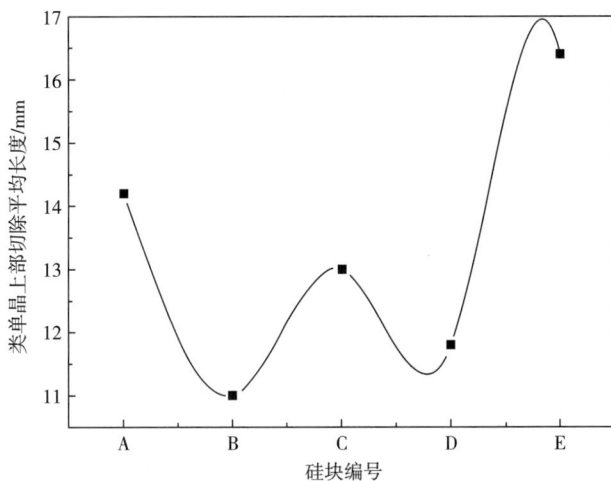

图 2-18　类单晶上部切除平均长度分布图

因为杂质分凝系数小于 1，在硅料溶液中很多杂质不会与硅固体共融，而是随着定向凝固中晶体由下向上生长的方向，一直往溶液表面聚集，直至所有硅溶液凝固后，杂质不能再从液面分离出来，只能与硅液共同凝固。多晶硅上部杂质含量较高，根据少子寿命测量情况，低于标准线的为上部划线区域。从图 2-18 所示的上部划线分布图可看出，B、D 两组的上部划线平均值较低，分别为 11mm 和 11.8mm。

根据杂质来源分析，坩埚底部是杂质形成的主要区域，部分杂质不会随硅料熔化向液体表面扩散，而是沉积在底部。这些杂质一方面是通过坩埚底部固相扩散到硅固体中，另一方面由于引用籽晶层，不可避免坩埚底部沉积有部分杂质。所以需要对所得多晶硅硅锭进行下部划线切割，其切割标准也是根据少子寿命情况，低于少子寿命标准线的在下部划线区域。如图 2-19 所示为类单晶下部切除平均长度分布图，从图中可看出 B、D、E 三组下部切除平均长度较小。

线内长度就是去除上部划线和下部划线的部分多晶硅后留下质量较好的中部多晶硅长度。如图 2-20 所示为类单晶线内平均长度分布图，从图中可看出 B、D 两组的线内平均长度较高，分别为 186mm 和 187mm。根据各组划线的平均长度表和划线的折线分布图，可看出 B 组和 D 组的上划线平均长度都相对较小，而 B 组、D 组和 E 组的下

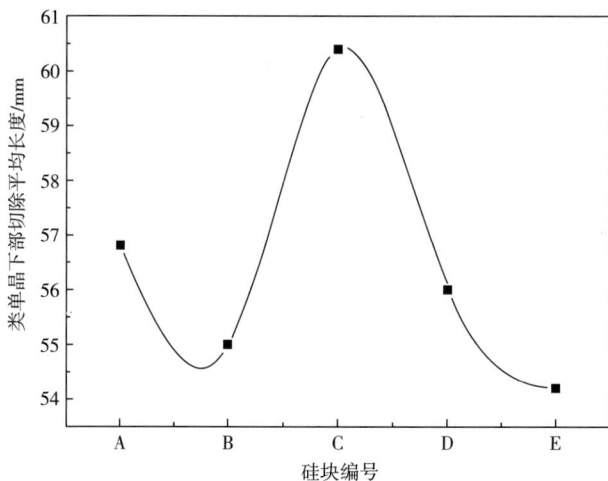

图 2-19　类单晶下部切除平均长度分布图

划线平均长度都相对较大，B 组和 D 组的线内平均长度都相对较大。综合分析，得知 B 组和 D 组所得的高效多晶硅比 A 组、C 组、D 组所得的高效多晶硅质量更好，去除切割部分更少，可利用的部分更多，高效铸锭的效果更佳，排杂更充分。

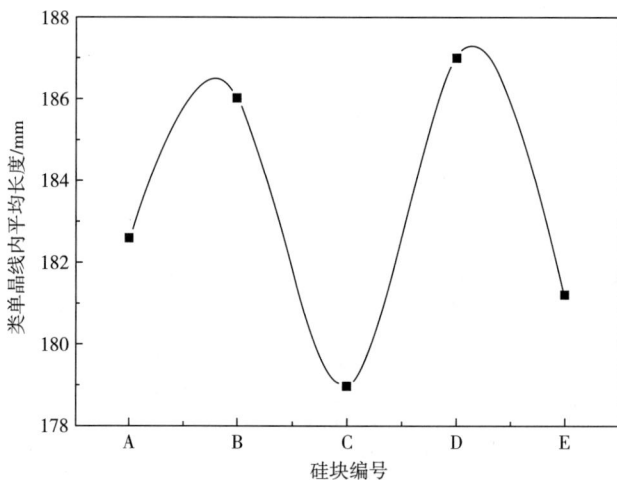

图 2-20　类单晶线内平均长度分布图

2.3.3.4　电阻率检测结果分析

使用电阻率测试仪检测高效铸锭多晶硅的电阻率，同样分组检测，每组随机抽取 5 份不同的硅块样品进行检测，具体检测结果如表 2-10 所示。

表 2-10　类单晶硅锭块电阻率　　　　单位：$\Omega \cdot cm$

硅块编号	最小值	最大值	硅块编号	最小值	最大值
A1	1.26	2.14	C4	1.12	2.13
A2	1.18	1.96	C5	1.26	2.43
A3	1.27	2.31	D1	1.18	1.97
A4	1.04	1.97	D2	1.00	1.92
A5	1.12	2.18	D3	1.01	2.18
B1	1.07	1.92	D4	1.21	2.19
B2	1.21	2.18	D5	1.22	2.31
B3	1.14	2.31	E1	1.18	2.10
B4	1.27	2.41	E2	1.07	1.94
B5	1.07	1.86	E3	1.02	2.12
C1	1.02	1.94	E4	1.03	2.16
C2	1.18	2.31	E5	1.21	2.12
C3	1.27	2.04	实验平均值	1.14	2.12

电阻率是多晶硅产品质量检验最主要的指标之一，在实际生产中，电阻率的高低也可反映出多晶硅产品中母合金掺杂的含量。[22] 也就是说，母合金为硅晶体提供空穴或自由电子，其大小也决定了晶体中自由电子或空穴的数目，从而影响晶体电阻率。如表 2-10 所示为各组类单晶锭块的电阻率，包括最小值和最大值。从表中可看出，类单晶铸锭与传统工艺所得的多晶硅电阻率差别不大。这说明类单晶铸锭较好地控制了电阻率，没有出现电阻率异常的情况。决定电阻率大小的因素主要还是母合金的掺杂，且以母合金的导电性为主。

2.3.3.5　籽晶层融化量对类单晶性能的影响

籽晶层融化量对类单晶性能的影响是一个复杂而关键的过程，它直接关系到类单晶硅锭的质量以及后续太阳能电池片的转换效率。籽晶层融化量是指在晶体生长过程中，籽晶在硅熔液中的融化程度。籽晶作为晶体生长的起点，其融化量的控制对于晶体的生长方向和结构具有重要影响。籽晶融化量的控制直接影响类单晶硅锭中单晶的比例。如果籽晶层融化量过多，可能会导致晶体生长方向混乱，降低单晶比例；反之，如果融化量不足，则可能无法有效引导晶体生长。因此，合理的籽晶层融化量是获得高单晶比例类单晶硅锭的关键。笔者通过优化工艺控制籽晶层融化量，得到了几组不同籽晶融化量的类单晶硅锭。表 2-11 为不同籽晶层融化量类单晶少数载流子寿命。

表 2-11 不同籽晶层融化量类单晶少数载流子寿命

硅块组别	籽晶熔化量/mm	平均少数载流子寿命/μs
A	25	5.45
B	20	5.54
C	15	5.61
D	10	5.41
E	5	5.32

从表 2-11 中可看出，籽晶层融化量过高或过低都不利于硅块少数载流子寿命的提高。融化量低，籽晶未得到充分融化即进入长晶阶段，籽晶层附近的杂质来不及分凝到液相中富集起来，形成杂质沉淀降低少数载流子寿命。若籽晶层融化过量，则跳入长晶段工艺后由于有一定的热缓冲作用，部分籽晶层会完全融化掉起不到引晶的作用，不形成大晶粒，同样也难以提高少数载流子寿命。本项目研究发现籽晶层融化量在 1/3~1/2 引晶效果最好。

籽晶层融化量过多导致的缺陷会增加载流子的复合率，降低载流子寿命，进而影响电池转换效率。相反，合理的籽晶层融化量有助于减少缺陷，提高载流子寿命。籽晶层融化量的控制还与硅锭中的缺陷密度密切相关。过高的籽晶层融化量可能增加晶粒间界和位错等缺陷，这些缺陷会成为杂质的吸附中心，降低硅锭的载流子寿命和电池转换效率。

2.3.3.6 类单晶铸锭粘埚分析

类单晶硅锭粘埚概率较大，粘埚位置遍布硅锭顶角部、硅锭上部边缘、中部、下部等，较大影响硅锭质量，且选择免喷坩埚或自喷坩埚均存在粘埚现象。从类单晶铸锭实验长晶数据可知，长晶速率并不快，据此可排除杂质形核粘埚的推断。

（1）类单晶铸锭过程分析。

①类单晶铸锭在熔化段籽晶达到规定高度后即跳步，而多晶硅铸锭在熔化报警后仍等待 TC2 温度上升至 1440°以上方可进入长晶；在进入长晶前，类单晶硅锭上下表面温差大于 200°，且此温差在长晶过程持续增加至长晶结束，而多晶硅铸锭进入长晶前上下表面温差约 100°，增加的速率较低。据此可推测类单晶硅锭进入长晶前上下温差较大，持续时间较长，加剧了热对流，同时也加剧了硅液对涂层的冲刷力度。

②在熔化和长晶段多晶硅铸锭真空度均优于单晶硅铸锭真空度，据此可推测，在熔化和长晶段，类单晶铸锭时炉内压力较大，硅液与坩埚之间碰撞的力度和频次均高于多晶硅铸锭，这一现象可能导致坩埚涂层质量受损。

③铸锭过程中氩气流对坩埚涂层的冲刷也是影响粘埚的因素之一。坩埚上部分涂层在长晶前暴露在氩气流下，受到气流的冲刷，随着液面的抬升被硅液浸没，损坏。

（2）类单晶铸锭粘锅解决方法。

①优化温场设计。控制温度梯度：合理的温度梯度分布是避免粘埚的关键。通过

光电功能材料的制备与性能研究

调整加热器的布局和功率，以及优化坩埚和保温材料的结构，可以控制坩埚内的温度梯度，使晶体在生长过程中远离坩埚侧壁。保持温场对称性：温场的不对称性也是导致粘埚的原因之一。因此，在设计温场时，应尽量保持其对称性，以减少晶体在生长过程中的侧向扩展和与坩埚侧壁的接触。

②使用特殊涂层。坩埚涂层：在坩埚内壁涂覆一层特殊的防粘涂层，如氮化硼、碳化硅等，可以有效降低晶体与坩埚之间的黏附力，从而减少粘埚现象的发生。籽晶层涂层：在籽晶层与坩埚底部之间涂覆一层无机黏结剂或其他防粘材料，也可以起到一定的防粘效果。

③改进籽晶拼接技术。减少拼接缝隙：通过改进籽晶的拼接技术，如使用无机黏结剂将相邻籽晶紧密粘连在一起，可以减少拼接缝隙，降低多晶和位错缺陷的产生，从而间接减少粘埚现象。优化籽晶形状和排列：合理的籽晶形状和排列方式也有助于减少晶体生长过程中的侧向扩展和与坩埚侧壁的接触。

④控制晶体生长速度。调整提拉速度：在晶体生长过程中，适当调整提拉速度可以控制晶体的生长速率和形状，避免晶体过快地接触到坩埚侧壁。监控晶体生长状态：通过实时监控晶体的生长状态，如观察晶体表面的形貌和温度分布等，可以及时发现并处理粘埚等异常情况。

⑤改进坩埚结构。设置隔离块：在坩埚底部设置若干条状的隔离块，可以隔离出若干籽晶放置区域。这些隔离块的热导率低于坩埚本体底部，有助于减少籽晶块之间的挤压和接缝间缺陷的产生，从而降低粘埚风险。优化坩埚材质：选择合适的坩埚材质也是避免粘埚的重要因素之一。例如，使用高纯度的石英或石墨坩埚可以减少杂质对晶体生长的影响，从而降低粘埚概率。

2.3.4　小结

通过设计不同籽晶熔化量的实验，获得多组类单晶铸锭硅锭，并对类单晶硅块进行形貌分析、少子寿命检测和电阻率测试，得出以下结论：

（1）利用红外扫描仪对高效铸锭多晶硅进行红外成像，根据晶体形貌分析，得出高效铸锭多晶硅所得硅锭基本没有多而细小的亮条纹，说明高效多晶硅的晶粒尺寸大，晶体为单一方向生长，位错和晶界少。

（2）利用少子寿命测试仪对高效铸锭多晶硅少子寿命检测，得出高效铸锭多晶硅的平均少子寿命为 5.45μs，比生产同期的平均值高出 0.25μs，这说明高效多晶硅铸锭所得的硅锭少数载流子总体寿命比传统工艺所得的硅锭少数载流子寿命长。通过数据分析得知熔料温度为 1430℃，籽晶熔化尺寸为 5mm 的高效铸锭多晶硅晶体质量较好，少数载流子寿命较长。

（3）通过对高效铸锭多晶硅硅块的划线数据分析，得出高效铸锭多晶硅的上部切除平均长度和下部切除平均长度都比生产同期的平均长度低，说明高效铸锭所得的多晶硅杂质分凝效果好，且晶体缺陷较少；而高效多晶硅平均线内长度比生产同期的平均值高，说明高效铸锭所得多晶硅可利用部分较多。

（4）使用电阻率测试仪测出高效多晶硅的电阻率，根据数据分析得出，高效铸锭多晶硅的平均最小电阻率和平均最大电阻率都比生产同期的低，说明高效多晶硅的电阻率均匀，电学性能优良。但差别并不太大，这说明高效铸锭对电阻率的影响并不大，决定电阻率大小的因素主要还是母合金的掺杂，且多以母合金的导电性为重。

（5）综合分析得出，用于引晶生长的籽晶熔化量为 5mm，也就是将籽晶层熔化到其自身的 1/3~1/2，最适合类单晶形核长大。

参考文献

［1］SIO H C, PHANG S P, FELL A, et al. The electrical properties of high performance multicrystalline silicon and mono－like silicon：material limitations and cell potential ［J］. Solar energy materials and solar cells, 2019（210）：110059-110069.

［2］OLIVEIRA V A, ROCHA M, LANTREIBECQ A, et al. Cellular dislocations patterns in moonlike silicon：Influence of stress, time under stress and impurity doping ［J］. Journal of crystal growth, 2018（489）：42-50.

［3］张驰, 常志祥, 徐飞. 类单晶硅与铸锭多晶硅的晶体质量差异性研究 ［J］. 太阳能学报, 2016, 37（7）：1744-1747.

［4］TREMPA M, REIMANN C, FRIEDRICH J, et al. Monocrystalline growth in directional solidification of silicon with different orientation and splitting of seed crystals ［J］. Journal of Crystal Growth, 2014, 22（8）：923-932.

［5］王强. 低缺陷密度大单晶比例太阳能级类单晶硅锭制备及其表面制绒研究 ［D］. 苏州：苏州大学, 2016.

［6］孙英龙, 郑丽丽, 张辉. 堆积硅料的阶跃分布孔隙率对准单晶铸锭过程籽晶熔化的影响 ［J］. 人工晶体学报, 2023, 52（10）：1745-1757.

［7］GAO B, NAKANO S, HARADA H, et al. Reduction of polycrystalline grains region near the crucible wall during seeded growth of monocrystalline silicon in a unidirectional solidification furnace ［J］. Journal of Crystal Growth, 2012, 352（1）：47-52.

［8］MA W C, ZHONG G X, SUN L, et al. Influence of an insulation partition on a seeded directional solidification process for quasi－single crystalline silicon ingots for high－efficiency solar cells ［J］. Solar Energy Materials and Solar Cells, 2012（100）：231-238.

［9］YU Q H, LIU L J, MA W C, et al. Local design of the hot-zone in an industrial seeded directional solidification furnace for quasi-single crystalline silicon ingots ［J］. Journal of Crystal Growth, 2012（358）：5-11.

［10］BLACK A, MEDINA J, PIÑEIRO A, et al. Optimizing seeded casting of mono-like silicon crystals through numerical simulation ［J］. Journal of Crystal Growth, 2012,

353（1）：12-16.

[11] MA X, ZHENG L L, ZHANG H. System design and hot zone optimization of monocrystalline silicon directional solidification furnace for PV application ［J］. Journal of Crystal Growth, 2014（385）：28-33.

[12] LI Z Y, LIU L J, ZHANG Y F, et al. Preservation of seed crystals in feedstock melting for cast quasi-single crystalline silicon ingots ［J］. International Journal of Photoenergy, 2013（10）：1-7.

[13] 余庆华, 刘立军, 钟根香, 等. 准单晶硅铸锭过程中凝固界面形状的控制 ［J］. 工程热物理学报, 2013, 34（3）：505-508.

[14] 任世强, 胡志强, 李鹏廷, 等. 电子束诱导定向凝固过程中晶体形貌对杂质分布的影响 ［J］. 有色金属（冶炼部分）, 2021（6）：90-94.

[15] YANG X, MAW H, LVG Q, et al. Single-step directional solidification technology for solar grade polysilicon preparation ［J］. Applied Thermal Engineering, 2016（106）：890-898.

[16] ZHANG C, WEI K X, ZHENG D M, et al. Phosphorus removal from upgraded metallurgical-grade silicon by vacuum directional solidification ［J］. Vacuum, 2017（146）：159-163.

[17] MAW H, WEI K X, YANG B, et al. Purification metallurgical grade silicon removal phosphorus by vacuum distillation ［M］. Beijing：Electronics Industry Publishing House, 2007：3-8.

[18] JIANG D C, TAN Y, SHI S, et al. Removal of phosphorus in molten silicon by electron beam melting ［J］. Materials Letters, 2012（78）：4-7.

[19] SHI S, LI P T, JIANG D C, et al. Kinetics of evaporation under vacuum in preparation of solar grade silicon by electron beam melting ［J］. Materials Science in Semiconductor Processing, 2019（96）：53-58.

[20] JIANG D C, SHI S, TAN Y, et al. Segregation and evaporation behaviors of aluminum and calcium in silicon during solidification process induced by electron beam ［J］. Semiconductor Science and Technology, 2015（30）：035013.

[21] LI P T, REN S Q, JIANG D C, et al. Distributions of substitutional and interstitial impurities in silicon ingot with different grain morphologies ［J］. Materials Science in Semiconductor Processing, 2017（67）：1-7.

[22] 张发云, 叶建雄. 铸造多晶硅制备技术的研究进展 ［J］. 材料导报, 2009, 23（15）：113-116.

为实现太阳能电池铸锭多晶硅边皮、头尾料资源再利用，提高多晶硅晶体性能，采用 DSS-450 铸锭炉进行全回制料类单晶铸锭，研究回制料类单晶晶体的性能。由于回制料杂质含量高，此处优化了类单晶铸锭工艺。当籽晶层熔化量为 2/3 时即开始进行晶体生长，并延长了开始长晶的时间，提高了开始长晶的温度，以此工艺进行回制料类单晶铸锭。[1-4]

研究发现回制料铸锭的类单晶晶粒同样粗大，大范围为柱状晶，硅锭中部几乎呈单晶状。回制料类单晶平均电阻率为 $1.1 \sim 1.4\Omega \cdot cm$，没有出现电阻率异常的现象，电阻率符合生产要求。实验锭硅块少数载流子寿命平均值为 $5.2\mu s$，符合企业生产要求。同时发现硅块底部存在一个大约 1cm 的低少子寿命区，这是在晶体生长过程中，与坩埚贴合的那部分籽晶层一直处于固态，大大增加了坩埚中的杂质向籽晶层扩散的概率所致。实验锭平均硅料利用率达到 66%，说明回制料类单晶铸锭提纯效果良好，有效地实现了边皮、头尾回制料资源再利用。

2.4.1　回制料类单晶简介

回制料类单晶[5] 是采用边皮、头尾料铸锭的类单晶，是晶体硅太阳能电池发展到一定程度的产物，多晶硅铸锭或单晶硅直拉都不可避免地产生头尾、边皮料，这些料杂质含量高、电性能不满足电池生产要求，经过回炉铸锭可重复利用，统称为回制料。一个多晶硅硅锭产生的回制料大约占总质量的 30%，以一个 450kg 的硅锭为例，一次铸锭就产生 135kg 的回制料，假如一家企业一天生产 30 个 450kg 的硅锭，则将产生 4050kg 的回制料，相当于 9 个当量的硅锭。如此庞大的回制料如不加以利用，将造成资源的浪费，大大增加企业生产成本。为了提质、降本、增效，现代企业在生产晶体硅太阳能电池时，经常采用回制料进行类单晶铸锭，以降低生产成本，提高产品竞争力。

2.4.2　回制料类单晶研究现状

随着人们生活水平的提高，对能源、资源的利用空前高涨，不断地加剧了能源危机。随着煤炭、石油等不可再生资源的不断耗竭，人们迫切寻求替代的新能源。同时，人们意识到对资源的过度开发对全球气候产生了较大的影响。据陈俊武等研究[6]，到 2050 年全球二氧化碳排放量将达到 1800Gt。人们在寻求新能源的同时，全球性生态环境保护也在如火如荼地进行，按照《巴黎协定》的要求，全球在 2050 年前后要达到碳中和的目标，而我国也在 2020 年 9 月在联合国大会上提出努力争取 2060 年前实现碳中和。国际国内的政策都清晰地表明，只有开发洁净能源，才是解决能源危机和保护生态环境的有效途径。

多晶硅太阳能电池即是绿色环保、高效的洁净能源的储能手段之一，提高多晶硅晶体质量有利于开发性能良好的太阳能电池从而促进光伏太阳的发展，达到缓解能源危机、保护生态的双重目的。

多晶硅回制料类单晶铸锭是一种降低生产成本，提高资源再利用的有效途径。如何提高回制料类单晶铸锭质量，提高产品品质，在这方面国内外研究学者进行了不断的探索。大连理工大学李佳艳等[7]采用化学溶解和超声清洗的方法对多晶硅太阳能电池片的回收再利用研究，发现电池片与质量分数为10%的氢氧化钠溶液反应18min完全去除铝电极，经过技术处理的废硅片完全符合要求。宋二晓等[8]研究了手工拆解法、无机酸溶解法、热处理与化学方法相结合、有机溶剂溶解法等方法对废弃晶体硅进行回收再利用。张驰等[9]采用光致发光（PL）技术研究类单晶，结果表明相对于铸锭多晶硅，类单晶硅的晶粒尺寸大，晶界和位错少，间隙铁浓度低，少子寿命和电池效率高，晶体质量优于铸锭多晶硅。

南昌大学明亮等[10]的研究结果表明在硅锭的中上部易产生位错，并随着晶体生长大量增殖。缺陷密度较低的铸造单晶片制作成钝化发射极背面接触（PERC）太阳电池，其光电转换效率达21.7%。张放[5]研究了类单晶硅中位错的控制方法及机理，研究结果为后续籽晶辅助铸造类单晶硅的生长提供了有力的工艺保障。毛渲等[11]研究铸造类单晶硅材料中晶体缺陷的电学活性问题，取向差大于0.7°的亚晶界对铸造类单晶硅太阳能电池性能影响最大，而位错排对于太阳能电池性能的影响较小。王强等[12]的研究结果表明，两步腐蚀法制备的类单晶太阳电池的转换效率从酸腐蚀的18.4%提高到了18.9%，并且减少了电池上的色差。汪已琳等[13]采用位错刻蚀研究类单晶硅锭中的亚晶粒结构，亚晶粒之间相互取向差别小于10°，而且基本是以<001>为轴的旋转位向差，尽量避免亚晶粒的产生。田野等[14]发现铸造准单晶形核及晶体生长初期，进行精细化制程管控，控制TC2降温速率为8℃/h，有利于准单晶晶体生长，实现了消除籽晶衍生位错缺陷。孟庆超等[15]研究发现在准单晶硅铸锭的熔化及长晶阶段，均可通过调整铸锭炉内局部挡板的位置改变热量的传输方向，从而在有效保存种晶的同时提供良好的初始长晶界面形状，减小长晶过程中坩埚壁面附近的界面凹度，抑制此处多晶向铸锭中部生长。

2.4.3 类单晶工艺优化研究内容

经过前期文献调研发现，可通过优化铸锭工艺控制位错、缺陷、晶粒大小从而提高类单晶质量。

采用多晶硅铸锭过程中产生的边皮、头尾等回制料作为原料，以定向凝固的方法制备回制料类单晶，研究回制料类单晶铸锭后晶体的性能，寻求合适的回制料类单晶铸锭工艺，提高产品质量。

对铸锭工艺中的融化、晶体生长等关键工艺段进行工艺优化，使回制料杂质最大化排除。通过优化工艺，降低回制料类单晶位错、缺陷比例，提高回制料类单晶少子寿命等电学性能，提高晶体质量。

2.4.4　类单晶工艺优化实验制备

2.4.4.1　实验仪器设备

实验设备主要有 DSS-450 铸锭炉、红外扫描仪、少子寿命测试仪、四探针电阻率测试仪。

（1）DSS-450 铸锭炉。本实验使用的铸锭炉是 GT 公司生产的 DSS-450 铸锭炉，如图 2-21 所示，其中，图 2-21（a）为铸锭炉炉体，图 2-21（b）为铸锭炉加热器。铸锭炉的作用是将坩埚内的硅料进行加热融化、晶体生长直至退火冷却，是多晶硅铸锭的最重要环节设备。DSS-450 多晶炉炉体由上、下两炉室所组成，其中上炉腔固定，下炉室通过三组螺旋升降机上下运动，实现下炉室的开合。三组螺旋升降机是通过一个交流电机带动一根软轴的方式实现同步运行。

(a)　　　　　　　　　(b)

图 2-21　DSS-450 铸锭炉

在上炉室顶部安装有六根与炉体绝缘的铜电极，可以将变压器输出的大功率交流电流传输给炉体内的石墨加热器，进行加热操作。在上炉室顶部还安装有一个伺服电机和软轴同步驱动的直线运动单元，通过它带动隔热笼的上下运动，用以控制硅锭的生长速度。同时，三组直线运动单元全部采用不锈钢波纹管密封，以保证炉子的密封性。炉体上共安装两个电容式的真空计，用于炉内粗读和精读压力的测量。炉体上还安装有质量流量计及比例阀，用于在晶体生长的各个阶段，控制氩气或氦气的流量及方向。在炉体各部位均安装有冷却水。其中大部分的冷却水直接进入下炉室部分，用于带走晶体生长期间所辐射的大量热量。

DSS-450 规格参数为：铸锭时长 60h，硅锭质量 450kg。电源额定功率 165kV·A，最大输出电压 25V。冷却水流速 120~130L/min，进水压力 3.4~4.4bar，进出水差 ≥2.5bar，每个硅锭长晶过程要带走能量 3600kW·h。氩气纯度 99.999%，每锭消耗 60m³，进气压力 5~8bar。

（2）红外扫描仪。本实验采用的红外扫描仪为 IRB-50 红外探伤仪，如图 2-22 所示。IRB-50 红外探伤仪可以探测到硅锭内部的微小裂缝、微晶、杂质等缺陷。可以确定内部缺陷的具体位置。它用于多晶硅片生产中的硅块的裂缝、杂质、黑点、阴影、微晶等缺陷检测。主要由红外光源、旋转台、成像系统构成。通常都是在硅块清洗处理后线切割前进行红外探伤，这样不仅可以减少线痕片，而且可以减少 SiC 硬质点断线，大大提高效益，这些夹杂都可以清晰地反映在我们的红外探伤系统中。

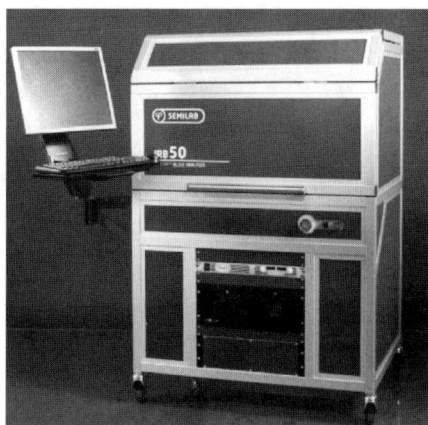

图 2-22　红外扫描仪

IRB-50 红外探伤仪的规格参数为：测量晶锭的尺寸为 400mm×210mm×210mm；环境温度在 15 ~ 35℃，每小时变化小干 1℃；输入电压 110V 或者 230V；功率最大 1500W；嵌入深度为 2mm。

（3）少子寿命测试仪。本实验使用的少子寿命测试仪为 WT-2000PV，如图 2-23 所示。

图 2-23　少子寿命测试仪

少子寿命测试仪是用于测量硅块少数载流子寿命的仪器，原理是利用微波光电衰退特性来测量非平衡载流子寿命的，并且多晶硅块无须进行特殊处理。

技术参数：少子寿命测试量程 0.1μs ~ 30ms；电阻率要求范围 0.1 ~ 1000Ω·cm；工作条件温度 18 ~ 26℃；湿度 10% ~ 80%；测试扫描速度 2000mm/min；测试尺寸 215mm×215mm×500mm。

（4）四探针电阻率测试仪。本实验采用的电阻率测试仪为 RTS-8 四探针电阻率测试仪，用于测量晶块或硅片电阻率，如图 2-24 所示。仪器由主机、测试台、四探针探头、计算机四部分构成。

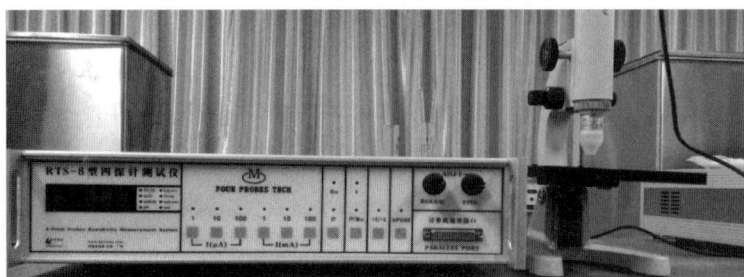

图 2-24　四探针电阻率测试仪

规格参数：电阻率 $10^{-5} \sim 10^{5} \Omega \cdot cm$；方块电阻 $10^{-4} \sim 10^{6} \ \Omega/sq$；电导率 $10^{-5} \sim 10^{5} S/cm$；电阻 $10^{-5} \sim 10^{5} \Omega$。电流量程分为 $1\mu A$、$10\mu A$、$100\mu A$、$1mA$、$10mA$、$100mA$ 六档，各档电流连续可调。四探针探头间距 $1mm \pm 0.01mm$、针间绝缘电阻 $\geq 1000M\Omega$。

2.4.4.2　实验工艺设计

采用多晶硅铸锭过程中产生的边皮、头尾等回制料作为原料，以定向凝固的方法制备回制料类单晶，研究回制料类单晶铸锭后晶体的性能，寻求合适的回制料类单晶铸锭工艺，提高产品质量。

对铸锭工艺中的融化、晶体生长等关键工艺段进行工艺优化，使回制料杂质最大化排除。通过优化工艺，降低回制料类单晶位错、缺陷比例，提高回制料类单晶少子寿命等电学性能，提高晶体质量。

采用全边皮头尾料进行类单晶铸锭，装料配方如表 2-12 所示。

表 2-12　类单晶工艺优化配料表　　　　　　　　　　　　　　　单位：kg

回制料种类	籽晶	头料	尾料	边料	碎片	总质量
质量	36	120	140	140	14	450

采用类单晶铸锭工艺进行铸锭，装料配方采用全边皮、头尾回制料，由于回制料杂质含量高，本实验对类单晶铸锭工艺进行优化。类单晶铸锭时，坩埚底部铺设一层籽晶层，待籽晶层融化至约 2/3 时立即跳入晶体生长阶段，否则由于热量的缓冲作用籽晶层将会被融化掉起不到类单晶引晶的作用。融化阶段铸锭炉腔体温度较高，跳入晶体生长后温度需下降到硅熔体的形核温度以下便于晶体生长。因此，从融化阶段跳入晶体生长阶段后温差较大，此时形核生长的晶体杂质含量较高。基于以上原因，设计当铸锭工艺跳入晶体生长后延长晶体生长 G1、G2、G3 工艺段的铸锭时间，同时放缓温度降低的速率，放缓隔热笼提高的速率，以达到降低晶体生长速率的目的，从而

对排杂起到一个缓冲作用，提高排杂的效率。在以上工艺设计思路下，本实验设计的类单晶铸锭工艺如表 2-13 所示。受限于商业保护，仅列出部分工艺参数。

表 2-13 类单晶工艺优化

工艺步骤	运行时间/h	加热器温度/℃	隔热笼高度/cm
MELT11	0.1	1540.0	9.00
MELT12	0.5	1435.0	10.00
G1	2.0	1435.0	11.00
G2	6.0	1435.0	13.00
G3	1.5	1430.0	14.00

2.4.4.3 实验步骤

类单晶工艺优化铸锭步骤包括装料、加热、融化、晶体生长、退火、冷却、硅锭破锭开方、硅块加工检测等步骤。装料是在将坩埚送进铸锭之前进行，加热至冷却是在铸锭炉内进行，破锭开方之后的步骤是在铸锭完成后进行。

（1）装料。

①按照配料配方，先将籽晶（单晶硅块或晶粒较大的硅块）摆放在坩埚的中间位置，多晶成分较多的籽晶摆放在靠近坩埚侧壁位置。

②籽晶的四周用圆弧形硅料铺设贴近坩埚壁，籽晶正上方铺设一层边皮料或头尾料，然后铺放一层中小块硅料。较薄的籽晶放在坩埚中间位置，比较厚的放在坩埚的侧壁与四角位置。

③边皮、头尾等回制料贴石英坩埚四壁，以保护坩埚涂层。

④向坩埚中放置回制料和原生晶硅料，待装填硅料与贴边硅料齐高时，继续贴放第二轮回制料，并在此时均匀加入 2/3 量的母合金，继续装料，轻拿轻放。

⑤装料填满坩埚后将石墨护板和上顶板装在坩埚周围顶部，用吸尘器清洁坩埚、石墨护板以及上部硅材料，以防杂质、粉尘在抽真空时吸入真空管道。装料完成后将用铲车将装好料的坩埚运送到铸锭炉 DS 块上，并合炉进行检测，锭炉检测完毕后以表 2-13 所示类单晶铸锭工艺从加热工艺段开始铸锭。

（2）加热。在此工艺段下，通过加热器给铸锭炉腔体内坩埚进行加热，目的是烘干吸附在石墨零件和隔热笼上的水气以及硅料表面的湿气。当硅料表面温度与隔热笼外壁温度仍较低（<500℃）时水气未完全蒸发。当温控传感器 TC1 温度达到 1175℃时系统自动切换到熔化工艺。

（3）融化。在此工艺段下，铸锭炉处于温度控制模式，隔热笼完全关闭。经过加热器加热，温度稳步升至硅料的熔化温度（约 1500℃）。进入融化工艺段后，每隔一段时间（1h）测量一次籽晶层融化的高度，当籽晶层的高度剩余约 1/3 且硅熔体液面无漂浮物、无振荡时手动将工艺跳入晶体生长工艺段。此时若不手动跳入长晶段，则籽晶层有可能会被融化掉起不到引晶的作用。

（4）晶体生长。铸锭工艺进入晶体生长后隔热笼逐渐打开，坩埚内硅熔体热量开始从底散失，底部温度开始降低，建立从硅熔体底部到顶部的温度梯度，开始长晶。长晶段分为中央长晶和边角长晶。中央长晶结束后，不再释放熔化潜热来补充加热器的热能，需要增加输出功率使硅锭维持相同的温度。边角长晶期间，功率值不断增加，当硅料全部凝固时，功率转而保持不变。

（5）退火。长晶结束后进入退火工艺，此时关闭隔热笼使硅锭温度均匀化。退火的目的是使硅锭充分释放内应力。长晶结束后，硅锭底部到顶部存在明显的温度梯度，使硅锭内部产生应力而形成位错或极小的应力裂纹，需通过退火进行消除。退火结束后进入冷却工艺。

（6）冷却。此时，隔热笼打开以便散热。此时系统转为功率控制模式，输出功率至约13%并维持2h，防止顶部比底部更快冷却，平缓降温至1000℃。当温度降至450℃时完全打开隔热笼，冷却工艺完成。

（7）破锭开方、硅块加工检测。铸锭完成后，将硅锭利用破锭机进行破锭开方，得到25块大约156mm×156mm×0.2mm的硅块。将破锭开方后所得硅块进行红外扫描、电性能测试。

2.4.5 类单晶工艺优化晶体性能测试

2.4.5.1 红外图像

将硅锭破锭开方后得到的约156mm×156mm×200mm规格的25块硅块，采用IRB-50红外探伤仪进行红外扫描，图2-25为回制料类单晶硅块红外图像。

图2-25（a）、图2-25（c）为硅锭上、下部硅块红外图像，图2-25（b）为硅锭中部硅块。箭头方向均为靠近坩埚的硅块。从红外图像可看出，采用回制料铸锭的类单晶晶粒同样粗大，大范围为柱状晶。硅锭中部几乎呈单晶状。说明我们的类单晶铸锭晶粒粗大、达到了类单晶的效果。从图中还可以看出，靠近坩埚边缘的硅块其晶粒偏离竖直方向的角度要大些。这是因为，本实验采用的硅料是全回制料，硅料本身杂质较多，而铸锭过程中杂质是向着硅锭边缘进行分凝排杂，坩埚边缘硅熔体杂质含量高易形成晶核。同时可看出图2-25（b）硅块晶粒比图2-25（a）、图2-25（c）边缘硅块晶粒粗大。这是因为硅熔体中部先形核生长，然后向坩埚边缘生长，杂质向四周分凝。

2.4.5.2 硅料利用率分析

（1）硅块切削量分析。将硅锭进行破锭开方所得硅块进行红外扫描，根据红外扫描的结构将部分头部和尾部切除。头、尾部切削量一方面由头、尾部是否有裂纹、崩边，电性能是否符合要求决定，另一方面由硅块是否含有硬质点及硬质点的位置决定。图2-26为实验硅锭平均硅块上、下部切削情况。

从图中可以看出，硅块上部、下部切削量基本保持一致，没有异常切削的情况。

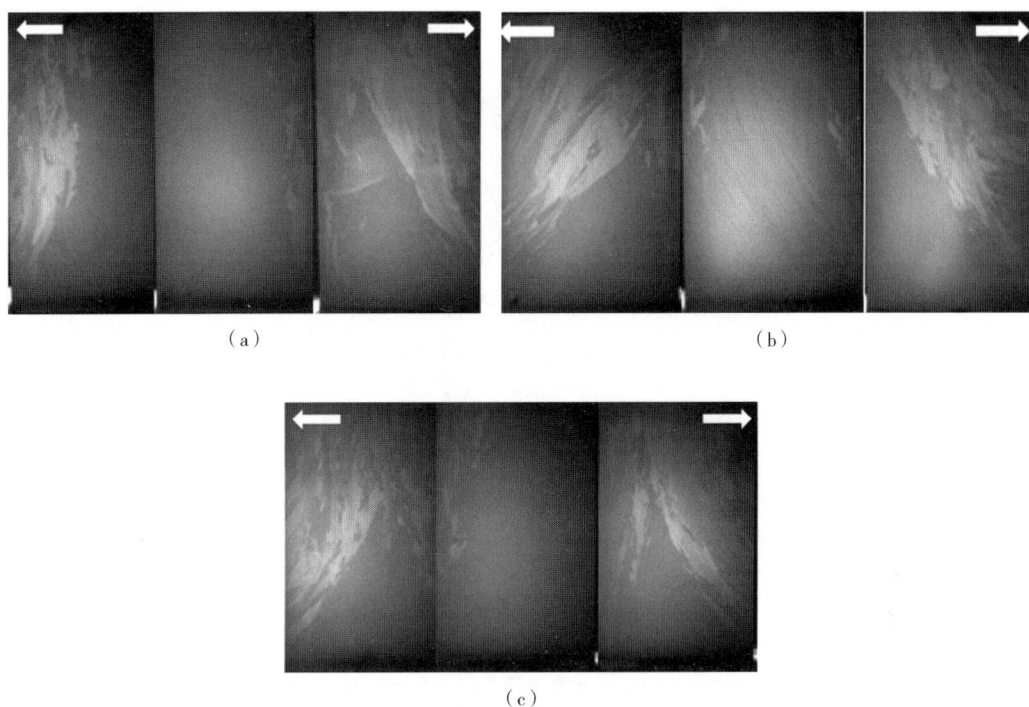

（a）

（b）

（c）

图 2-25　回制料类单晶硅块红外图像

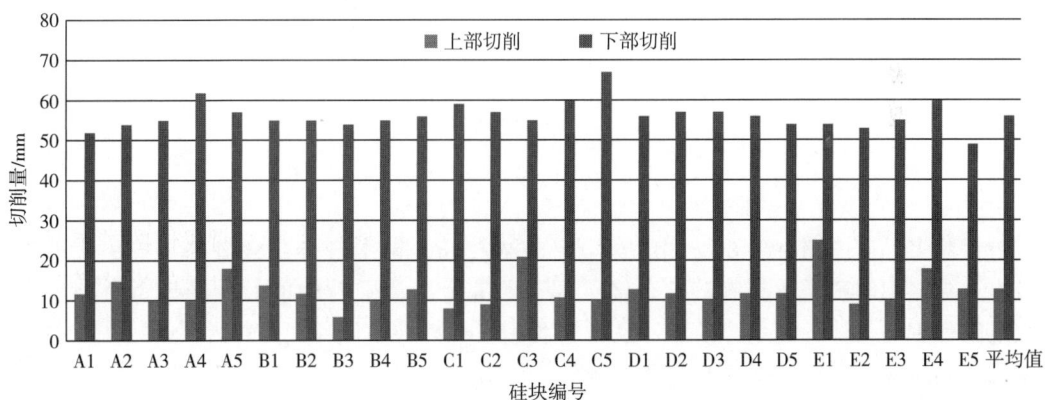

图 2-26　硅块上、下部切削量（见文后彩图 1）

上部平均切削量为 13mm，下部平均切削量为 56mm。切削依据基本为少子，说明采用回制料类单晶铸锭工艺没有出现杂质富集沉淀的现象，这可以从硅块红外图像中看出。

（2）硅料利用率。将硅块的边皮、头尾部分去除后剩下的是有效的部分，回制料类单晶实验锭硅料利用率如图 2-27 所示，从图中可以看出，平均硅料利用率达到 66%，这说明回制料类单晶铸锭提纯效果良好，有效地实现边皮、头尾回制料资源再利用，为企业降本增效提供了参考。

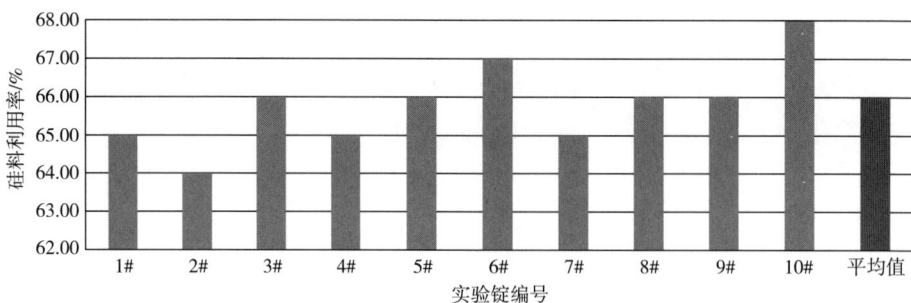

图 2-27　回制料类单晶硅料利用率

2.4.5.3　电性能测试分析

（1）电阻率测试分析。硅块电阻率采用 RTS-8 四探针电阻率测试仪进行测试，图 2-28 为实验锭硅块平均电阻率。从图中可以看出，平均电阻率为 1.1~1.4Ω·cm，没有出现电阻率异常的现象，电阻率符合生产要求。

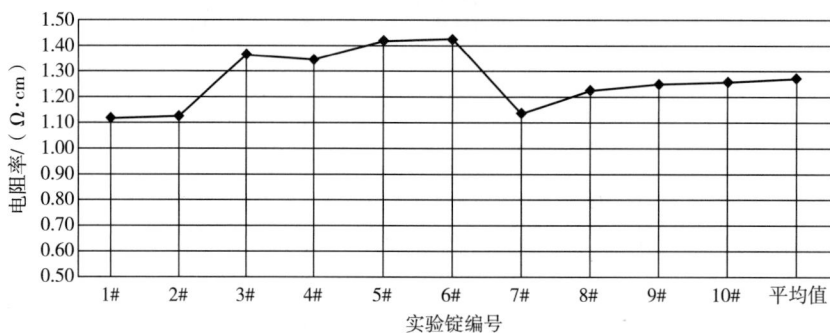

图 2-28　回制料类单晶硅块平均电阻率

铸锭多晶硅电阻率主要受到母合金掺杂浓度和硅锭本身杂质含量的影响，采用全边皮、头尾回制料类单晶铸锭，若铸锭提纯不充分凝固在硅中的氧、碳等杂质则会导致电阻率偏高，达不到生产要求。从图中我们发现硅块电阻率处于一个合理的范围内，说明我们的类单晶铸锭工艺对杂质提纯较为充分。

（2）少子寿命测试分析。采用 WT-2000PV 少子寿命测试仪测量实验锭硅块少数载流子寿命，如图 2-29 所示。从图可以看出，实验锭硅块少数载流子寿命平均值值为 5.2μs，符合企业生产要求。我们知道，多晶硅少数载流子寿命为光照下产生的非平衡载流子从产生到复合湮灭的时间。少数载流子寿命越长，载流子参与电荷输运的程度越强，其后期电池转换效率也就越高。

本实验所得类单晶硅块少数载流子寿命值符合生产要求，且各锭之间硅块少数载流子寿命值较为均匀分布，说明类单晶铸锭工艺较为稳定，且排杂效果好。从图 2-25 所示的红外图像可以看到，我们的全回制料类单晶铸锭晶粒粗大、纯净，靠近坩埚的区域晶粒也呈柱状晶生长。较大的晶粒降低了晶界，也降低了氧、碳等杂质富集的概

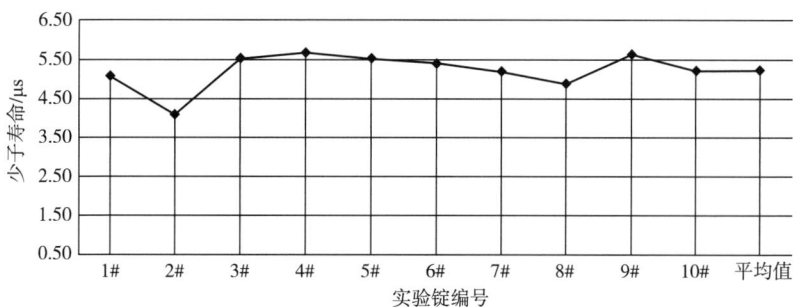

图 2-29　回制料类单晶硅块少子寿命

率，对少子寿命的提高具有良好的作用。

图 2-30 为典型的硅块少子寿命分布图。从图中可以看出，硅块底部存在一个大约 1cm 的低少子寿命区。这是因为，由于本实验采用全回制料类单晶铸锭，坩埚内底部铺满一层籽晶进行引晶，当籽晶融化至约 2/3 时立即进行晶体生长。

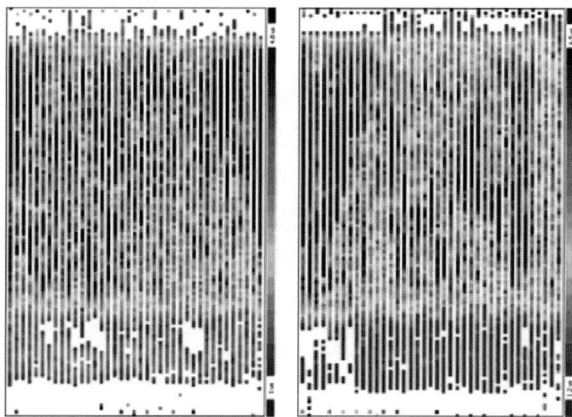

图 2-30　硅块少子寿命分布图

此时，由于籽晶层未完全融化即进入长晶，籽晶层与硅熔体固液界面出杂质来不及排杂即凝固下来。同时，在晶体生长过程中，与坩埚贴合的那部分籽晶层一直处于固态，这大大增加了坩埚中的杂质向籽晶层扩散的概率，并且这种杂质的固相扩散一直持续至长晶结束。因此硅锭底部的杂质含量高，大量杂质捕捉非平衡载流子造成硅锭底部少子寿命值低。由于优化了类单晶铸锭工艺，硅锭底部低少子寿命区域的长度得到了有效的控制。

2.4.6　小结

采用全回制料进行类单晶铸锭，优化了类单晶铸锭工艺，当籽晶层融化量为 2/3 时即开始晶体生长，并适当延长了开始长晶的时间。以此工艺进行类单晶铸锭提纯，研究发现回制料铸锭的类单晶晶粒同样粗大，大范围为柱状晶，硅锭中部几乎呈单晶状。回制料类单晶平均电阻率为 1.1~1.4Ω·cm，没有出现电阻率异常的现象，电阻率符合生产要求。实验锭硅块少数载流子寿命平均值为 5.2μs，符合企业生产要求。同时发现硅块底部存在一个大约 1cm 的低少子寿命区，这是因为在晶体生长过程中，与坩埚贴合的那部分籽晶层一直处于固态，大大增加了坩埚中的杂质向籽晶层扩散的概率。实验锭平均硅料利用率达到 66%，说明回制料类单晶铸锭提纯效果良好，有效地实现了边皮、头尾回制料资源再利用。

参考文献

[1] 多文超，杨玺，何云飞．多晶硅真空定向凝固过程 Marangoni 对流对铸锭质量的影响研究 [J]．真空科学与技术报，2021，41（6）：515-523．
[2] 韩博，李进，安百俊，等．定向凝固法生长多晶硅中位错密度降低的研究进展 [J]．半导体技术，2021，46（12）：946-955．
[3] 年夫雪．单晶硅直拉法生长工艺的数值模拟 [D]．上海：上海大学，2017．
[4] 中国尚德将量产转换效率 18.8% 的单晶硅型、17.2% 的多晶硅型太阳能电池单元 [J]．传感器世界，2009，15（4）：50-51．
[5] 张放．铸造类单晶硅中位错的控制方法及机理研究 [D]．杭州：浙江大学，2019．
[6] 陈俊武，陈香生．试论本世纪末全球实现二氧化碳"净零排放"的难度 [J]．中外能源，2016，21（6）：1-7．
[7] 李佳艳，蔡敏，武晓玮，等．多晶硅太阳能电池片的回收再利用研究 [J]．无机材料学报，2018，33（9）：987-992．
[8] 宋二晓，张承龙，马恩，等．废弃晶体硅太阳能电池回收处理现状 [J]．上海第二工业大学学报，2017，34（3）：157-162．
[9] 张驰，常志祥，徐飞．类单晶硅与铸锭多晶硅的晶体质量差异性研究 [J]．太阳能学报，2016，37（7）：1744-1747．
[10] 明亮，黄美玲，段金刚，等．铸造单晶硅性能和应用分析 [J]．太阳能学报，2022，43（1）：335-340．
[11] 毛渲．铸造类单晶硅中籽晶取向差相关的结构缺陷的电学复合性能 [D]．杭州：浙江大学，2019．
[12] 王强．低缺陷密度大单晶比例太阳能级类单晶硅锭制备及其表面制绒研究 [D]．苏州：苏州大学，2016．
[13] 汪已琳，张东华，汤斌兵，等．类单晶硅锭中的亚晶粒结构分析 [J]．半导体技术，2013，38（2）：135-139．
[14] 田野．铸造准单晶硅制备及位错消除技术的研究 [D]．徐州：中国矿业大学，2019．
[15] 孟庆超，张运锋，刘磊，等．准单晶硅铸锭过程中固液相变界面形状的控制 [J]．太阳能学报，2015，36（7）：1545-1549．

第 3 章

铜锌锡硫太阳能电池材料制备与性能

铜锌锡硫（Cu_2ZnSnS_4，简称 CZTS）是一种四元化合物半导体材料，外观为黄色至黑色的固体，晶体结构为四方锌矿结构。它属于直接间隙半导体，具有理想的光学带隙（约 1.5eV）[1]，这使它在太阳光谱范围内具有较高的光吸收系数，能够有效捕获太阳光能并转化为电能。铜锌锡硫在高温下稳定，但在高湿度和光照条件下可能会分解，因此在处理和存储时需要注意环境条件。CZTS 不含有毒元素，对环境友好，符合可持续发展的要求。

铜锌锡硫是第三代薄膜太阳能电池的候补技术，可用作太阳能电池的吸收层材料。其光吸收系数高、带隙值理想，使制备的薄膜太阳能电池具有较高的光电转换效率。目前，已开发出的铜锌锡硫薄膜太阳能电池的最高光电转换效率已达到 12.6%。[2] 随着制备工艺的逐步成熟和光电转换效率的不断提升，铜锌锡硫有望在未来取代部分现有的薄膜太阳能电池，如铜铟镓硒（CIGS）。铜锌锡硫还可用于发光二极管（LED）等电子器件中，展现出其在半导体领域的广泛应用潜力。

铜锌锡硫的制备可通过多种方法实现，包括化学沉淀法、热解法、气相沉积法、磁控溅射法、化学溶液法、真空热蒸镀法、电沉积法、喷涂热解法等。其中，磁控溅射法和化学溶液法是制备高质量铜锌锡硫薄膜的常用方法。磁控溅射法过程易于控制、膜材厚度均匀，但需要在真空环境中进行生产；化学溶液法则对生产环境要求低、操作简单、成本较低，因此应用普及率较高。

近年来，CZTS 薄膜太阳能电池的研究取得了显著进展。IBM 公司在 2010 年首次利用 CZTS 制造出薄膜太阳能电池，尽管初期光电转换效率不足 1.0%，但随后几年内效率得到了大幅提升。美国普渡大学团队在 2010 年开发出光电转换效率为 7.2% 的 CZTS 薄膜太阳能电池，而采用化学溶液法制备的 CZTS 薄膜太阳能电池的最高光电转换效率已达到 12.6%。[2] 此外，随着科研的不断深入，CZTS 薄膜太阳能电池的弱光性、环境稳定性等也得到了显著改善。[3-9]

尽管 CZTS 薄膜太阳能电池材料具有诸多优点，但其发展仍面临一些技术挑战。首先，CZTS 的合成难度大，制备条件要求苛刻，容易出现二次相，影响电池性能。其次，CZTS 薄膜太阳能电池的光电转换效率仍有提升空间，目前的理论极限为 32.0%[10]，而实际效率与之相比仍有较大差距。针对这些挑战，科研人员正在不断探索新的制备工艺和技术路径。

本章介绍了作者近年来在铜锌锡硫制备及模拟方面的研究情况。

3.1　应力作用对 Cu_2ZnSnS_4 光电性能的影响

3.1.1　Cu_2ZnSnS_4 研究现状

随着化石等不可再生能源日益匮乏，能源危机和环境污染问题越来越凸显，开发太阳能、风能等新能源是解决能源危机和环境污染问题的有效途径。[11] 在众多新能源中，太阳能由于绿色、环保、高效等优点受到人们较高的关注。[12-16] 太阳能电池是利用太阳能的主要手段，太阳能电池包括硅基太阳能电池、钙钛矿太阳能电池（PSC）、有机太阳能电池（OPV）、染料敏化电池（DSCs）、化合物薄膜太阳能电池等。[17-21] 化合物薄膜太阳能电池由于体积小、重量轻、可柔性化等特征，是利用太阳能的有效器件。化合物薄膜太阳能电池主要有 CdTe 电池、GaAs 电池、Cu（In-Ga）（Se，S）$_2$（CIGS）电池等。其中，CIGS 由于具备尖刺状导带带价且不损害短路电流，其电池转换效率较高[22]，应用较广。CIGS 太阳能电池含有稀有金属 In 和 Ga，在大规模商业化应用中受到限制。因此，寻求环境友好的太阳能电池材料是解决 CIGS 太阳能电池难以规模化应用的途径之一。半导体材料 Cu$_2$ZnSnS$_4$（CZTS）的带隙为 1.4～1.6eV，与太阳能电池吸收层材料要求的带隙非常匹配。[23] CZTS 的物理化学性质与 CIGS 非常接近，CZTS 作为太阳能电池吸收层的理论转换效率达 32.2%[24]，且 CZTS 各元素地壳含量丰富、无毒、无污染。因此，CZTS 被认为是高效率、低成本、环保的太阳能电池材料。

目前，实验报道 CZTS 太阳能电池转换效率达 12.6%[25]，但这与理论计算值还存在较大的差距，电池转换效率提升的空间较大。影响 CZTS 太阳能电池转换效率的主要因素为电池的开路电压 V_{oc} 和填充因子 FF 低[26,27]，由于 Cu 与 Zn 的离子半径很接近，CZTS 体系中容易形成 Cu 与 Zn 的替位缺陷、Zn 与 Cu 的反占位缺陷以及 Sn 与 Zn 反占位缺陷[28]，这些缺陷会不同程度引入能级缺陷，抑制电池的开路电压 V_{oc}。通过研究发现[29]，在 CZTS 中引入金属离子可以起到钝化缺陷的作用，例如引入少量的 Ge 就可以抑制本征深能级 Sn 与 Zn 的替位缺陷。另外，在材料中引入应力可以起到改变晶格常数、调控能带结构、改变光学性质的作用。通过引入应力研究材料光电性能已经有了广泛的报道[30-35]，但应力对 CZTS 能带结构及光学性质的研究未见报道。此处采用基于密度泛函理论（DFT）的赝势平面波方法对应力作用下 CZTS 的电子结构及光学性质进行计算，分析应力对 CZTS 能带结构、态密度和光学性质的影响。

3.1.2　研究内容

采用基于密度泛函理论（DFT）的赝势平面波方法，计算各向同性应力作用下 Cu$_2$ZnSnS$_4$（CZTS）的电子结构及光学性质。结果表明：在各向同性应力作用下 CZTS 均为直接带隙半导体，晶格为四方晶系，0GPa 时 CZTS 带隙为 0.16eV。拉伸晶格使 CZTS 导带底向着低能方向移动，而价带顶保持不变，带隙逐渐变小。压缩晶格使导带底朝着高能方向移动，同时价带顶朝着低能方向有较大幅度下移，CZTS 带隙变大。拉伸晶格时静态介电常数、吸收系数、反射率、折射率、电导率和能量损失函数均有所降低，压缩晶格时以上光学参数增大。当拉伸晶格时介电函数等光学特征峰向低能方向移动，而压缩晶格时光学特征峰位向高能方向移动。

3.1.3　理论模型与计算方法

选用的计算模型为具有锌黄锡矿结构的 Cu$_2$ZnSnS$_4$，空间群为 S$_4^2$($\bar{I}4$)，晶格常数为

$a=b=0.5428\text{nm}$，$c=1.0864\text{nm}$，晶面角 $\alpha=\beta=\gamma=90°$。[36] CZTS 晶胞结构如图 3-1 所示。

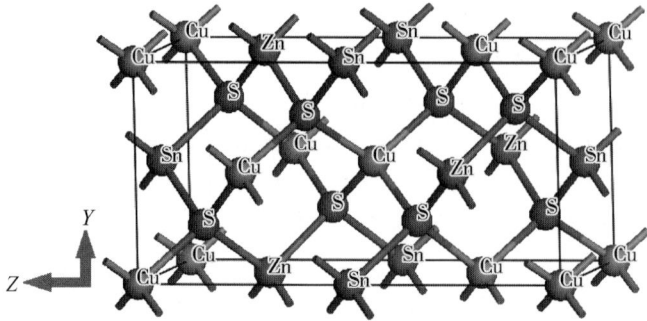

图 3-1　Cu_2ZnSnS_4 晶胞结构

采用基于第一性原理的赝势平面波方法进行计算，所有计算由 CASTEP[37] 软件包完成，采用广义梯度近似（GGA）的 Perdew-Burke-Eurke-Ernzerhof（PBE）[38] 泛函来处理电子间的交换关联能，采用超软赝势[39] 处理离子实与电子间的相互作用。平面波截断能量设置为 400eV，自洽收敛精度为 $1.0\times10^{-7}\text{eV/atom}$，布里渊区的积分采用 Monkhorst-Pack 的 5×5×2 进行分割。

3.1.4　结果与讨论

3.1.4.1　几何结构优化结果

表 3-1 是施加各向同性拉应力和压应力优化后得到的具有锌黄锡矿结构的 CZTS 晶格常数，其中 "-" 表示拉应力。由表 3-1 可看出随着各向同性拉应力的增加，CZTS 晶格常数增大，晶胞体积增大，CZTS 晶格为四方晶系。随着各向同性压应力的增加，CZTS 的晶格常数均减小，晶胞体积减小，晶格仍然保持四方晶系。

表3-1　施加拉应力和压应力 CZTS 晶格常数

应力/GPa	$a/\text{Å}$	$b/\text{Å}$	$c/\text{Å}$	$V/\text{Å}^3$
-6	5.6876	5.6876	11.3773	368.0428
-4	5.6019	5.6019	11.2020	351.2201
-2	5.5282	5.5282	11.0609	338.0340
0	5.4694	5.4694	10.9439	327.3768
6	5.3380	5.3380	10.6730	304.1229
12	5.2398	5.2398	10.4799	287.7324
20	5.1494	5.1494	10.2416	271.5683

3.1.4.2 电子结构

（1）能带结构。图 3-2 为施加拉应力得到的 CZTS 能带结构，从图中可看出 CZTS 呈典型的直接带隙半导体，并在高对称 G 点位置取得最小带隙值。未施加应力（0GPa）时 CZTS 带隙为 0.16eV，与 Zhao[40] 等研究结果相符。随着拉应力的增加，导带底向着低能方向移动而价带顶保持不变，带隙随着拉应力的增加而减小，在拉应力为 −4GPa 时带隙达到最小值 0.02eV。此后，随着拉应力的增加带隙反而变宽，这是因为拉应力继续增大后 CZTS 的导带底朝着高能方向移动，同时价带顶朝着低能方向下移，带隙变宽。

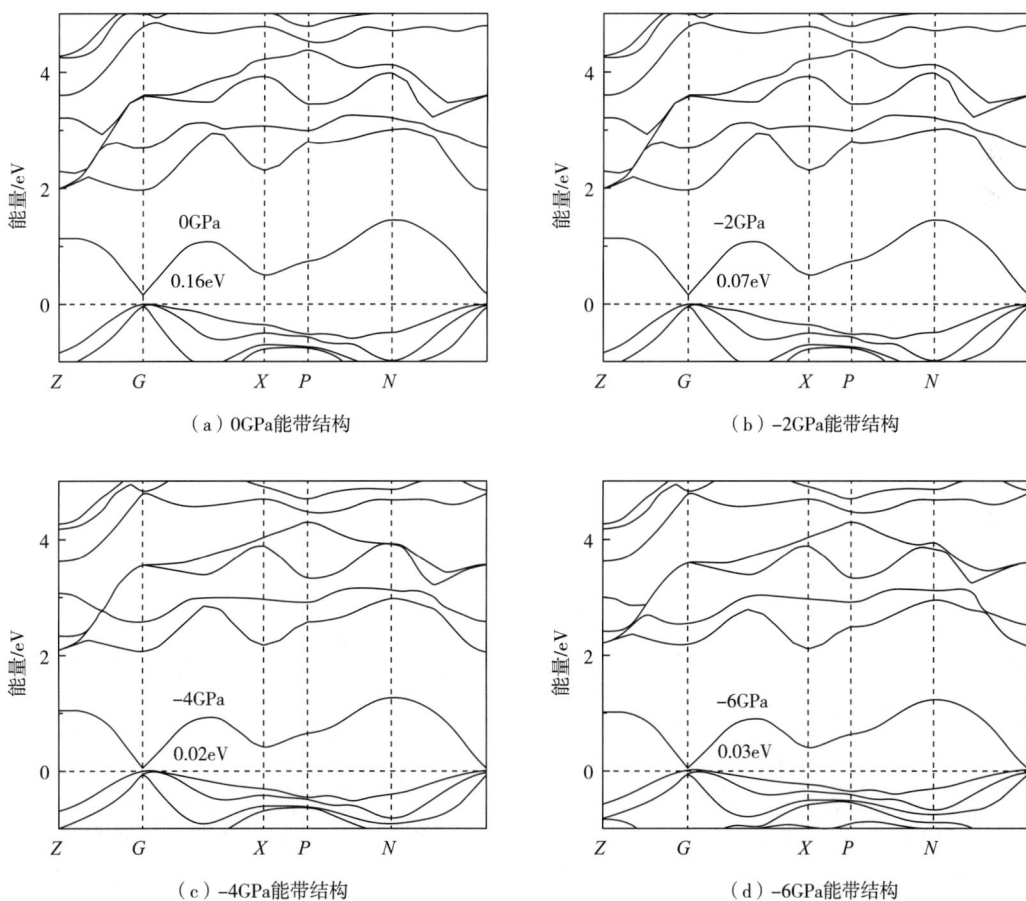

（a）0GPa能带结构

（b）−2GPa能带结构

（c）−4GPa能带结构

（d）−6GPa能带结构

图 3-2　施加拉应力 CZTS 能带结构

图 3-3 为施加压应力得到的 CZTS 能带结构，从图 3-3 中可看出 CZTS 仍然为直接带隙半导体，仍然在高对称 G 点位置取得最小带隙值。随着压应力的增加，CZTS 导带底一直朝着高能方向移动而价带顶保持不变，CZTS 带隙随着压应力的增加而变宽，当施加压应力为 20GPa 时 CZTS 带隙达到 0.71eV。

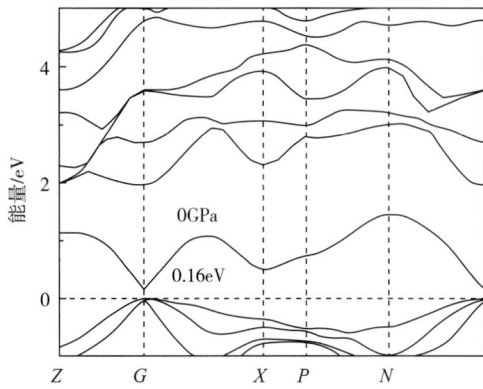

（a）0GPa能带结构

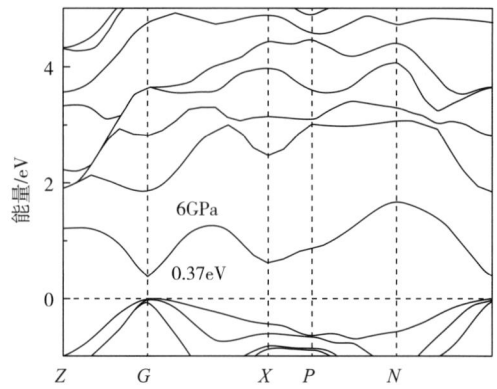

（b）6 GPa能带结构

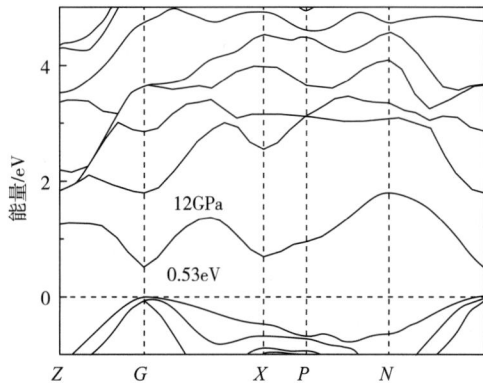

（c）12GPa能带结构

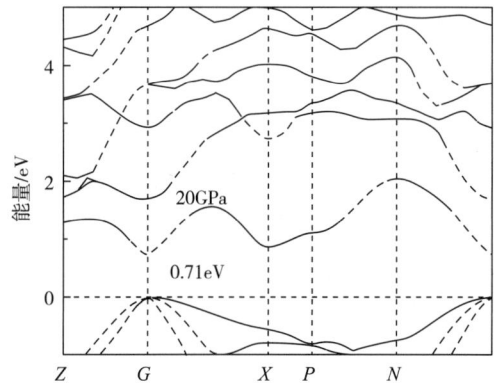

（d）20GPa能带结构

图 3-3　施加压应力 CZTS 能带结构

（2）电子态密度。拉应力作用下总态密度和各原子分波态密度如图 3-4 所示，对 CZTS 态密度起主要贡献的主要为 Cu 3d 组态、Zn 3d 组态、Sn 5s 和 5p 组态、S 3s 和 3p 组态，Cu、Zn 的 3p 组态也有较小的贡献。

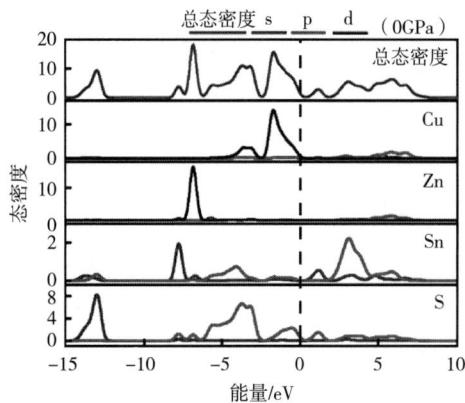

（a）0GPa态密度和分波态密度

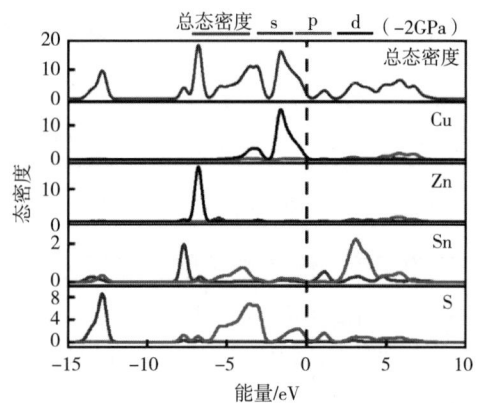

（b）-2GPa态密度和分波态密度

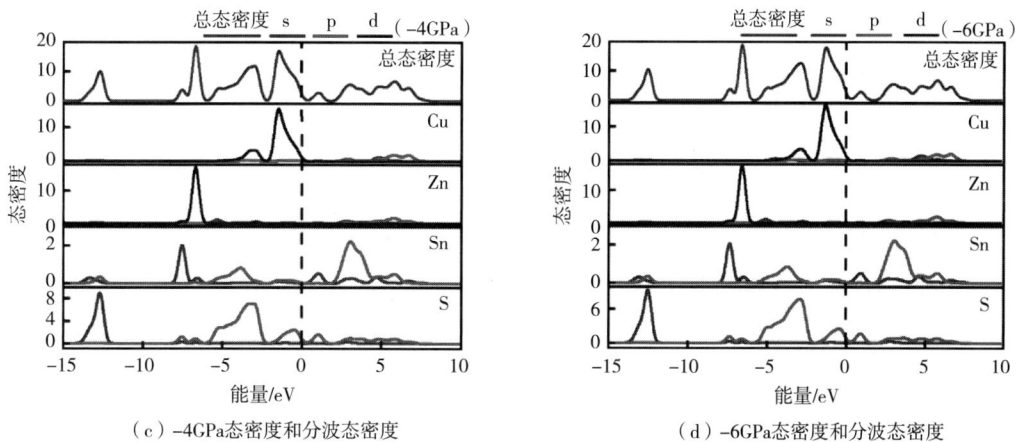

图 3-4　不同拉应力下 CZTS 态密度，分波态密度

从图 3-4 可看出 -14.5~-12.3eV 的下价带区主要由 S 的 3s 态和少量 Sn 的 5p 态电子贡献。-8.4~-5.5eV 的中价带区主要由 Zn 的 3d 态，Sn 的 5s 态以及少量 S 的 3p 态和 Zn 的 4s 态贡献。-5.5~0eV 的上价带区主要由 Cu 的 3d 态，少量 Sn 的 5p 态和 S 的 3p 态贡献。导带部分主要由 Sn 的 5s 和 5p 态，少量 S 的 3p 态贡献。

随着拉应力的增加，CZTS 价带区态密度峰位向着高能方向偏移。-13eV 峰位向高能带方向偏移 0.45eV，-6.88eV 峰位向高能带方向偏移 0.27eV，-3.69eV 峰位向高能带方向偏移 0.8eV，-1.73eV 峰位向高能带方向偏移 0.42eV。导带区峰位向低能方向偏移，偏移量基本相同约为 0.13eV。

不同压应力作用下 CZTS 态密度、分波态密度如图 3-5 所示。从图 3-5 中可看出，对 CZTS 价带和导带贡献的电子组态与拉应力作用下的电子组态基本一致。CZTS 价带区各态密度峰位随压应力增加向着低能方向偏移，平均偏移量为 0.64eV，导带区态密度峰位向高能方向偏移，平均偏移量为 0.17eV。

晶格受拉应力作用时，原子间距增大，价电子耦合程度降低，静电斥力减小，费米能级附近价电子和导带区电子之间引力增大，部分价电子有挣脱原子核束缚占据高能级的趋势，拉应力增加使这一趋势愈发明显。由于价电子占据了高能级，其跃迁至导带所需的能量减小，带隙变窄。与此相反，晶格受压应力作用时，原子间距减小，价电子耦合程度增强，静电斥力增强，阻碍价电子占据高能态并推动价电子向低能级轨道移动，因此价电子跃迁至导带所需的能量增大，带隙变宽。

3.1.4.3　光学性质

（1）复介电函数。介电函数 $\varepsilon(\omega) = \varepsilon_1(\omega) + i\varepsilon_2(\omega)$ 为一个复数，虚部 ε_2 表示材料内部分子的极化跟不上外电场变化所引起，代表损耗，实部 ε_1 表示材料束缚电荷的能力。介电函数反映了固体能带结构及其光谱信息[41]，介电函数的介电峰主要由能带结构及态密度决定。图 3-6 为不同应力作用下 CZTS 的实部 ε_1 和虚部 ε_2 随光子能量变化

（a）0GPa态密度和分波态密度　　　　　　　（b）6GPa态密度和分波态密度

（c）12GPa态密度和分波态密度　　　　　　（d）20GPa态密度和分波态密度

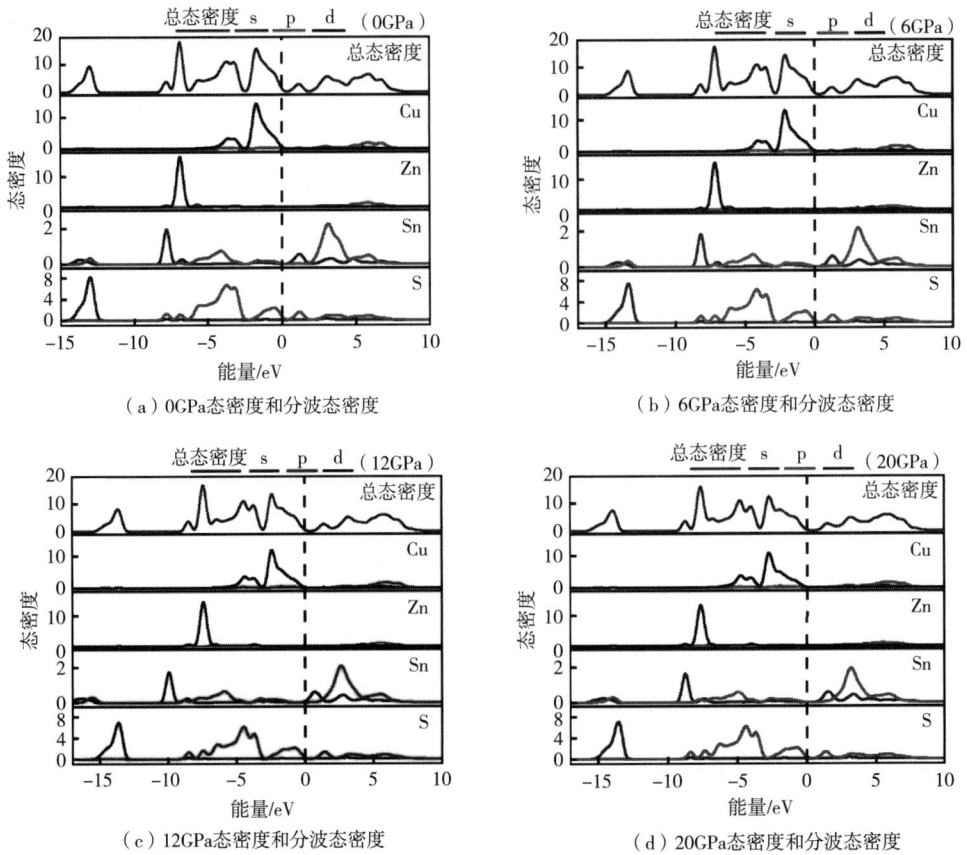

图 3-5　不同压应力下 CZTS 态密度、分波态密度

曲线。由图 3-6（a）可看出，当拉应力为 0GPa、-2GPa、-4GPa、-6GPa 时，对应静态介电常数为 13.74、14.98、16.48、18.88。当压应力为 6GPa、12GPa、20GPa 时对应静态介电常数为 13.09、11.09、10.04。由图可知，当晶格受到拉应力时 CZTS 静态介电常数增大，而受到压应力时 CZTS 静态介电常数减小。

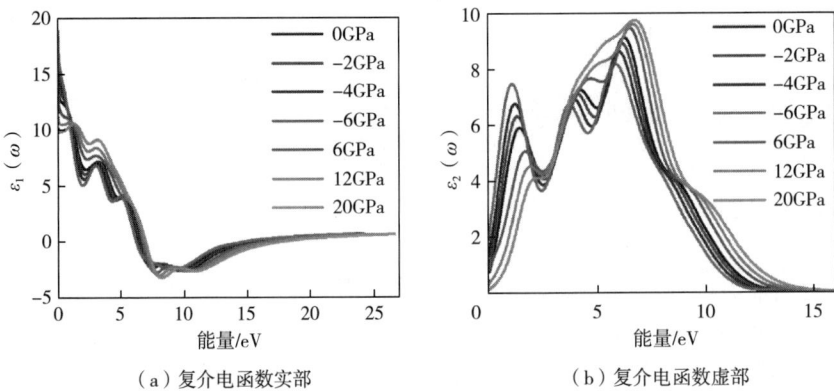

（a）复介电函数实部　　　　　　　　　（b）复介电函数虚部

图 3-6　不同应力作用下 CZTS 复介电函数

从图 3-6（b）中可看出 0GPa 时 CZTS 复介电函数虚部在 1.44eV、4.23eV、6.26eV、8.58eV 处有 4 个明显特征峰。结合态密度图 3-5（a）可知，1.44eV 处介电峰主要由 Cu 3d 轨道电子向 Sn 5s 轨道电子跃迁，4.23eV 处介电峰主要由 Cu 3d 轨道电子向 Sn 5p 轨道电子跃迁，6.26eV 处介电峰主要由 Cu 3d 轨道电子向 Sn 5p 轨道电子跃迁，8.58eV 处介电峰主要由 Zn 3d 轨道电子向 Sn 5s 轨道电子跃迁。当能量低于 3.78eV 时，介电峰随应力的增加向高能方向偏移，峰值随应力增加而减小。能量大于 3.78eV 后，介电峰同样随应力的增加朝高能方向偏移，但此时峰值随应力的增加而增加。随着应力的增加，CZTS 带隙增大，因此介电峰向高能方向偏移。

（2）吸收及反射谱。CZTS 的吸收光谱如图 3-7（a）所示，从图中可看出 CZTS 吸收光谱主要分为 3 个部分：$0.5 \sim 4.8eV$ 的可见光区，$4.8 \sim 14.2eV$ 的紫外光吸收区，大于 14.2eV 的高能量吸收区。在 $0.5 \sim 9.9eV$ 范围内，随着入射光能量的增加吸收系数逐渐上升，能量大于 9.9eV 后光吸收陡然下降，当能量大于 16.19eV 后 CZTS 几乎不再吸收光谱。从图中可看出 CZTS 在可见光波段吸收系数均大于 $10^4 cm^{-1}$[42]，光吸收良好。

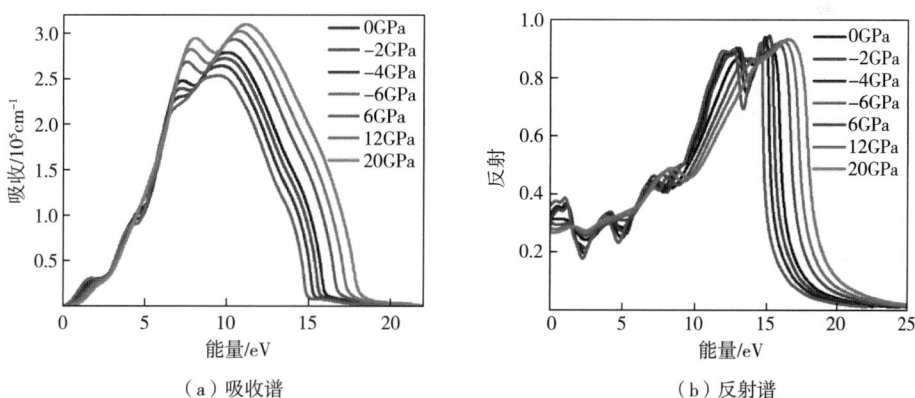

（a）吸收谱　　　　　　　（b）反射谱

图 3-7　吸收及反射谱

随着压应力的增加，CZTS 吸收峰向着高能方向偏移，并且峰值逐渐增大。随着拉应力的增加，CZTS 吸收峰向着低能方向偏移，并且峰值逐渐减小。晶格受到拉应力作用后原子间距变大，相同能量的光波相对晶格为"短波"，光波受到晶格散射作用增强，光吸收减弱。与此相反，晶格受到压应力作用后原子间距减小，相同能量的光波相对晶格为"长波"，光波受到晶格散射作用减弱，光吸收增强。

图 3-7（b）为 CZTS 反射谱，在 $0.5 \sim 4.8eV$ 的可见光区反射率均低于 30%，说明在可见光区 CZTS 具有良好的光吸收。随着入射光能量的增加，反射率逐渐上升并在 15.30eV 附近达到峰值 90%，高反射率均出现在紫外和高能区。随着压应力的增加，反射峰向着高能方向移动。而随着拉应力的增加，反射峰向着低能方向移动。

（3）复折射率。图 3-8 为 CZTS 复折射率。由图 3-8 可知，当能量大于 16eV 后折射率基本为一常数，消光系数约为 0，表明高频下 CZTS 吸收较弱，这与吸收谱的结论一致。从图中还可看出折射率 n 随拉应力增加而减小，随压应力增加而增大。这主要是施加拉应力时晶胞体积变大，致密度变差，折射率降低所致。施加压应力时晶胞体积减小，CZTS致密度变好，因此折射率增大。

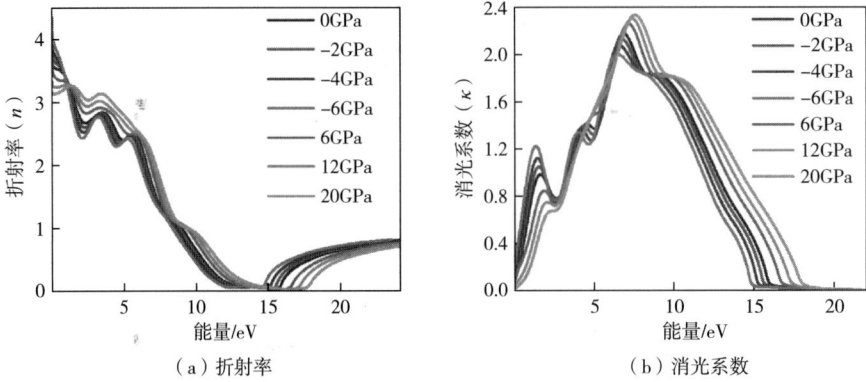

（a）折射率　　　　　　　　　　　（b）消光系数

图3-8　CZTS复折射率

（4）电学性质。图3-9为CZTS复电导率。从图3-9（a）可知，当能量小于0.5eV和大于12.6eV时，复电导率实部约为0即几乎无耗散。从图中可看出电导率实部峰值出现在1.5~8.8eV能量范围，虚部峰值出现在1.5~11.35eV能量范围，与吸收谱对应。电导率实部在6.4eV附近达到最大值，结合态密度图分析可知这些带间跃迁来源于Cu 3d轨道电子向Sn 5p轨道电子跃迁。随着拉应力的增加电导率实部峰值向低能方向偏移，随着压应力的增加电导率实部峰值向高能方向偏移。

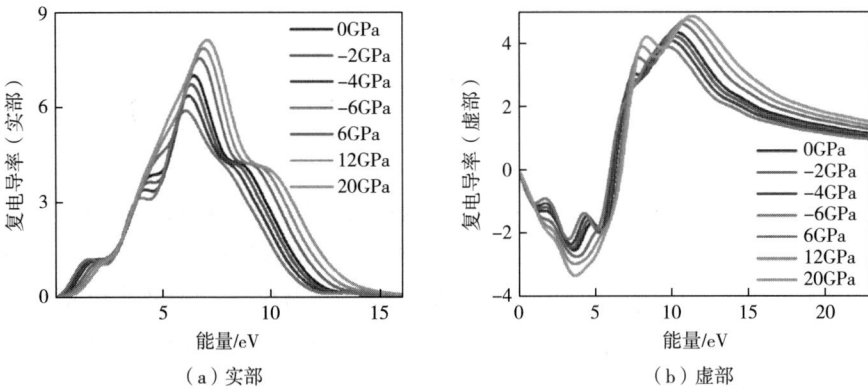

（a）实部　　　　　　　　　　　（b）虚部

图3-9　CZTS复电导率

能量损失函数描述电子通过均匀介质时能量损失的情况，由图3-10可知0GPa时CZTS能量损失在15.89eV附近达到最大值57.22。当应力为-6GPa时能量损失最大为149.23，应力为20GPa时能量损失最小为47.37。随着拉应力的增加能量损失函数峰位向着低能方向偏移、峰值随拉应力增加显著增大。随着压应力的增加能量损失函数峰位向着高能方向偏移、峰值随压应力增加缓慢减小。

光电功能材料的制备与性能研究

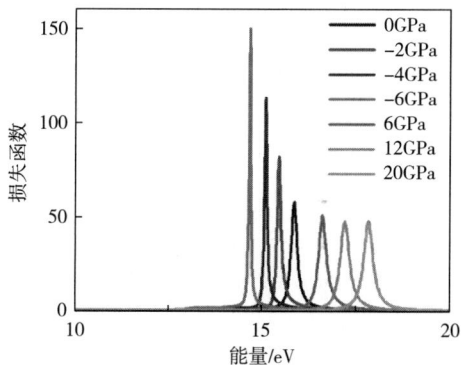

图 3-10　CZTS 能量损失函数

这主要是拉伸晶格时 CZTS 带隙变化显著，而压缩晶格时 CZTS 带隙变化缓慢所致。由此可知，施加应力可调控 CZTS 能量损失函数的峰位和峰值。

3.1.5　小结

采用基于密度泛函理论（DFT）的赝势平面波方法，对各向同性应力作用下 CZTS 的几何结构、电子结构、复介电函数、吸收及反射率、复折射率、光电导率、能量损失函数等光学性质进行了计算和分析。对 CZTS 态密度贡献的主要是 Cu 3d 组态、Zn 3d 组态、Sn 5s 和 5p 组态、S 3s 和 3p 组态，0GPa 时 CZTS 带隙为 0.16eV。在各向同性应力作用下拉伸晶格使导带底向着低能方向移动而价带顶保持不变，CZTS 带隙逐渐变小。压缩晶格使导带底朝着高能方向移动，同时价带顶朝着低能方向有较大幅度下移，CZTS 带隙变大。拉伸晶格可降低静态介电常数、吸收系数和电导率，压缩晶格可增大静态介电常数、吸收系数和电导率。拉伸晶格均使折射率等光学特性峰位向低能方向移动，压缩晶格均使折射率等光学特性峰位向高能方向移动。因此，对 CZTS 施加合适的应力将是一种调控带隙和光电性能的有效手段，有助于开发高效 CZTS 太阳能电池。

参考文献

［1］张道永，王书荣. 铜锌锡硫硒薄膜太阳电池研究进展［J］. 人工晶体学报，2021，50（9）：1796-1809.

［2］SU Z H, LIANG G X, et al. Device postannealing enabling over 12% efficient solution-processed Cu_2ZnSnS_4 solar cells with Cd^{2+} substitution［J］. Advanced Materials, 2020（32）：2000121.

［3］GIRALDO S, JEHL Z, PLACIDI M, et al. Progress and perspectives of thin film kesterite photovoltaic technology: a critical review [J]. Advanced Materials, 2019 (31): e1806692.

[4] SONG Y P, YAO B, LI Y F, et al. Improving the back electrode interface quality of Cu_2ZnSn $(S, Se)_4$ thin film solar cells using a novel $CuAlO_2$ buffer layer [J]. ACS Applied Energy Materials, 2019, 2 (3): 2230-2237.

[5] PARK J S, HUANG J L, SUN K W, et al. The effect of thermal evaporated MoO_3 intermediate layer as primary back contact for kesterite Cu_2ZnSnS_4 solar cells [J]. Thin Solid Films, 2018 (648): 39-45.

[6] MU F L, LIU Z, ZI W, et al. CZTS nanoparticles as an effective hole-transport layer for Sb_2Se_3 thinr film solar cells [J]. Solar Energy, 2021 (226): 154-160.

[7] SUN Y L, GUO H L, QIU P F, et al. Na-doping induced modification of the Cu_2ZnSn $(S, Se)_4$/CdS heterojunction towards efficient solar cells [J]. Journal of Energy Chemistry, 2021 (57): 618-626.

[8] JIANG D Y, SUI Y R, HE W J, et al. Sodium doping of solution-processed Cu_2ZnSn $(S, Se)_4$ thin film and its effect on Cu_2ZnSn $(S, Se)_4$ based solar cells [J]. Vacuum, 2021 (184): 109908.

[9] GONG Y C, QIU R C, NIU C Y, et al. Ag incorporation with controlled grain growth enables 12.5% efficient kesterite: solar cell with open circuit voltage reached 64.2% Shockley-Queisser limit [J]. Advanced Functional Materials, 2021, 31 (24): 2101927.

[10] TABLERO C. Effect of the oxygen isoelectronic substitution in Cu_2ZnSnS_4 and its photovoltaic application [J]. Thin Solid Films, 2012, 520 (15): 5011-5013.

[11] YUE Q, LIU W, ZHU X. n-Type molecular photovoltaic materials: design strategies and device applications [J]. Journal of the American Chemical Society, 2020, 142 (27): 11613-11628.

[12] SUN J, ZHAO E, LIANG J, et al. Diradical-featured organic small-molecule photothermal material with high-spin state in dimers for ultra-broadband solar energy harvesting [J]. Advanced Materials. 2022, 34 (9): e2108048.

[13] HARIJAN D, GUPTA S, BEN S K, et al. High photocatalytic efficiency of α-Fe_2O_3-ZnO composite using solar energy for methylene blue degradation [J]. Physica B Condensed Matter, 2022 (627): 413567.

[14] HU Y H, LI M J, ZHOU Y P, et al. Multi-physics investigation of a gaAs solar cell based PV-TE hybrid system with a nanostructured front surface [J]. Solar Energy, 2021, 224 (3): 102-111.

[15] CELLINE A C, SUBAGJA A Y, SURYANINGSIH S, et al. Synthesis of TiO_2-rGO nanocomposite and its application as photoanode of dye-sensitized solar cell (DSSC) [J]. Materials Science Forum, 2021 (1028): 151-156.

[16] GUO W H, ZHU Y H, ZHANG M, et al. The Dion-Jacobson perovskite CsSbCl4: a promising Pb-free solar-cell absorber with optimal bandgap 1.4eV, strong optical

absorption $10^5 cm^{-1}$, and large power-conversion efficiency above 20% [J]. Journal of Materials Chemistry A, 2021, 9 (30): 16436-16446.

[17] DAS B, HOSSAIN S M, NANDI A, et al. Spectral conversion by silicon nanocrystal dispersed gel glass: efficiency enhancement of silicon solar cell [J]. Journal of Physics D: Applied Physics, 2022, 55 (2): 025106 -02514.

[18] YAN F, YANG P, LI J, et al. Healing soft interface for stable and high-efficiency all-inorganic CsPbIBr2 perovskite solar cells enabled by S-benzylisothiourea hydrochloride [J]. Chemical Engineering Journal, 2022 (430): 132781.

[19] BI P, ZHANG S, CHEN Z, et al. Reduced non-radiative charge recombination enables organic photovoltaic cell approaching 19% efficiency [J]. Joule, 2021, 5 (9): 2408-2419.

[20] KHATAEE A, AZEVEDO J, DIAS P, et al. Integrated design of hematite and dye-sensitized solar cell for unbiased solar charging of an organic - inorganic redox flow battery [J]. Nano Energy, 2019 (62): 832-843.

[21] SHEN L, LI H, MENG X, et al. Transfer printing of fully formed microscale InGaP/GaAs/InGaNAsSb cell on Ge cell in mechanically - stacked quadruple - junction architecture [J]. Solar Energy, 2020 (195): 6-13.

[22] MINEMOTO T, MATSUI T, TAKAKURA H, et al. Theoretical analysis of the effect of conduction band offset of window/CIS layers on performance of CIS solar cells using device simulation [J]. Solar Energy Materials and Solar Cells, 2001, 67 (1-4): 83-88.

[23] PAN B, WEI M, LIU W, et al. Fabrication of Cu_2ZnSnS_4 absorber layers with adjustable Zn/Sn and Cu/Zn+Sn ratios [J]. Journal of Materials Science: Materials in Electronics, 2014, 25 (8): 3344-3352.

[24] TABLERO C. Effect of the oxygen isoelectronic substitution in Cu_2ZnSnS_4 and its photovoltaic application [J]. Thin Solid Films, 2012, 520 (15): 5011-5013.

[25] SU Z H, LIANG G X, et al. Device postannealing enabling over 12% efficient solution-processed Cu_2ZnSnS_4 solar cells with Cd^{2+} substitution [J]. Advanced Materials, 2020 (32): 2000121.

[26] CROVETTO A, HANSEN O. What is the band alignment of $Cu_2ZnSn(S, Se)_4$ solar cells [J]. Solar Energy Materials & Solar Cells, 2017 (169): 177-194.

[27] BAO W, ICHIMURA M. Prediction of the band offsets at the CdS/Cu_2ZnSnS_4 interface based on the first-principles calculation [J]. Japanese Journal of Applied Physics, 2012, 51 (10): 10NC31.

[28] SU Z H, JOE L, et al. Cation substitution of solution-processed Cu_2ZnSnS_4 thin film solar cell with over 9% efficiency [J]. Advanced Energy Materials, 2015, 5 (19): 1500682.

[29] KIM S, KIM K M, TAMPO H, et al. Improvement of voltage deficit of Ge -

incorporated kesterite solar cell with 12. 3% conversion efficiency ［J］. Applied Physics Express, 2016, 9 (10): 102301.

［30］ LYU L, YANG Y Y, CEN W F, et al. First-principles study on optical properties of cubic Ca_2Ge under stress effect ［J］. Journal of the Chinese Ceramic Society, 2019, 38 (12): 3788-3795.

［31］ YAN W J, ZHANG C H, GUI F, et al. Electronic structure and optical properties of stressed $\beta-FeSi_2$ ［J］. Acta Optica Sinica, 2013, 33 (7): 0716001.

［32］ ZHANG S, CHOU J Y, LAUHON L J. Direct correlation of structural domain formation with the metal insulator transition in a VO_2 nanobeam ［J］. Nano Lett, 2009, 9 (12): 4527-4532.

［33］ LAZAROVITS B, KIM K, HAULE K, et al. Effects of strain on the electronic structure of VO_2 ［J］. Physical Review B, 2010, 81 (11): 115117.

［34］ ZHAO Y, TAN S, OUYANG G. Strain-engineered photoelectric conversion properties of lateral monolayer WS_2/WSe_2 heterojunctions ［J］. Journal of Physics D Applied Physics, 2021, 54 (14): 145107.

［35］ LIU X, HU S, LIN Z, et al. High-performance MoS_2 photodetectors prepared using a patterned gallium nitride substrate ［J］. ACS Applied Materials & Interfaces, 2021, 13 (13): OC22799.

［36］ SCHORR S, HOEBLER H J, TOVAR M. A neutron diffraction study of the stannite-kesterite solid solution series ［J］. European Journal of Mineralogy, 2007, 19 (1): 65-73.

［37］ SEGALL M D, LINDAN P, PROBERT M J, et al. First-principles simulation: ideas, illustrations and the CASTEP code ［J］. Journal of Physics Condensed Matter, 2002, 14 (11): 2717-2744.

［38］ PERDEW J P, BURKE K, ERNZERHOF M. Generalized gradient approximation made simple ［J］. Physical Review Letters, 1996, 77 (18): 3865-3868.

［39］ VANDERBILT D. Soft self-consistent pseudopotentials in a generalized eigenvalue formalism ［J］. Physical Review B, 1990, 41 (11): 7892-7895.

［40］ ZHAO H, PERSSON C. Optical properties of Cu (In, Ga) Se_2 and Cu_2ZnSn (S, Se)$_4$ ［J］. Thin Solid Films, 2011, 519 (21): 7508-7512.

［41］ PROKOPIDIS K, KALIALAKIS C. Physical interpretation of a modified Lorentz dielectric function for metals based on the Lorentz-Dirac force ［J］. Applied Physics B, 2014, 117 (1): 25-32.

［42］ ALDAKOV D, LEFRANCOIS A, REISS P, et al. Ternary and quaternary metal chalcogenide nanocrystals: synthesis, properties and applications ［J］. Journal of Materials Chemistry C, 2013, 1 (24): 3756-3776.

光电功能材料的制备与性能研究

3.2.1 研究现状

目前，化石等能源日益枯竭，能源危机给人类的生产生活带来了严峻的挑战，开发太阳能被认为是解决能源枯竭问题的有效手段。[1] 太阳能电池是实现将太阳能转换为电能的主要器件，传统的太阳能电池为硅基太阳能电池。[2] 硅基太阳能电池主要运用在太阳能电池阵列上，要求较大的场地面积和较充足的阳光辐射。[3] 随着人们生活水平的提高，对太阳能电池提出了柔性化、可穿戴等方面的需求，这些需求促进了薄膜太阳能电池的开发。[4]

在众多的半导体材料中，Cu_2ZnSnS_4（CZTS）被认为是最有前景的薄膜太阳能电池材料。[5] 这是因为 Cu_2ZnSnS_4 的带隙为 1.4~1.6eV，吸收系数大于 $10^4 cm^{-1}$，这些参数与太阳能电池吸收层的要求非常匹配。[6] Cu_2ZnSnS_4 的元素在地壳中含量丰富、无毒、无污染，是价格低廉、环保的太阳能电池材料。目前，Cu_2ZnSnS_4 薄膜太阳能电池的最高转换效率为 12.6%[7]，这与理论转换效率 32.4% 差距较大。[8] 影响 Cu_2ZnSnS_4 薄膜太阳能电池转换效率的主要因素为开路电压（V_{oc}）损耗和填充因子（FF）低。[9,10] Cu_2ZnSnS_4 体系的相稳定区域非常小，容易出现原子缺失或原子替位形成缺陷。[11] 例如，由于 Zn 和 Cu 的离子半径比较接近，容易形成 Cu 与 Zn 的替位缺陷（Cu_{Zn}）和 Zn 与 Cu 的替位缺陷（Zn_{Cu}）等浅能级缺陷。[12] 另外，Cu_2ZnSnS_4 体系中也容易形成 Sn 与 Zn 的替位缺陷（Sn_{Zn}），S 空位缺陷（V_S）等深能级缺陷。[13] 同时，也容易存在 Zn 与 Sn 的替位缺陷（Zn_{Sn}）以及 V_{Cu}、V_{Zn}、V_{Sn} 等空位缺陷。[14] 研究表明，Cu_2ZnSnS_4 体系中的深能级缺陷或缺陷对会导致带尾态的产生。[15,16] 低温下，带尾态极易捕获光生载流子，从而诱导非辐射复合，最终导致太阳能电池的开路电压损耗，影响太阳能电池的转换效率。

对于 Cu_2ZnSnS_4 薄膜太阳能电池而言，抑制深能级缺陷的形成，提高晶体质量，抑制带尾态是提高电池转换效率的有效手段。研究发现[17]，采用金属替位掺杂的方法可以使 Cu_2ZnSnS_4 相结构发生变化，从而起到钝化缺陷的作用。例如，在 Cu_2ZnSnS_4 中掺入 Li、Na、K、Ag、Cd、Mn、Al 等金属的研究取得丰富的成果。[18-23] 元素掺杂 Cu_2ZnSnS_4 的研究主要集中在碱金属上，而对 Fe、Ni 金属掺杂 Cu_2ZnSnS_4 的研究很少报道。研究表明，Fe 和 Ni 掺杂半导体材料有利于电催化性能的提高，使光吸收得到很大的改善。[24,25] 因此，此处采用基于密度泛函理论（DFT）的赝势平面波方法对 Fe、Ni 单掺杂和共掺杂 Cu_2ZnSnS_4 的电子结构及光学性质进行计算，分析 Fe、Ni 掺杂对 Cu_2ZnSnS_4 能带结构、态密度和光学性质的影响。

3.2.2 研究内容

采用基于密度泛函理论的第一性原理赝势平面波方法，对 Fe、Ni 单掺杂和共掺

杂 Cu_2ZnSnS_4 的电子结构和光学性质进行了计算和分析。结果表明：Fe、Ni 单掺杂 Cu_2ZnSnS_4 均具有削弱与其相邻 S 原子的电荷转移数，使 Fe—S 键和 Ni—S 键的共价键作用增强，键长变短，晶格常数 a、c 和晶胞体积 V 减小。Fe 掺杂形成能为 1.0eV，Ni 掺杂形成能为 0.58eV，Fe 与 Ni 共掺杂形成能为 0.78eV。Fe、Ni 掺杂均在费米能级附近提供 3d 组态电子，引入新的杂质能级，使 Cu_2ZnSnS_4 带隙从未掺杂时的 0.16eV 逐渐降低。Cu_2ZnSnS_4 导带态密度主要由 Sn 5s、Sn 5p 和部分 S 3p 轨道电子贡献，价带态密度主要由 Cu 3d、Sn 5p 和 S 3p 轨道电子贡献。Fe、Ni 掺杂后 3d 层电子对态密度也有部分贡献。Fe、Ni 共掺杂时静态介电常数最大为 100.49，介电峰随 Fe、Ni 掺杂向低能方向偏移。在可见光范围内，Fe、Ni 单掺杂或共掺杂 Cu_2ZnSnS_4 吸收系数均大于 10^4cm^{-1}，Fe、Ni 共掺杂时吸收系数最大为 $1.65 \times 10^5cm^{-1}$。在 1.5~6.3eV 能量范围内，Fe、Ni 单掺杂或共掺杂 CZTS 的反射率均低于 30%。在 1.9eV 处具有一个显著的电导峰，说明在可见光范围内 CZTS 具有良好的光电导。随着 Fe、Ni 掺杂，电导峰位略微向低能方向偏移，同时峰值也随着 Fe、Ni 掺杂而增加。

3.2.3　理论模型与计算方法

选取具有锌黄锡矿结构的 Cu_2ZnSnS_4 晶胞，空间群为 $I\bar{4}$（No. 82）。每个晶胞内含有 4 个 Cu 原子，2 个 Zn 原子，2 个 Sn 原子，8 个 S 原子，晶格常数为 $a=0.5428nm$，$c=1.0864nm$。[26] 采用 $2\times1\times1$ 的超晶胞（共有 32 个原子）进行单掺杂和共掺杂计算。单掺杂时首先用 1 个 Fe 原子置换超晶胞 Zn1 位置的 Zn 原子进行计算，其次用 1 个 Ni 原子置换超晶胞 Zn1 位置的 Zn 原子进行计算。共掺杂时用 1 个 Fe 原子置换超晶胞 Zn1 位置的 Zn 原子，同时用 1 个 Ni 原子置换 Cu1 位置的 Cu 原子进行共掺杂计算。掺杂 Cu_2ZnSnS_4 超晶胞的模型如图 3-11 所示。

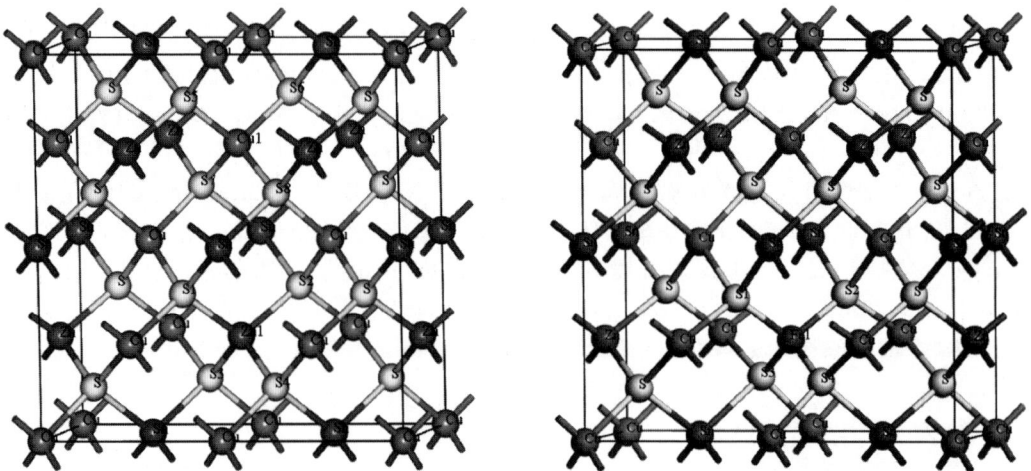

（a）Cu_2ZnSnS_4 超晶胞（$2\times1\times1$）　　　　　　（b）Fe 单掺杂模型

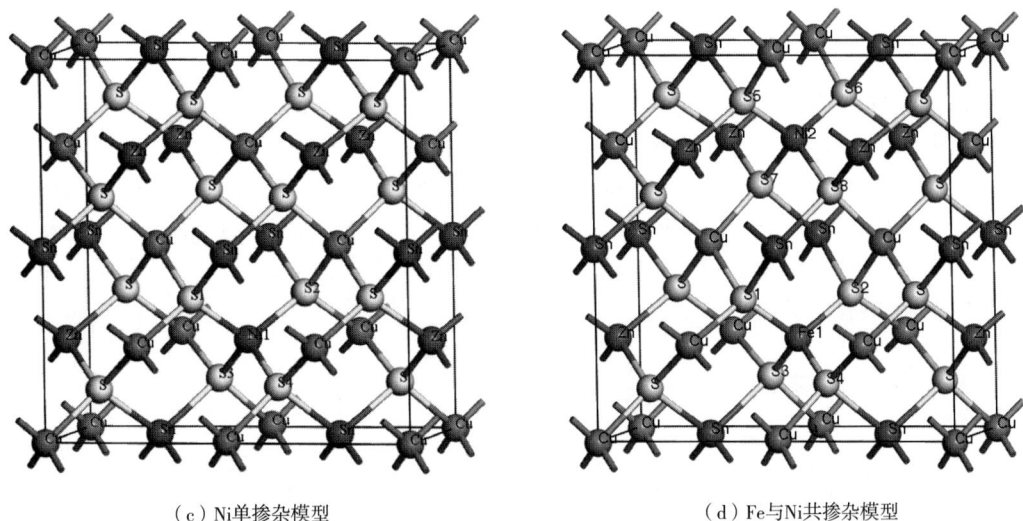

（c）Ni单掺杂模型　　　　　　　　　（d）Fe与Ni共掺杂模型

图 3-11　Cu₂ZnSnS₄ 单掺杂和共掺杂超晶胞模型

采用基于第一性原理的赝势平面波方法进行计算，计算由 Materials Studio 材料模拟平台中的 CASTEP[27] 软件包完成，采用广义梯度近似（GGA）的 Perdew-Burke-Eurke-Ernzerhof（PBE）[28] 泛函来处理电子间的交换关联能，采用超软赝势[29] 处理离子实与电子间的相互作用。平面波截断能量设置为 380eV，自洽收敛精度为 5.0×10^{-7}eV/atom，布里渊区的积分采用 Monkhorst-Pack 的 4×4×4 进行分割。

为确保计算结果的收敛性，进行了 k 点收敛性检验。网格划分从 1×1×1 至 7×7×7 的范围内进行。当 k 点采样为 4×4×4 时总能量开始收敛。因此，选择的 k 点确保了计算结果的收敛性。k 点收敛性测试的结果如图 3-12 所示。

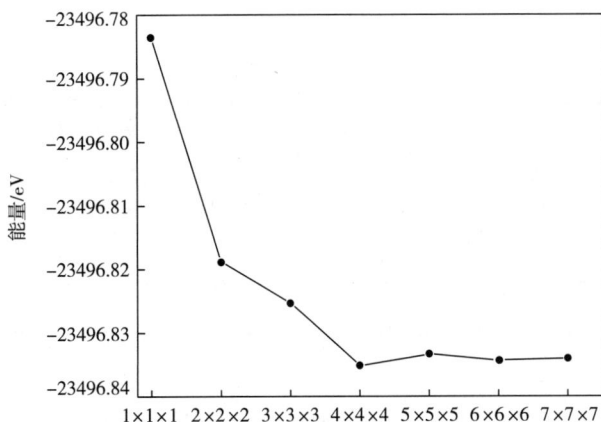

图 3-12　k 点收敛性测试

为了衡量原子掺杂的难易程度，计算 Fe 和 Ni 原子单独掺杂以及共同掺杂 Cu₂ZnSnS₄ 的掺杂形成能，掺杂形成能的表达式为式（3-1）~式（3-3）[30,31]：

$$E(\text{Fe} \rightarrow \text{Zn})_{\text{form}} = E(\text{Fe})_{\text{doped}} - E_{\text{pure}} + \mu_{\text{Zn}} - \mu_{\text{Fe}} \qquad (3-1)$$

$$E(\text{Ni} \rightarrow \text{Zn})_{\text{form}} = E(\text{Ni})_{\text{doped}} - E_{\text{pure}} + \mu_{\text{Zn}} - \mu_{\text{Ni}} \qquad (3-2)$$

$$E(\text{Fe} \rightarrow \text{Zn}, \ \text{Ni} \rightarrow \text{Cu})_{\text{form}} = E(\text{Fe}、\text{Ni})_{\text{doped}} - E_{\text{pure}} + (\mu_{\text{Zn}} - \mu_{\text{Fe}}) + (\mu_{\text{Cu}} - \mu_{\text{Ni}}) \qquad (3-3)$$

其中，$E(\text{Fe} \rightarrow \text{Zn})_{\text{form}}$、$E(\text{Ni} \rightarrow \text{Zn})_{\text{form}}$、$E(\text{Fe} \rightarrow \text{Zn}, \ \text{Ni} \rightarrow \text{Cu})_{\text{form}}$ 分别为 Fe 掺杂、Ni 掺杂、Fe 与 Ni 共掺杂 Cu_2ZnSnS_4 的掺杂形成能，$E(\text{Fe})_{\text{doped}}$、$E(\text{Ni})_{\text{doped}}$、$E(\text{Fe}、\text{Ni})_{\text{doped}}$ 分别为优化后 Fe 掺杂、Ni 掺杂、Fe 与 Ni 共掺杂 Cu_2ZnSnS_4 的能量，E_{pure} 为未掺杂 Cu_2ZnSnS_4 的能量，μ_{Zn}、μ_{Fe}、μ_{Ni}、μ_{Cu} 分别为 Zn 原子、Fe 原子、Ni 原子、Cu 原子的化学势。

3.2.4 计算结果与讨论

3.2.4.1 几何结构优化

表 3-2 为未掺杂和掺杂 Cu_2ZnSnS_4 晶格常数及掺杂形成能。从表 3-2 可看出几何结构优化 Cu_2ZnSnS_4 的晶格常数 $a = 5.4690\text{Å}$，$c = 10.9460\text{Å}$，与实验值和理论计算值相符[32,33]。Fe、Ni 单掺杂均使 Cu_2ZnSnS_4 的晶格常数 a、c 和晶胞体积 V 略微减小。由于 Ni^{2+} 离子半径（0.69Å）和 Fe^{3+} 离子半径（0.64Å）都比 Zn^{2+} 离子半径（0.74Å）小[34,35]，用 Fe 原子和 Ni 原子置换 Zn 原子时原子间距减小导致晶格常数和晶胞体积减小。Fe 和 Ni 原子共掺杂时，Cu_2ZnSnS_4 晶格常数 a 减小，而晶格常数 c 和晶胞体积 V 相对于单掺杂时略微增大。

表 3-2 Fe、Ni 掺杂 Cu_2ZnSnS_4 晶格常数及掺杂形成能

样品	$a/\text{Å}$	$c/\text{Å}$	$V/\text{Å}^3$	形成能/eV
未掺杂 CZTS（实验值）[28]	5.4270	10.8710	——	——
未掺杂 CZTS（理论计算值）[29]	5.4710	10.9440	——	——
几何结构优化 CZTS	5.4690	10.9460	655.0330	——
Fe 掺杂 CZTS	5.4415	10.9194	647.9225	1.00
Ni 掺杂 CZTS	5.4460	10.9085	647.0102	0.58
Fe 与 Ni 共掺杂 CZTS	5.3665	11.1363	652.0260	0.78

从表 3-2 看出，Fe 掺杂形成能为 1.00eV，Ni 掺杂形成能为 0.58eV，Ni 原子比 Fe 原子更容易融入 Cu_2ZnSnS_4 晶格。Fe 与 Ni 共掺形成能为 0.78eV，低于 Fe 掺杂形成能。三种掺杂情况下，掺杂形成能均大于 0eV，说明 Fe、Ni 掺杂缺陷态均不能自发形成，可以通过共掺杂调控 Cu_2ZnSnS_4 缺陷态。

3.2.4.2 电子结构

（1）能带结构。图 3-13 展示了 Fe 掺杂和 Ni 掺杂 Cu_2ZnSnS_4 的能带结构。图 3-13

（a）为未掺杂的 Cu_2ZnSnS_4 能带结构，最小带隙出现在高对称点 G。未掺杂带隙的值为 0.16eV，与 Zhao[36] 的研究结果一致。Fe 掺杂和 Ni 掺杂 Cu_2ZnSnS_4 的带隙值与文献[37,38]中报道的实验值一致，表明 Fe 和 Ni 掺杂后 Cu_2ZnSnS_4 的带隙值减小。广义梯度近似（GGA）函数是一种常用于计算半导体材料的函数，而低估带隙是该函数的一个特征。Zhao[36]发现，使用 GGA 函数计算的带隙比实验值低约 1eV。计算结果低于实验值的主要原因是采用密度泛函理论（DFT）框架未考虑交换相关势的不连续性，并低估了多粒子系统中激发态电子之间的相互作用。然而，这种差异并未影响后续的计算和分析[39,40]。图 3-13（b）展示了 Fe 掺杂 Cu_2ZnSnS_4 的能带结构，图 3-13（c）展示了 Ni 掺杂 Cu_2ZnSnS_4 的能带结构，图 3-13（d）展示了（Fe，Ni）共掺杂 Cu_2ZnSnS_4 的能带结构。从图中可以看出，Fe 和 Ni 掺杂后几乎没有带隙。Cu_2ZnSnS_4 的价带主要由 Cu/Zn 3d 态和 S 3p 态的杂化组成，而导带主要由 Sn 5s 态和 S 3p 态组成。Fe 和 Ni 都具有部分填充的 3d 轨道，这些部分填充的 3d 轨道对轨道电子的杂化有更强的影响。当 Fe 和 Ni 离子掺杂时，Fe 和 Ni 的 3d 态与 S 的 3p 态发生杂化，导致带隙变窄[41,42]。此外，Fe 或 Ni 掺杂后，部分填充的 3d 轨道降低了 Sn 和 S 之间的 s-p 排

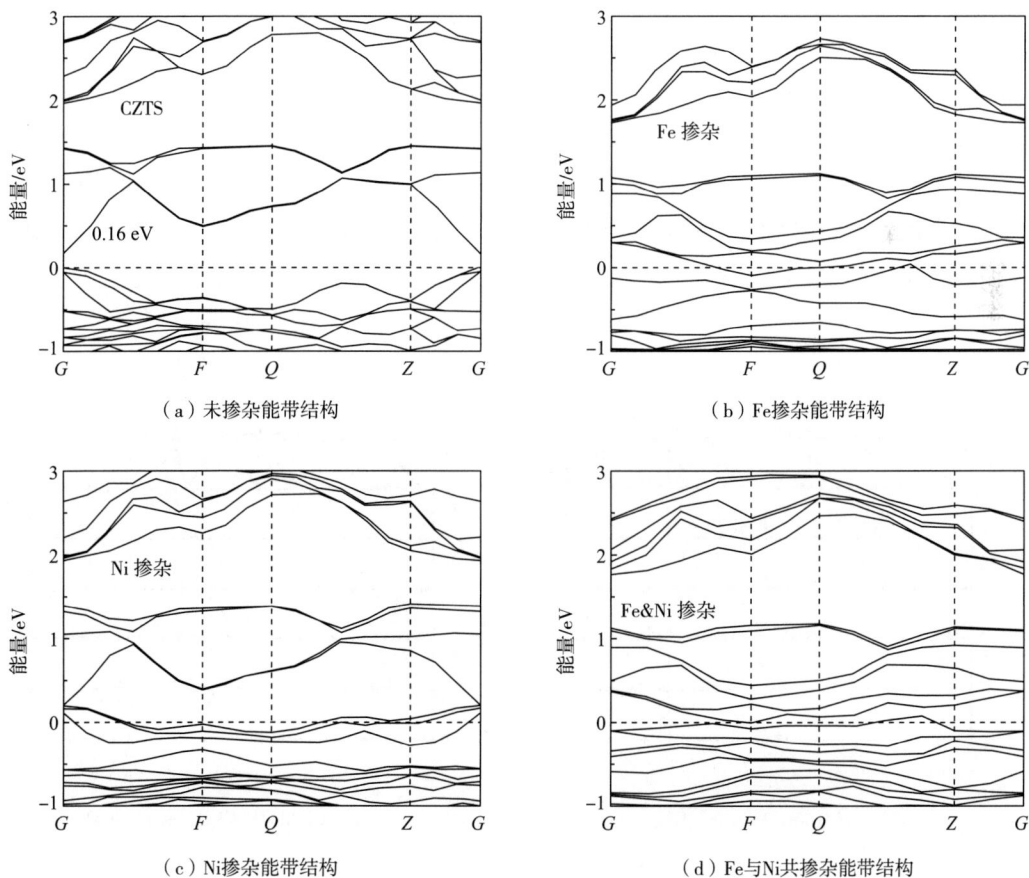

（a）未掺杂能带结构

（b）Fe掺杂能带结构

（c）Ni掺杂能带结构

（d）Fe与Ni共掺杂能带结构

图 3-13　Fe、Ni 掺杂 Cu_2ZnSnS_4 能带结构

斥力，并降低了导带最小值（CBM）状态的能量，从而减小了带隙[43,44]。（Fe，Ni）共掺杂后，提供了更多的部分填充 3d 轨道，Fe 和 Ni 的 3d 态与 S 的 3p 轨道发生更强的杂化，价带进一步下移，带隙更小。考虑到上述因素，Fe 和 Ni 掺杂的 Cu_2ZnSnS_4 不显示带隙。当然，这只是使用 GGA 函数计算得到的结果，但我们相信实际实验中存在带隙，计算结果可以为调节 Cu_2ZnSnS_4 的带隙提供一些新的思路。

（2）电子态密度。图 3-14 为 Fe、Ni 掺杂 Cu_2ZnSnS_4 总电子态密度和各亚层的分波态密度。图 3-14（a）为未掺杂的 Cu_2ZnSnS_4 总电子态密度和分波态密度，从图中可知 Cu 的 3d 层电子、Zn 的 3d 层电子、S 的 3s 和 3p 层电子对态密度起主要贡献，另外还有少量 Sn 的 5s 和 5p 层电子对 Cu_2ZnSnS_4 态密度产生贡献。$-14 \sim -12.4eV$ 能量范围主要由 S 的 3s 层电子、Sn 的 5s 和 5p 层电子构成，$-8.2 \sim -5.0eV$ 能量范围主要由 Zn 的 3s 层电子、Sn 的 5s 电子、S 的 3p 层电子构成，$-5.0 \sim -0.21eV$ 能量范围主要由 Cu 的 3d 层电子、Sn 的 5p 层电子、S 的 3p 层电子构成。$0.6 \sim 3eV$ 能量范围主要由 S 的 3p 层、Sn 的 5s 和 5p 层电子构成。

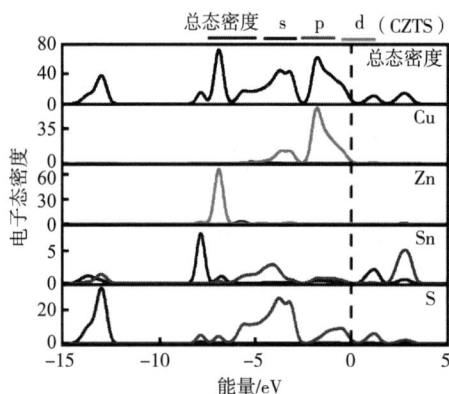

（a）未掺杂CZTS电子态密度　　　　　　（b）Fe掺杂CZTS电子态密度

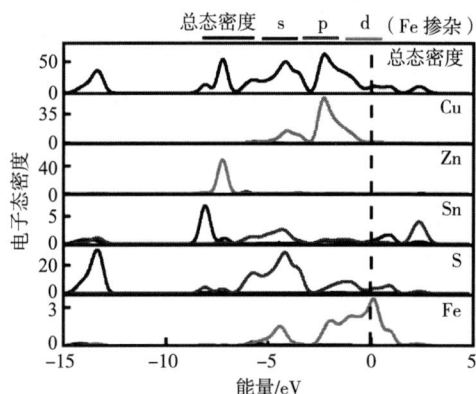

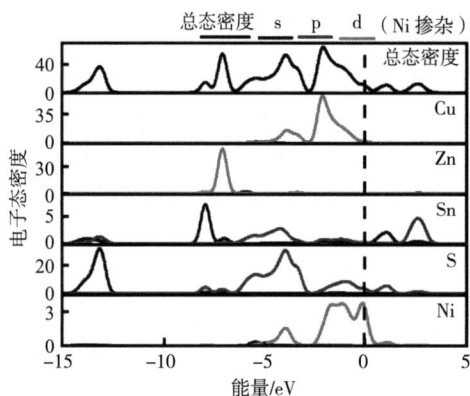

（c）Ni掺杂CZTS电子态密度　　　　　　（d）Fe与Ni共掺杂CZTS电子态密度

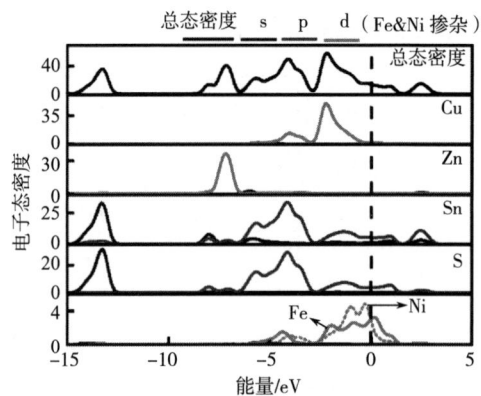

图 3-14　Fe、Ni 掺杂 Cu_2ZnSnS_4 电子态密度

从图 3-14（b）～图 3-14（d）可知，Fe、Ni 单掺杂和 Fe、Ni 共掺杂 Cu_2ZnSnS_4 都使 0eV 附近电子态密度有所抬升，共掺杂时抬升最大为 12.9，这主要是 Fe 或 Ni 掺杂均在 0eV 附近提供了 3d 组态电子所致。Fe、Ni 单掺杂或共掺杂后，下价带 −12.98eV 峰位、中价带 −6.8eV 峰位、上价带 −3.7eV 和 −1.7eV 峰位态密度均朝着低能方向偏移，价带区态密度平均偏移量为 0.35eV。导带区 1.19eV 和 2.78eV 峰位也向低能区偏移，导带区态密度平均偏移量为 0.41eV。态密度峰位偏移情况说明 Fe、Ni 掺杂使 Cu_2ZnSnS_4 价带和导带区电子倾向于占据低能级轨道，导带区轨道能级下移量大于价带区轨道能级下移量，使费米能级嵌入价带中。

3.2.4.3 Mulliken 布居分析

表 3-3 为与 Fe Ni 杂质原子相邻的原子的 Mulliken 布居分析，表 3-4 为与 Fe、Ni 杂质原子相邻的键的 Mulliken 布居分析。与 Fe1 和 Ni1 杂质原子相邻的原子为 S1、S2、S3、S4，与 Ni2 杂质原子相邻的原子为 S5、S6、S7、S8。从表 3-3 可知，Fe1 置换 Zn1 后，与 Fe1 相邻的 S 原子电荷转移数由 −0.37e 变为 −0.24e 和 −0.26e，Fe 掺杂削弱了电荷转移。这是 Fe 离子半径小于 Zn 离子半径，对电荷的束缚作用强所致。Ni1 置换 Zn1 后发现，Ni 原子得到微量电荷 −0.03e，这是 Ni 的 3d 壳层未填满电子，容易夺取相邻原子的电荷所致。同时，与 Ni1 相邻 S 原子平均电荷转移数降低 0.09e，这也是 Ni 离子半径小于 Zn 离子半径，束缚电荷作用强所致。

Fe、Ni 共掺杂后，与 Fe1 相邻 S 原子的电荷转移与单掺杂时保持一致，而与 Ni2 相邻 S 原子的电荷转移变化显著，平均电荷转移数比单掺杂时增加 0.05e。这是共掺杂时采用的是 Ni2 置换 Cu1，Ni 离子半径比 Cu 离子半径更小，束缚电荷能力更强所致。

表 3-3　与 Fe、Ni 杂质原子相邻的原子的 Mulliken 布居分析

样品	原子	s	p	d	总电荷	电荷/e
CZTS	Zn1	0.42	0.94	9.98	11.34	0.66
	S1　S2　S3　S4	1.84	4.54	0	6.37	−0.37
	Cu1	0.6	0.64	9.81	11.06	−0.06
	S5　S6　S7　S8	1.84	4.54	0	6.37	−0.37
Fe 掺杂 CZTS	Fe1	0.4	0.62	6.94	7.96	0.04
	S1　S2	1.83	4.41	0	6.24	−0.24
	S3　S4	1.83	4.43	0	6.26	−0.26
Ni 掺杂 CZTS	Ni1	0.5	0.69	8.84	10.03	−0.03
	S1　S2	1.83	4.45	0	6.29	−0.29
	S3　S4	1.83	4.45	0	6.28	−0.28

样品	原子	s	p	d	总电荷	电荷/e
Fe 与 Ni 共掺杂 CZTS	Fe1	0.41	0.62	6.91	7.94	0.06
	S1 S2 S3	1.84	4.42	0	6.26	−0.26
	S4	1.81	4.43	0	6.26	−0.26
	Ni2	0.48	0.66	8.91	10.05	−0.05
	S5 S6	1.83	4.49	0	6.32	−0.32
	S7 S8	1.84	4.49	0	6.34	−0.34

从表 3-4 可看出，Fe、Ni 单掺杂或共掺杂，均使 Fe—S 键、Ni—S 键的布局数增加，键长减小。这是 Fe、Ni 离子半径比 Zn、Cu 离子半径小，掺杂后使 CZTS 晶格畸变，静电作用增强所致。掺杂时与 Fe、Ni 相邻的 S 原子的平均布局数为 0.54，这小于 Fe、Ni 单掺杂的平均布居数 0.56。共掺杂时与 Fe、Ni 相邻的 S 原子的平均键长为 2.2Å，略大于 Fe、Ni 单掺的平均键长 2.19Å。因此，Fe、Ni 共掺杂 CZTS 时共价键减弱，键长变长，导致晶格常数在 c 轴方向畸变，晶胞体积略微增大。

表 3-4　与 Fe、Ni 杂质原子相邻的键的 Mulliken 布居分析

样品	键	布居数	键长/Å
CZTS	S1—Zn1 S2—Zn1	0.40	2.3659
	S3—Zn1 S4—Zn1	0.41	2.3653
Fe 掺杂 CZTS	S1—Fe1	0.64	2.1321
	S2—Fe1	0.64	2.1322
	S3—Fe1	0.60	2.1598
	S4—Fe1	0.60	2.1597
Ni 掺杂 CZTS	S3—Ni1	0.49	2.2298
	S4—Ni1	0.49	2.2299
	S1—Ni1 S2—Ni1	0.50	2.2341
Fe 与 Ni 共掺杂 CZTS	S1—Fe1	0.64	2.1451
	S2—Fe1	0.64	2.1433
	S3—Fe1	0.58	2.1666
	S4—Fe1	0.58	2.1679
	S5—Ni2	0.47	2.2055
	S6—Ni2	0.47	2.2038
	S7—Ni2	0.48	2.2778
	S8—Ni2	0.48	2.2794

3.2.4.4 光电性质

为了探究 Fe、Ni 掺杂对 Cu_2ZnSnS_4 光学性质的影响，计算 Fe、Ni 单掺杂和共掺杂 Cu_2ZnSnS_4 复介电函数、吸收系数、反射率、复电导率等光电性质。固体宏观光学性质一般用复介电函数 $\varepsilon(\omega) = \varepsilon_1(\omega) + i\varepsilon_2(\omega)$ 描述，根据克喇末-克朗尼格（KK）变换可推导出复介电函数、吸收系数、反射率、复电导率等光学常数[42]。

（1）复介电函数。通常介电函数为一复数，虚部反映了电子跃迁与能带结构的丰富信息[43]。图 3-15 为 Fe、Ni 掺杂 Cu_2ZnSnS_4 复介电函数。从图 3-15（a）可看出，未掺杂 Cu_2ZnSnS_4 静态介电常数 $\varepsilon_1(0) = 10.54$，与文献[44] 的结果相符。Fe、Ni 单掺杂或共掺杂均使静态介电常数 $\varepsilon_1(0)$ 的值增加，共掺杂时静态介电常数达到最大值 100.49，这与布居分析的结果对应。Fe、Ni 掺杂 Cu_2ZnSnS_4 均在费米能级附近提供 3d 态电子，掺杂后共价键作用增强，原子核对电荷的束缚作用变强从而导致静态介电常数变大。从图 3-15（b）可看出，本征 CZTS 复介电函数虚部 $\varepsilon_2(\omega)$ 分别在 1.39eV、3.84eV、6.04eV 处有 3 个明显的介电峰。结合态密度图可知，1.39eV 处的介电峰来自 Cu-3d 向 Sn-5s 轨道电子跃迁，3.84eV 处的介电峰来自 Cu-3d 向 S-3p 轨道电子跃迁，6.04eV 处的介电峰来自 Cu-3d 向 Sn-5p 轨道电子跃迁。在 0~2.5eV 低能量范围内，随着 Fe、Ni 掺杂 CZTS 介电峰向低能方向偏移，这是因为 Fe、Ni 掺杂后，CZTS 带隙变小吸收峰红移。在 2.5~10eV 能量范围内，Fe、Ni 掺杂 CZTS 介电峰与本征 CZTS 介电峰几乎一致。以上结果表明，在可见光范围内，采用 Fe、Ni 单掺杂或共掺杂的手段可以有效调控 CZTS 的介电特性。

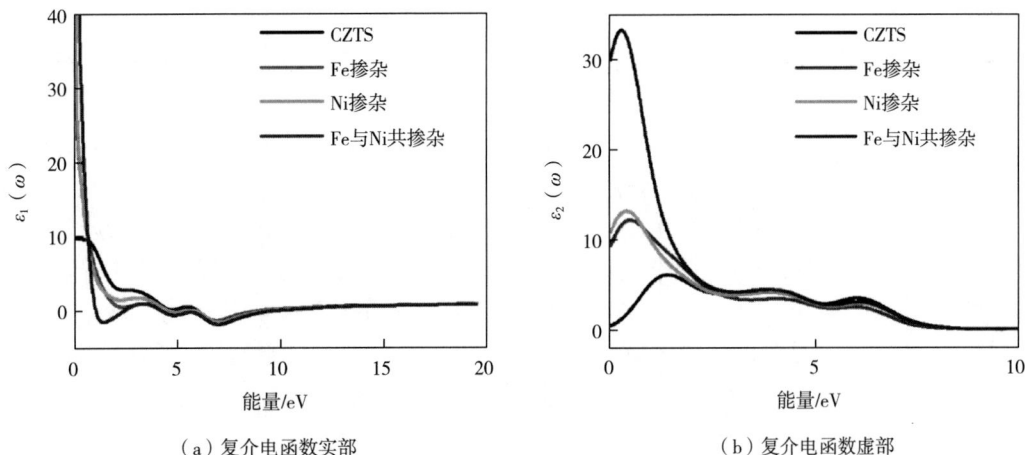

（a）复介电函数实部　　　　　　　　　　（b）复介电函数虚部

图 3-15　Fe、Ni 掺杂 Cu_2ZnSnS_4 复介电函数

（2）吸收及反射谱。图 3-16 为 Fe、Ni 掺杂 Cu_2ZnSnS_4 吸收系数和反射谱。从图 3-16（a）可看出 CZTS 的吸收谱可分为 3 部分：0.16~3.2eV 范围内的可见光区，3.2~11eV 范围内的紫外光吸收区，大于 11eV 的高能量吸收区。从图中看出 CZTS 吸收边为 0.16eV，这与所计算的带隙对应。Fe、Ni 掺杂 CZTS 后吸收边略微红移，这是

掺杂后带隙减小所致。在 0.16~6.9eV 能量范围内，随着入射光能量的增加吸收系数逐渐增加并在 6.9eV 时达到最大值 $1.65×10^5 cm^{-1}$。当能量大于 6.9eV 后吸收系数开始下降，并在 11eV 之后吸收系数低于 $10^4 cm^{-1}$。在 1.9eV 处有一个显著的吸收峰，吸收系数为 $3.6×10^4 cm^{-1}$，说明在可见光区 CZTS 具有良好的光吸收[45]。Fe、Ni 掺杂 CZTS 后在可见光范围内吸收系数均大于 $10^4 cm^{-1}$，三种掺杂情况下，Fe 与 Ni 共掺杂吸收系数最大，Fe 单掺杂吸收系数次之，Ni 单掺杂吸收系数最小，这与 Fe、Ni 掺杂 CZTS 的带隙变化对应。

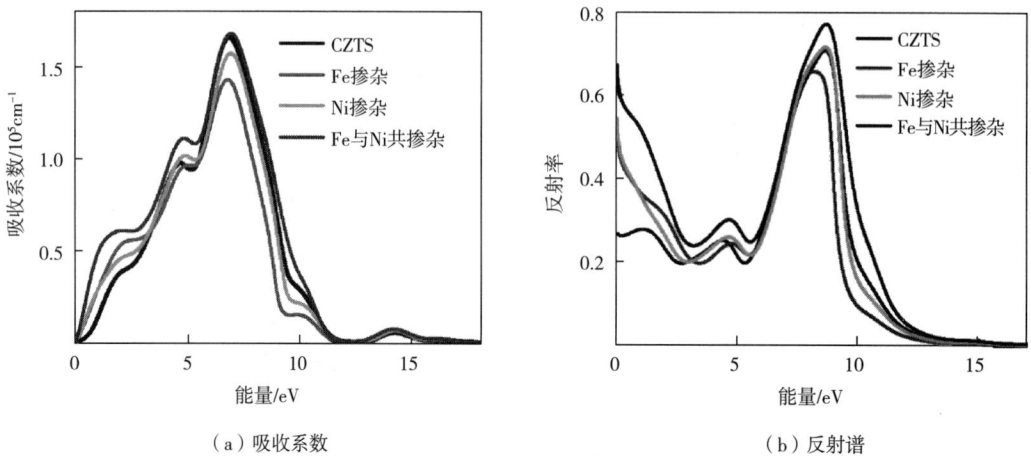

（a）吸收系数　　　　　　　　　　（b）反射谱

图 3-16　Fe、Ni 掺杂 Cu$_2$ZnSnS$_4$ 吸收系数和反射谱

从图 3-16（b）可看出 CZTS 反射主要发生在 7.4~9.4eV 能量范围内，在 1.5~6.3eV 能量范围内反射率低于 30%，说明在可见光范围内反射损失小，有利于 CZTS 的光吸收。在可见光范围内，Fe、Ni 掺杂 CZTS 后反射率均呈现增大的趋势，Fe 与 Ni 共掺杂时反射率最大，Fe 单掺杂次之，Ni 单掺杂最小。因此，可通过 Fe、Ni 单掺杂或共掺杂综合调控 CZTS 吸收系数和反射率。

（3）复电导率。图 3-17 为 Fe、Ni 掺杂 Cu$_2$ZnSnS$_4$ 复电导率，从图 3-17（a）中可看出，能量大于 11.3eV 后电导率几乎降为 0。在 0~6.2eV 能量范围内有 3 个主峰，分别对应光吸收峰位。其中，1.9eV 处出现的主峰说明了在可见光范围内 CZTS 具有良好的光电导。在可见光范围内，随着 Fe、Ni 掺杂，峰位略微向低能方向偏移，同时峰值也随着 Fe、Ni 掺杂而增加。三种掺杂情况下，Fe、Ni 共掺杂峰值增加最大，Fe 单掺杂次之，Ni 掺杂最小，这与三种掺杂情况下 CZTS 的带隙变化相符。

3.2.5　小结

采用第一性原理的方法，对 Fe、Ni 单共掺杂和共掺杂 Cu$_2$ZnSnS$_4$ 的电子结构和光学性质进行计算和分析。结果表明：Fe、Ni 单掺杂 Cu$_2$ZnSnS$_4$ 均具有削弱相邻 S 原子的电荷转移，使 Fe—S 键和 Ni—S 键的共价键作用增强，键长变短，晶格常数 a、c 和

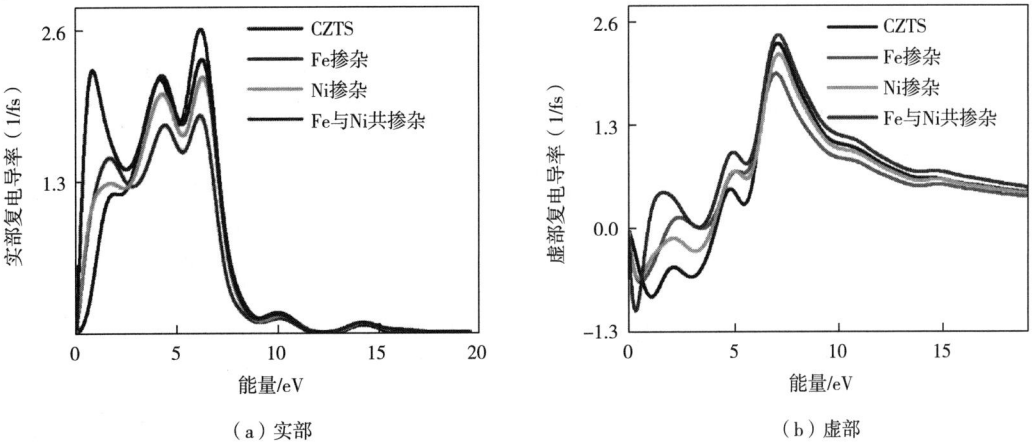

（a）实部   （b）虚部

图 3-17   Fe、Ni 掺杂 Cu_2ZnSnS_4 复电导率

晶胞体积 V 减小的作用。Fe 掺杂形成能最高，Ni 掺杂形成能最低，Fe 与 Ni 共掺杂形成能居中。Fe、Ni 掺杂均在费米能级附近提供 3d 态电子，使价带上移和导带下移，导致 CZTS 带隙从未掺杂时的 0.16eV 一直下降，Fe 与 Ni 共掺杂时对带隙的影响最大。Fe、Ni 单掺杂或共掺杂均使 CZTS 静态介电常数增加，介电峰向低能方向偏移。在可见光范围内 Fe、Ni 单掺杂或共掺杂均使 CZTS 光吸收随着入射光能量增加而增加，吸收系数均大于 $10^4 cm^{-1}$，在 1.9eV 处具有良好的光吸收，Fe 与 Ni 共掺杂时吸收系数最大。在 1.5~6.3eV 能量范围内，Fe、Ni 单掺杂或共掺杂 CZTS 的反射率均低于 30%。在可见光范围内 CZTS 具有良好的光电导，随着 Fe、Ni 掺杂，电导峰位略微向低能方向偏移，同时峰值也随着 Fe、Ni 掺杂而增加。

参考文献

[1] THIRUNAVUKKARASU M, YASHWANT S, HIMADRI L. A comprehensive review on optimization of hybrid renewable energy systems using various optimization techniques [J]. Renewable and Sustainable Energy Reviews, 2023 (176)：113192.

[2] DAS B, HOSSAIN S M, NANDI A, et al. Spectral conversion by silicon nanocrystal dispersed gel glass：efficiency enhancement of silicon solar cell [J]. Journal of Physics D：Applied Physics, 2021, 55 (2)：025106-02514.

[3] OKIL M, SALEM M S, ABDOLKADER T M, et al. From crystalline to low-cost silicon-based solar cells：a review [J]. Silicon, 2021 (14)：1895-1911.

[4] KOLTSOV M, GOPI S V, RAADIK T, et al. Spalatu, Development of Bi_2S_3 thin film solar cells by close-spaced sublimation and analysis of absorber bulk defects via in-depth

photoluminescence analysis［J］. Solar Energy Materials and Solar Cells, 2023
（254）: 112292.

［5］ EKA C P, JESSIE M, ENDI S, et al. The effect of $Cu_{Zn} + Zn_{Cu}$ defect complex on
Cu_2ZnSnS_4 thin film solar cell: A density functional theory study［J］. Materials
Chemistry and Physics, 2023（296）: 127192.

［6］ PAN B, WEI M, LIU W, et al. Fabrication of Cu_2ZnSnS_4 absorber layers with adjustable
Zn/Sn and Cu/Zn+Sn ratios［J］. Journal of Materials Science: Materials in Electron,
2014（25）: 3344-3352.

［7］ SU Z H, LIANG G X, FAN P, et al. Device postannealing enabling over 12% efficient
solution-processed Cu_2ZnSnS_4 solar cells with Cd^{2+} substitution［J］. Advanced
Materials, 2020（32）: 2000121.

［8］ WOOSEOK K, HUGH W H. Earth-abundant element photovoltaics directly from soluble
precursors with high yield using a non-toxic solvent［J］. Advanced Energy Materials,
2011, 1（5）: 732-735.

［9］ CROVETTO A, HANSEN O. What is the band alignment of $Cu_2ZnSn（S, Se）_4$ solar
cells［J］. Solar Energy Materials and Solar Cells, 2017（169）: 177-194.

［10］ BAO W, ICHIMURA M. Prediction of the band offsets at the C_dS/Cu_2ZnSnS_4 interface
based on the first-principles calculation［J］. Japanese Journal of Applied Physics,
2012（51）: 10NC31.

［11］ CHEN S, WALSH A, GONG X G, et al. Classification of lattice defects in the kesterite
Cu_2ZnSnS_4 and Cu_2ZnSnS_4 earth-abundant solar cell absorbers［J］. Advanced
Materials, 2013, 25（11）: 1522-1539.

［12］ SU Z, TAN J, LI X, et al. Cation substitution of solution-processed Cu_2ZnSnS_4 thin
film solar cell with over 9% efficiency［J］. Advanced Energy Materials, 2015
（5）: 1500682.

［13］ CHOUBRAC L, BAR M, KOZINA X, et al. Sn substitution by ge: strategies to
overcome the open-circuit voltage deficit of kesterite solar cells［J］. ACS Applied
Energy Materials, 2020, 3（6）: 5830-5839.

［14］ YUAN Z K, CHEN S Y, XIANG H J, et al. Engineering solar cell absorbers by
exploring the band alignment and defect disparity: the case of Cu- and Ag-based
kesterite compounds［J］. Advanced Functional Materials, 2015, 25（43）:
6733-6743.

［15］ SRAVANI L, ROUTRAY S, COUREL M, et al. Loss mechanisms in czts and cztse
kesterite thin-film solar cells: understanding the complexity of defect density［J］.
Solar Energy, 2021（227）: 56-66.

［16］ BENCHERIF H. Towards a high efficient Cd-free double CZTS layers kesterite solar
cell using an optimized interface band alignment［J］. Solar Energy, 2022（238）:
114-125.

［17］ KULWINDER K, NISIKA, ASHRAFUL H C, et al. Nanoscale charge transport and local surface potential distribution to probe the defect passivation in Cr－substituted earth abundant CZTS absorber layer ［J］. Journal of Alloys and Compounds, 2021 （854）: 157160.

［18］ KATRI M, KRISTI T, MARIS P, et al. Impact of Li and K co－doping on the optoelectronic properties of CZTS monograin powder ［J］. Solar Energy Materials and Solar Cells, 2023 （252）: 112182.

［19］ BLA B, JIE G, RHA B, et al. Effect of Na doping on the performance and the band alignment of czts/cds thin film solar cell ［J］. Solar Energy, 2020 （201）: 219-226.

［20］ HEYDAR H N, TARA P D. Influence of Ag－doping on the performance of Cu_2ZnSnS_4 solar cells ［J］. Solar Energy, 2023 （253）: 321-331.

［21］ ASHFAQ A, JACOB J, AMAMI M, et al. Effect of Al－doping on the thermoelectric properties of czts thin film grown by sol－gel method ［J］. Solid State Communications, 2022 （345）: 114701.

［22］ ARUSHI P, PREETI Y, PUSHPENDRA K, et al. Synthesis, morphological and optical properties of hydrothermally synthesized Bi and Mn co－doped Cu_2ZnSnS_4 （CZTS） ［J］. Materials Today: Proceedings, 2022 （11）: 407.

［23］ ASHOKE K S G, SYED F U F, MD S H, et al. Characterizations of extrinsically doped CZTS thin films for solar cell absorbers fabricated by sol－gel spin coating method ［J］. Applied Surface Science Advances, 2023 （13）: 100352.

［24］ LIANG X, ZHANG D, WU Z, et al. The Fe－promoted MoP catalyst with high activity for water splitting ［J］. Applied Catalysis A: General, 2016 （524）: 134-138.

［25］ MOHAMMED I. One－step ultrasonic－assisted synthesis of Ni－doped $g-C_3N_4$ photocatalyst for enhanced photocatalytic hydrogen evolution ［J］. Inorganic Chemistry Communications, 2023 （151）: 110607,

［26］ SCHORR S, HOEBLER H J, TOVAR M. A neutron diffraction study of the stannite-kesterite solid solution series ［J］. European Journal of Mineralogy, 2007 （19）: 65-73.

［27］ SEGALL M D, LINDAN P, PROBERT M J, et al. First－principles simulation: Ideas, illustrations and the CASTEP Code ［J］. Journal of Physics: Condensed Matter, 2002 （14）: 2717-2744.

［28］ PERDEW J P, BURKE K, ERNZERHOF M. Generalized Gradient Approximation Made Simple ［J］. Physical Review Letters, 1996 （77）: 3865-3868.

［29］ VANDERBILT D. Soft self－consistent pseudopotentials in a generalized eigenvalue formalism ［J］. Physical Review B, 1990 （41）: 7892-7895.

［30］ MIN L, ZHANG J, YUE Z. First－principles calculation of compensated （2N, W） codoping impacts on band gap engineering in anatase TiO_2 ［J］. Chemical Physics Letters, 2012 （527）: 63-66.

[31] LONG R, ENGLISH N J. Synergistic effects of Bi/S codoping on visible light-activated anatase TiO_2 photocatalysts from first principles [J]. Journal of Physical Chemistry C, 2009, 113 (19): 8373-8377.

[32] PAIER J, ASAHI R, NAGOYA A, et al. Cu_2ZnSnS_4 as a potential photovoltaic material: a hybrid hartree-fock density functional theory study [J]. Physical Review B, 2009, 79 (11): 115126.

[33] SUN D, DING Y, KONG L W, et al. First-principles Study on Mg Doping in Cu_2ZnSnS_4 [J]. Journal of Inorganic Materials, 2020, 35 (11): 1290-1294.

[34] DIGRASKAR R V, MALI S M, TAYADE S B, et al. Overall noble metal free ni and fe doped Cu_2ZnSnS_4 (CZTS) bifunctional electrocatalytic systems for enhanced water splitting reactions [J]. International Journal of Hydrogen Energy, 2019, 44 (16), 8144-8155.

[35] LIU X M, ZHONG Q Y, GUO W M, et al. Novel Platycladus orientalis-shaped Fe-doped ZnO hierarchical nanoflower decorated with Ag nanoparticles for photocatalytic application [J]. Journal of Alloys and Compounds, 2021 (880): 160501.

[36] ZHAO H, PERSSON C. Optical properties of Cu (In, Ga) Se_2 and Cu_2ZnSn (S, Se)$_4$ [J]. Thin Solid Films, 2011 (519): 7508-7512.

[37] ISLAM S, MAJUMDAR P, HOSSAIN M A, et al. Effect of Fe^{3+} Doping Concentration in Cu_2ZnSnS_4 [J]. Thin Film: Structural and Optical Analysis, 2022, 12 (3): 97-106.

[38] CHEN H J, FU S W, WU S H, et al. Structural and photoelectron spectroscopic studies of band alignment at the Cu_2ZnSnS_4/CdS heterojunction with slight Ni doping in Cu_2ZnSnS_4 [J]. Journal of Physics D Applied Physics, 2016, 49 (33): 335102.

[39] LEBÈGUE S, ARNAUD B, ALOUANI M. Calculated quasiparticle and optical properties of orthorhombic and cubic Ca_2Si [J]. Physical Review B, 2005, 72 (8): 085103.

[40] PEDRO B, JONATHAN S, AHMAD W H, et al. Exchange-correlation functionals for band gaps of solids: benchmark, reparametrization and machine learning [J]. npj Computational Materials, 2020, 6 (96): 1-17.

[41] XIAO C, LI K, ZHANG J, et al. Magnetic ions in wide band gap semiconductor nanocrystals for optimized thermoelectric properties [J]. Materials Horizons, 2014, 1 (1): 81.

[42] MO M, ZENG J S, HE H, et al. The first-principle study on the formation energies of Be, Mg and Mn doped $CuInO_2$ [J]. Acta Physica Sinica -Chinese Edition, 2019, 68 (10): 106102.

[43] PROKOPIDIS K, KALIALAKIS C. Physical interpretation of a modified Lorentz dielectric function for metals based on the Lorentz-Dirac force [J]. Applied Physical B, 2014 (117): 25-32.

[44] LI C R, LI Y F, YAO B, et al. Electronic and optical properties of kesterite

Cu$_2$ZnSnS$_4$ under in-plane biaxial strains: First-principles calculations [J]. Physics Letters A, 2013 (377): 2398-2402.

[45] BEHERA N, MOHAN D B. Investigation of broad-band optical absorption and electrical properties in vacuum annealed CZTS/Ag multi-layered stack structure for plasmonic solar cell application [J]. Optical Materials, 2022 (127): 112316.

3.3 Mn、Co 掺杂对 Cu$_2$ZnSnS$_4$ 光电性能的影响

3.3.1 研究现状

随着社会的进步和发展，人们对化石等能源的需求日益增加，不可再生资源减少趋势加剧，作为可再生资源的太阳能受到了人们的关注。Cu$_2$ZnSnS$_4$ 光伏发电材料，是将太阳能直接转化为电能的材料，对于太阳能的转化和利用起着关键性作用。目前，为解决太阳能的高转化率问题，国内外研究者都在致力于研究提高 Cu$_2$ZnSnS$_4$ 光伏材料的性能和光电转换效率。

余纳等[1] 研究了旋涂方式对铜锌锡硫硒薄膜器件性能的影响，旋涂 7 周期时制备得到的 CZTS 前驱体薄膜均匀，无裂纹，晶粒均匀，转换效率高。Ma Rzougi M 等[2-5] 研究了真空法制备铜锌锡硫薄膜太阳电池，获得高质量的薄膜器件。虎学梅等采用水热法制备铜锌锡硫纳米材料，得到了较高吸收系数和载流子迁移率的纳米材料。[6] 王近等在溶胶凝胶法、磁控溅射法、溶液法等方面展开研究，制备出了性能良好的 CZTS 薄膜。[7-15]

研究发现，吸收层的高缺陷密度和器件的低开路电压被认为是限制该类电池效率的两个关键因素。[16] 为此，研究者们对铜锌锡硫展开了掺杂改性的研究工作。人们采用 Ag 取代 Cu 后不仅改善了 CZTS 的带隙偏离问题，还增加了电子的跃迁能力、优化了开路电压[17-21]。

季善银[22] 研究 Bi 掺杂 Cu$_2$ZnSnS$_4$，结果发现 Bi 含量为 1% 时，Cu$_2$ZnSnS$_4$ 薄膜性能最好。

Sen Gupta Ashoke Kumar[23] 利用 Cd 和 Mg 掺杂 Cu$_2$ZnSnS$_4$，发现可以系统地调节原始 Cu$_2$ZnSnS$_4$ 薄膜 Zn$^+$ 位点中的 Cd 和 Mg 掺杂位，以获得作为太阳能电池吸收剂的优异特性。

目前关于 Cu$_2$ZnSnS$_4$ 薄膜的研究，大多数是以单元素对其进行单掺杂为主，而对于多元素的共掺杂研究较少，但也有了相应的研究成果。

MuskaKatri[24] 的研究发现，Li 和 K 的共掺入，使 Cu$_2$ZnSnS$_4$ 材料的有效带隙从 1.52eV 增加到了 1.57eV，使用 Li 和 K 共掺杂 Cu$_2$ZnSnS$_4$ 粉末，还可以使其功率转化率

为 9.4%，以得到性能优异的太阳能电池。

陈文静[25]等人，利用 Na 与 Bi 对 Cu_2ZnSnS_4 薄膜进行共掺杂实验，结果表明 Na 与 Bi 共掺杂对 Cu_2ZnSnS_4 薄膜相结构、形貌、光学性质和光电性能都有影响，其中当 Na 和 Bi 的原子序数分数分别为 1% 和 0.5% 时，薄膜的光学带隙和最佳光敏度分别为 1.42eV 和 1.17eV。

3.3.2　研究内容

通过文献查询，种种实验表明，元素替代或掺杂 Cu_2ZnSnS_4 材料，均会对 Cu_2ZnSnS_4 材料的光电性能产生影响。此处将通过 Mn、Co 掺杂 Cu_2ZnSnS_4 材料取代 Zn，探讨 Mn、Co 的掺杂对 Cu_2ZnSnS_4 材料光电性能的影响。

（1）研究 Mn、Co 单掺杂和共掺杂后，Cu_2ZnSnS_4 能带结构中的价带和导带的移动情况，对带隙值的影响。

（2）研究 Mn、Co 掺入后，Mn 和 Co 在费米能级附近主要由什么层的电子参与贡献，并在什么能带上出现峰值的问题。

（3）研究 Mn、Co 单掺杂和共掺杂后，关于原子和键的布居分析，在掺杂后使元素成键之间的共价作用怎样变化。

（4）研究 Mn、Co 单掺杂和共掺杂对光学性能的影响，其中包括复介电函数实部的静态介电常数、峰值的变化；复介电函数虚部的静态介电常数、峰值的变化；反射率的增减区间变化和峰值的变化；吸收系数最大值的变化以及能量损失函数的能量损失最大值的变化。

3.3.3　理论模型建模

此部分基于第一性原理计算了 Mn 单掺杂、Co 单掺杂和 Mn、Co 共掺杂 Cu_2ZnSnS_4 能带结构、电子态密度、原子和键的布居、光学性能。实验过程中，主要的计算工作由 MS（Materials Studio）中的 CASTEP[26]（Cambridge Serial Total Energy Package）模块来完成，并采用了局域密度泛函数近似方法（LDA-CA-PZ）[27,28] 和广义梯度近似方法（GGA-PWE）两种方法[29]。在利用 MS 计算和分析时，要进行相应参数设置，其中能带结构优化和特性分析时的截能参数为 380eV，自洽场计算时的收敛精度值为 5×10^{-7}eV。计算利用的材料为锌黄锡矿相结构的 Cu_2ZnSnS_4 材料，属于四方晶系，空间群为 $I\bar{4}$（82）。Cu_2ZnSnS_4 材料中含有 Cu 原子 4 个，Zn 原子 2 个，Sn 原子 2 个，S 原子 8 个，共计 16 个原子，晶格常数为 $a = b = 5.46354$Å，$c = 10.9042$Å，$\alpha = \beta = \gamma = 90°$，晶胞体积为 $V = 325.494$Å^3。ICSD 晶格库拥有 Cu_2ZnSnS_4 初始模型，为了计算过程稳定进行，得到的数据更精确，对 Cu_2ZnSnS_4 模型进行 2×2×1 超晶胞，如图 3-18 所示，超胞后进行光学性能计算。超晶胞含有 64 个原子，分别为 Cu 原子 16 个，Zn 原子 8 个，Sn 原子 8 个，S 原子 32 个，晶格常数为 $a = b = 10.9271$Å，$c = 10.9042$Å，$\alpha = \beta = \gamma = 90°$，晶胞体积为 $V = 1301.98$Å^3。

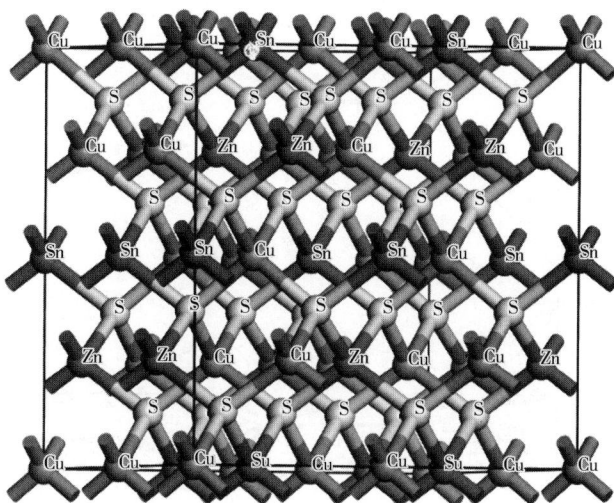

图 3-18　Cu$_2$ZnSnS$_4$（2×2×1）超晶胞球棍模型

3.3.4　未掺杂 Cu$_2$ZnSnS$_4$ 研究结果

3.3.4.1　几何结构优化

当几何模型建立好后就会对其进行几何结构优化，表 3-5 为 Cu$_2$ZnSnS$_4$（2×2×1）超晶胞优化前后的晶格常数。

表 3-5　Cu$_2$ZnSnS$_4$（2×2×1）超晶胞优化前后的晶格常数

晶格常数	a/Å	b/Å	c/Å	晶胞体积/Å^3
优化前	10. 9271	10. 9271	10. 9042	1301. 98
优化后	10. 9412	10. 9412	10. 9408	1309. 71

由表可以看出结构优化后晶格常数有所变化。与优化前的晶格常数比较，晶格常数由 $a=b=10.9271$Å 变为 $a=b=10.9412$Å，$c=10.9042$Å 变为 $c=10.9408$Å。晶胞体积由 $V=1301.98$Å^3 变为 $V=1309.71$Å^3，使得此时的结构更加稳定。

3.3.4.2　能带结构分析

图 3-19 是 Cu$_2$ZnSnS$_4$ 的能带结构图。从图 3-19 中可以看出，Cu$_2$ZnSnS$_4$ 的价带最高和导带最低点均在高对称点 G 上取得，从而可知 Cu$_2$ZnSnS$_4$ 为直接带隙型半导体。并且价带最高点为 0eV，导带最低点为 0.16eV，即在高对称点 G 上能取得最小带隙值，带隙值为 0.16eV。

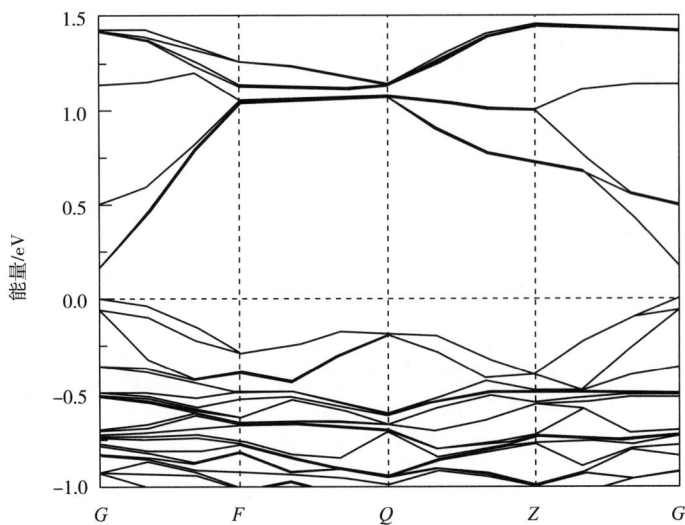

图 3-19 Cu₂ZnSnS₄ 的能带结构图

3.3.4.3 电子态密度

图 3-20 是 Cu₂ZnSnS₄ 的电子态密度图。Cu₂ZnSnS₄ 材料的电子态密度，主要由 Cu 3d 4s、Zn 3d 4s、Sn 5s 5p、S 3s 3p 能态的电子贡献。

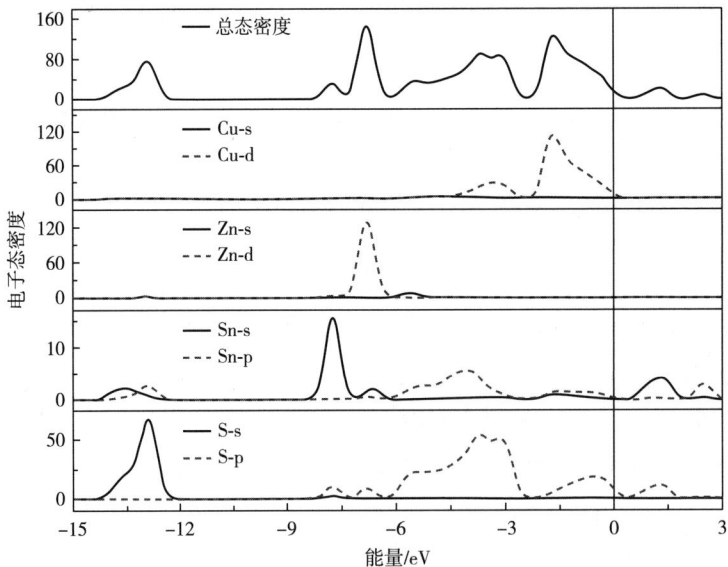

图 3-20　Cu₂ZnSnS₄ 的电子态密度图

从图 3-20 中可以看出，在 -14eV 到 -12eV 的能量范围内，S 3s 态电子和部分 Sn 5s 5p 态电子对 Cu₂ZnSnS₄ 的电子态密度有贡献。在 -8eV 到 -3eV 的能量范围内，Cu 3d 态电子、Zn 3d 4s 态电子、Sn 5s 5p 态电子和 S 3p 态电子对 Cu₂ZnSnS₄ 的电子态密度有贡献。在 -2eV 到 0eV 的能量范围内，Cu 3d 态电子、S 3p 态电子以及少量的 Sn 5s 5p 态电子对 Cu₂ZnSnS₄ 的电子态密度有贡献。在 0~3eV 的能量范围内，主要是 Sn 5s 5p 态电子和 S 3p 态电子对 Cu₂ZnSnS₄ 的电子态密度有贡献。

3.3.4.4　布居分析

表 3-6 为与 Zn 原子相邻的 S 原子的布居分析，表 3-7 为与 Zn 原子相邻的 S 原子的键的布居分析。

表 3-6　与 Zn 原子相邻的 S 原子的布居分析

类别	s	p	d	f	总电荷	电荷/e
Zn1	0.42	0.95	9.98	0.00	11.34	0.66
S1	1.84	4.54	0.00	0.00	6.37	-0.37
S2	1.84	4.54	0.00	0.00	6.37	-0.37
S3	1.84	4.54	0.00	0.00	6.37	-0.37
S4	1.84	4.54	0.00	0.00	6.37	-0.37

表 3-7　与 Zn 原子相邻的 S 原子的键的布居分析

键	布居数	键长/Å
Zn1-S1	0.48	2.36625
Zn1-S2	0.48	2.36613
Zn1-S3	0.48	2.36555
Zn1-S4	0.48	2.36639

从表 3-6 中可以看出，在 Cu₂ZnSnS₄ 结构中，Zn1 与 S1、S2、S3、S4 构成共价键，其中 Zn1 为施主电子失去了 0.66e 电荷，而 S1、S2、S3、S4 均为受主电子，得到了 0.37e 的电荷。从表 3-7 中可以看出，Zn1 与 S1、S2、S3、S4 形成的布居数都是 0.48，表明 Zn1 与 S1、S2、S3、S4 之间的共价作用强。

3.3.4.5　光学性质分析

图 3-21 是 Cu₂ZnSnS₄ 的光学性质图。

图 3-21（a）中曲线 ε_1 表示复介电函数的实部。ε_1 在 0~2.5eV 和 3.84~7eV 的能量范围内，随能量的增加，值在减小。ε_1 在 2.5~3.84eV 和 7~20eV 的能量范围内，随能量的增加，值在增加。ε_1 的静态介电函数为 11.1。图 3-21（a）中曲线 ε_2 表示复介电函数的虚部。ε_2 在 0~1.26eV 和 3~4.3eV 的能量范围内，随能量的增加，值在增加。

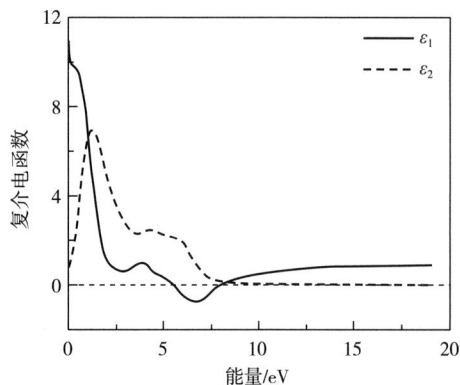

（a）复介电函数的实部ε_1和虚部ε_2

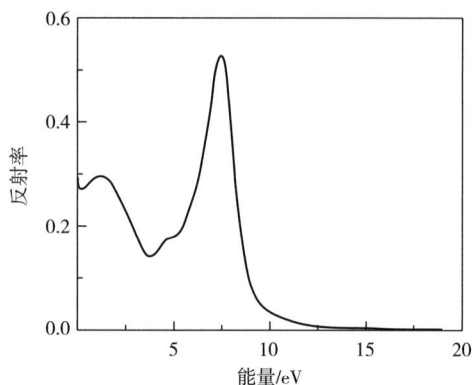

（b）反射率

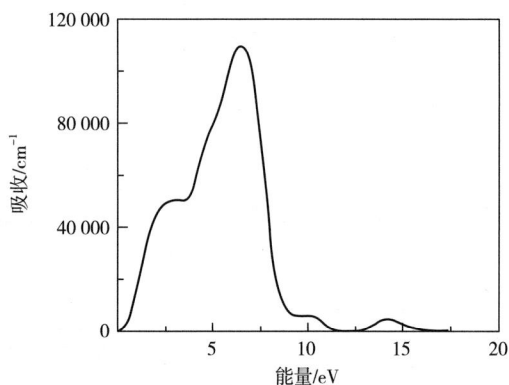

（c）吸收系数

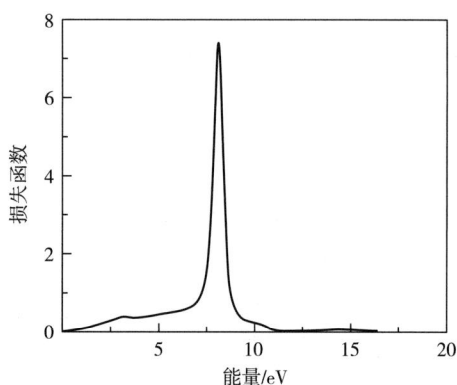

（d）能量损失函数

图 3-21　Cu_2ZnSnS_4 的光学性质图

ε_2 在 1.26~3eV 和 4.3~20eV 的能量范围内，随能量的增加，值在减小。ε_2 在 1.26eV 和 4.3eV 处得到峰值 6.99 和 2.47。

从图 3-21（b）中可以看出，Cu_2ZnSnS_4 在能量为 0eV 处，反射率为 0.29。在 0.19~10eV 的范围内进行反射率分析，其中出现了两个单调递增区间和两个单调递减区间，从而出现了两个峰值。反射率在 0.19~1.22eV、3.71~7.48eV 两个能量范围内为增加状态，在 1.22~3.71eV、7.48~10eV 两个能量范围内为降低状态，在 1.22eV、7.48eV 两点得到峰值，分别为 0.30 和 0.53。

从图 3-21（c）中可以看出，Cu_2ZnSnS_4 在 0~20eV 能量范围内出现了四个峰值，在 2.94eV 处峰值为 $5.1 \times 10^4 cm^{-1}$；在 6.44eV 处峰值为 $1.1 \times 10^5 cm^{-1}$；在 10.11eV 处峰值为 $5.0 \times 10^3 cm^{-1}$；在 14.25eV 处峰值为 $4.4 \times 10^3 cm^{-1}$。

从图 3-21（d）中可以看出，图中出现了两个峰值，即在 3.42eV 处有峰值 0.38；在 8.09eV 处有峰值 7.42，且第二个峰值也为最大值，即此处能量损失函数值达到最大。

3.3.5 Mn 单掺杂 Cu$_2$ZnSnS$_4$ 性能的研究

3.3.5.1 计算模型

在 Cu$_2$ZnSnS$_4$（2×2×1）超胞模型上，利用 Mn 原子取代 Zn 位（$x = 0.25001263$，$y = 0.50000500$，$z = 0.74998448$）进行掺杂建模。Mn 掺杂取代 Zn 后，此时的 Mn 位为 $x = 0.24994315$，$y = 0.49999994$，$z = 0.75011921$，然后进行掺杂后的模型优化，表 3-8 为 Mn 掺杂前后晶格常数的对比。

表 3-8　Mn 掺杂前后晶格常数的对比

晶格常数	掺杂前	掺杂后
$a/Å$	10.9412	10.9190
$b/Å$	10.9412	10.9214
$c/Å$	10.9408	10.9497
晶胞体积$/Å^3$	1309.71	1305.75

由表可以看出 Mn 掺杂后晶格常数有所变化，与掺杂前的晶格常数比较，晶格常数由 $a = b = 10.9412Å$ 变为 $a = 10.9190Å$ 和 $b = 10.9214Å$，$c = 10.9408Å$ 变为 $c = 10.9497Å$。晶胞体积由 $V = 1309.71Å^3$ 变为 $V = 1305.75Å^3$，使得此时的结构更加稳定。

3.3.5.2 结果与讨论

（1）Mn 单掺杂 Cu$_2$ZnSnS$_4$ 能带结构。Mn 取代 Cu$_2$ZnSnS$_4$ 中的 Zn 位，能抑制 Cu$_2$S 次生相的生成、提高其光吸收性能并调节光学带隙。[30] 从图 3-22 中可以看出，价带

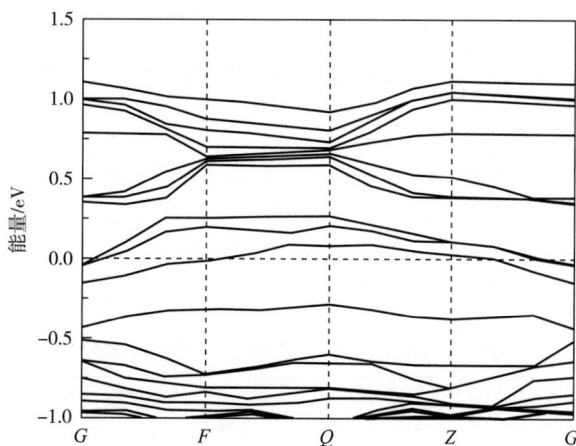

图 3-22　Mn 掺杂 Cu$_2$ZnSnS$_4$ 的能带结构

上的电子发生了电子跃迁，跨过 Cu_2ZnSnS_4 的费米能级到了导带上。与 Cu_2ZnSnS_4 未掺杂前的能带结构相比，Mn 掺杂取代 Zn 位后使 Cu_2ZnSnS_4 的价带和导带均上移，由于价带的上移，使得费米能级处在了价带中。此时，价带最高点为 0.25eV，导带最低点为 0.34eV，并且都不处于高对称点上，带隙值为 0.09eV。可知 Mn 取代 Cu_2ZnSnS_4 的 Zn 位后，使 Cu_2ZnSnS_4 半导体带隙类型发生改变。由于 Mn 的掺杂，使带隙值与未掺杂前 Cu_2ZnSnS_4 的带隙值相比，降低了 0.07eV，所以 Mn 的掺入有效降低了 Cu_2ZnSnS_4 的带隙值，使电子从价带上跃迁至导带上所需要的能量减小。

（2）Mn 掺杂 Cu_2ZnSnS_4 态密度分析。图 3-23 所示为 Mn 掺入 Cu_2ZnSnS_4 后的态密度。从图 3-23 可以看出：在 -14~-13eV 的能量范围内，Cu_2ZnSnS_4 的电子态密度由 Sn 5s 5p 态电子、S 3s 态电子贡献。在 -8~-3eV 的能量范围内，Cu_2ZnSnS_4 的电子态密度由 Cu 3d 态电子、Zn 3d 态电子、Mn 3d 态电子、Sn 5s 5p 态电子、S 3p 态电子贡献。在 -2~0eV 的能量范围内，Cu_2ZnSnS_4 的电子态密度由 Cu 3d 态电子、Mn 3d 态电子、S 3p 态电子贡献。在 0~1eV 的能量范围内，电子态密度由 Mn 3d 态电子、Sn 5s 态电子、S 3p 态电子贡献。

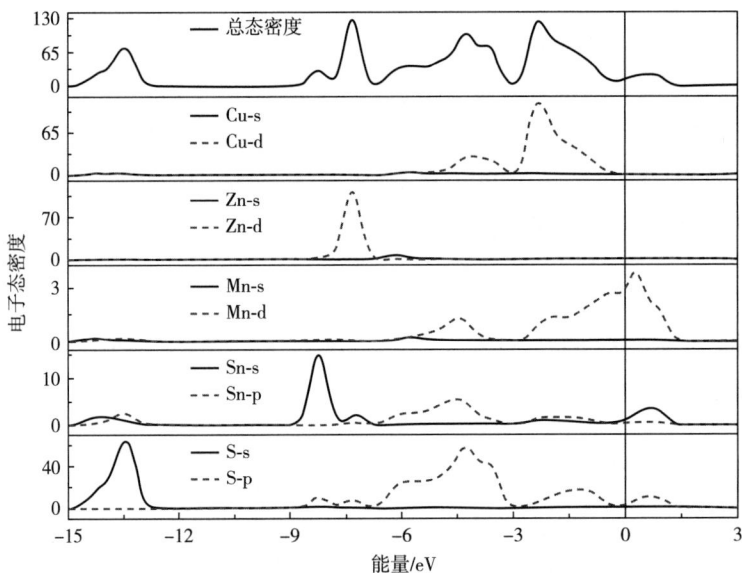

图 3-23　Mn 掺杂 Cu_2ZnSnS_4 后的态密度

（3）Mn 掺杂 Cu_2ZnSnS_4 布居分析。表 3-9 为与 Mn 原子相邻的 S 原子的布居分析，表 3-10 为与 Mn 原子相邻的 S 原子的键的布居分析。

表 3-9　与 Mn 原子相邻的 S 原子的布居分析

类别	s	p	d	f	总电荷	电荷/e
Mn1	0.38	0.50	6.05	0.00	6.93	0.07
S1	1.83	4.42	0.00	0.00	6.25	−0.25

类别	s	p	d	f	总电荷	电荷/e
S2	1.83	4.42	0.00	0.00	6.25	-0.25
S3	1.83	4.42	0.00	0.00	6.25	-0.25
S4	1.83	4.42	0.00	0.00	6.25	-0.25

表3-10　与 Mn 原子相邻的 S 原子的键的布居分析

键	布居数	键长/Å
Mn1—S1	0.61	2.19114
Mn1—S2	0.61	2.19131
Mn1—S3	0.61	2.19267
Mn1—S4	0.61	2.19099

从表 3-9 中可以看出，Mn 掺杂 Cu_2ZnSnS_4 取代 Zn 后，Mn 与 S 依旧形成共价键，Mn 失去 0.07e 电荷，S 均得到 0.25e 的电荷。Mn 掺入 Cu_2ZnSnS_4 后与没有掺杂前比较，Mn 失去的电荷量减少了 0.59e，S 得到的电荷量减少了 0.12e。从表 3-10 中可以看出，Mn 掺入 Cu_2ZnSnS_4 后形成键的布居数为 0.61，比未掺杂前增加了 0.13，可知 Mn 掺入后与成键的 S1 S2 S3 S4 之间的共价作用力增强。

（4）Mn 掺杂 Cu_2ZnSnS_4 复介电函数。图 3-24（a）表示未掺杂和 Mn 单掺杂 Cu_2ZnSnS_4 的复介电函数的实部，图 3-24（b）表示未掺杂和 Mn 单掺杂 Cu_2ZnSnS_4 的复介电函数的虚部。

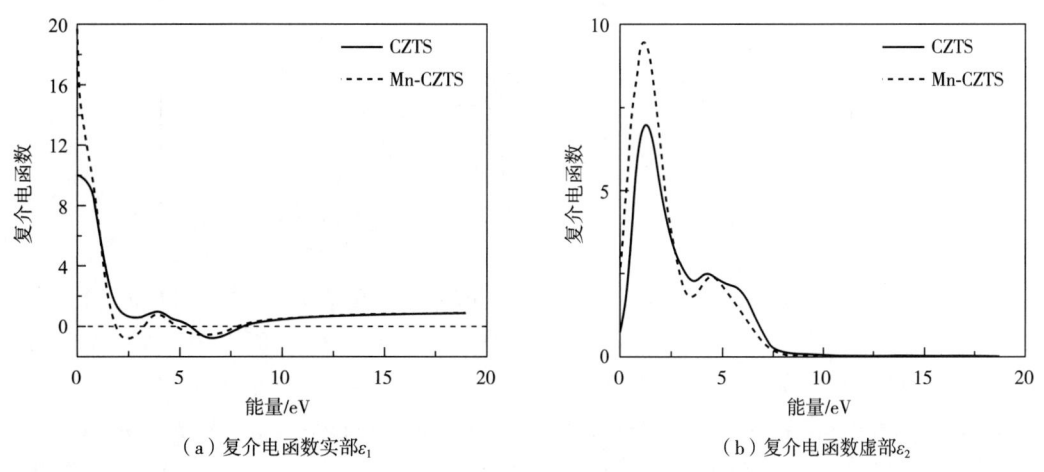

（a）复介电函数实部 ε_1　　　　　（b）复介电函数虚部 ε_2

图 3-24　未掺杂与 Mn 单掺杂 Cu_2ZnSnS_4 的复介电函数

从图 3-24（a）中可以看出，Mn 掺入后，Cu_2ZnSnS_4 的复介电函数实部 ε_1 的峰

值，从未掺杂前的 3.84eV 处的 0.98，减小为 3.94eV 处的 0.76。Mn 掺入后，使 Cu_2ZnSnS_4 复介电函数实部 ε_1，出现峰值所需要的能量增加，而峰值反而下移降低，实部的静态介电常数从 11.1 增加为 19.5。从图 3-24（b）中可以看出，Mn 掺入后，Cu_2ZnSnS_4 的复介电函数虚部 ε_2 的两个峰值，从未掺杂前 1.26eV 处的 6.99 和 4.30eV 处的 2.47，分别变为 1.15eV 处的 9.50 和 4.49eV 处的 2.42。表明 Mn 掺杂，使 Cu_2ZnSnS_4 复介电函数的虚部 ε_2 出现的第一个峰值所用能减小，峰值增加，而出现的第二个峰值所用能增加，峰值减小。总体而言，Mn 的掺杂使 Cu_2ZnSnS_4 材料复介电函数的静态介电常数增加。

（5）Mn 掺杂 Cu_2ZnSnS_4 的反射率。图 3-25 表示未掺杂和 Mn 单掺杂 Cu_2ZnSnS_4 的反射率。从图 3-25 中可以看出，Mn 掺杂使在能量为 0eV 处反射率增加，从原来的 0.29 增加为 0.40。在 0.19～10eV 范围内，两个单调递增区间由未掺杂前的 0.19～1.22eV、3.71～7.48eV 变为 0.19～1.66eV、3.75～7.31eV，单调递减区间由 1.22～3.71eV、7.48～10eV 变为 1.66～3.75eV、7.31～10eV。第一个峰上移，峰值从 1.22eV 处的 0.30 增加为 1.66eV 处的 0.36，第二个峰下移，峰值从 7.48eV 处的 0.53 减小为 7.31eV 处的 0.48。在 0.19～10eV 范围内，第二个峰值也为最大值，说明 Mn 的掺入使 Cu_2ZnSnS_4 材料的最大反射率减小，从而对光的吸收率增加，促进了光电转化。

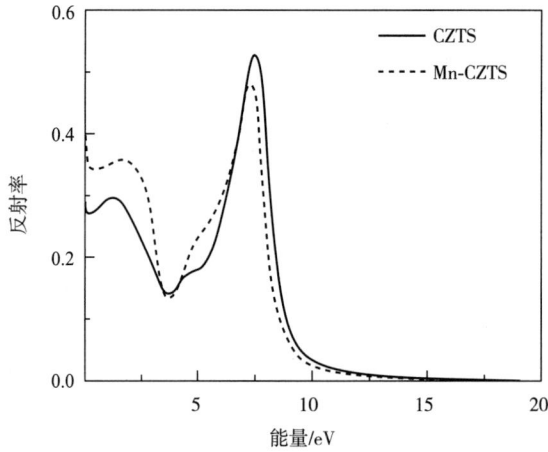

图 3-25　未掺杂与 Mn 单掺杂 Cu_2ZnSnS_4 的反射率

（6）Mn 掺杂 Cu_2ZnSnS_4 的吸收系数。如图 3-26 表示未掺杂和 Mn 单掺杂 Cu_2ZnSnS_4 的吸收系数。从图 3-26 中可以看出，在 0～20eV 范围内，Mn 掺入后，Cu_2ZnSnS_4 吸收系数峰值发生了变化。第一个峰值由 2.94eV 处的 $5.1 \times 10^4 cm^{-1}$ 变为 2.41eV 处的 $6.1 \times 10^4 cm^{-1}$，第二个峰值由 6.44eV 处的 $1.1 \times 10^5 cm^{-1}$ 变为 6.09eV 处的 $9.4 \times 10^4 cm^{-1}$，第三个峰值由 10.11eV 处的 $5.9 \times 10^3 cm^{-1}$ 变为 10.17eV 处的 $3.2 \times 10^3 cm^{-1}$，第四个峰值由 14.25eV 处的 $4.4 \times 10^3 cm^{-1}$ 变为 14.25eV 处的 $5.1 \times 10^3 cm^{-1}$。其中，第二个峰值也为吸收系数的最大值，最大吸收系数减小，表明 Mn 掺入使 Cu_2ZnSnS_4 材料的光吸收范围向红外光区移动。

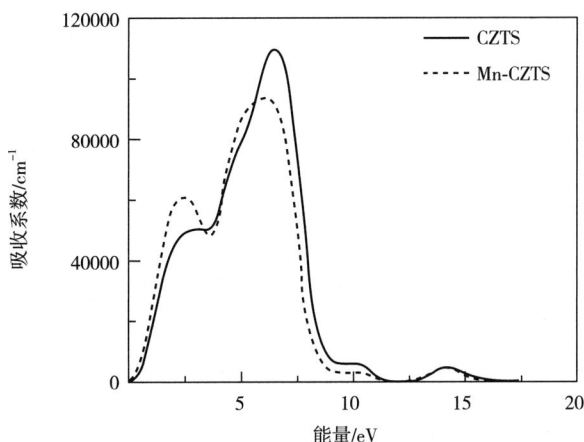

图 3-26　未掺杂与 Mn 单掺杂后 Cu_2ZnSnS_4 的吸收系数

（7）Mn 掺杂 Cu_2ZnSnS_4 的能量损失函数分析。图 3-27 表示未掺杂和 Mn 单掺杂 Cu_2ZnSnS_4 的能量损失函数。从图 3-27 中可以看出，Mn 的掺入，使 Cu_2ZnSnS_4 的能量损失函数曲线整体左移，即向低能方向移动。其中，第一个峰值由 3.42eV 处的 0.38，变为 3.39eV 处的 0.53，第二个峰值由 8.09eV 处的 7.42，变为 7.77eV 处的 7.60。同 Cu_2ZnSnS_4 未掺杂前相比，第二个峰值仍为最大值，但 Mn 的掺入，使得 Cu_2ZnSnS_4 的能量损失函数达到最大值所用的能量降低，并且能达到的最大值较未掺杂前有所增加。

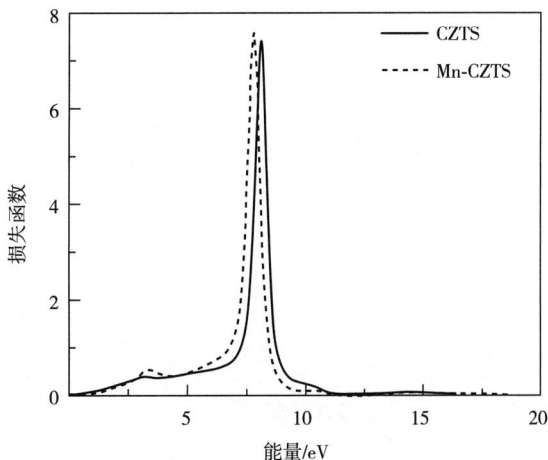

图 3-27　未掺杂与 Mn 单掺杂后 Cu_2ZnSnS_4 的能量损失函数

3.3.6　Co 单掺杂 Cu_2ZnSnS_4 性能的研究

3.3.6.1　计算模型建模

在 Cu_2ZnSnS_4（2×2×1）超胞模型上，利用 Co 原子取代 Zn 位（$x = 0.25001263$，

$y = 0.50000500$，$z = 0.74998448$）原子进行掺杂建模。通过 Co 掺杂取代 Zn 后，此时的 C_0 位为 $x = 0.24997737$，$y = 0.49998596$，$z = 0.75004339$。掺杂后进行模型优化，表 3-11 表示 Co 掺杂前后晶格常数的对比，可以看出 Co 掺杂后晶格常数有所变化。与掺杂前的晶格常数比较，晶格常数由 $a = b = 10.9412$Å，变为 $a = 10.9101$Å 和 $b = 10.9131$Å，$c = 10.9408$Å 变为 $c = 10.9336$Å，晶胞体积由 $V = 1309.71$Å^3 变为 $V = 1301.79$Å^3，使得此时的结构更加稳定。

表 3-11　Co 掺杂 Cu$_2$ZnSnS$_4$ 晶格常数

晶格常数	掺杂前	掺杂后
a/Å	10.9412	10.9101
b/Å	10.9412	10.9131
c/Å	10.9408	10.9336
晶胞体积/Å^3	1309.71	1301.79

3.3.6.2　计算结果与讨论

（1）Co 单掺杂 Cu$_2$ZnSnS$_4$ 能带结构。从图 3-28 中可以看出，Co 掺杂取代 Cu$_2$ZnSnS$_4$ 中的 Zn 位后，价带中的电子发生跃迁，价带中的部分电子跃迁跨过了 Cu$_2$ZnSnS$_4$ 的费米能级到了导带上，使价带最高点值和导带最低的值发生变化。Co 掺入后导致 Cu$_2$ZnSnS$_4$ 材料的价带上移和导带下移，价带上移后使费米能级横穿价带，价带最高点值从未掺杂前 0eV 增加为 0.07eV，导带最低点值从未掺杂前 0.16eV 减小为 0.12eV。价带最高点和导带最低点均在高对称点 G 上，因此 Co 的掺入并未影响 Cu$_2$ZnSnS$_4$ 的带隙类型，仍与 Cu$_2$ZnSnS$_4$ 的带隙类型一致属于直接带隙型半导体，带隙值为 0.05eV。带隙值与未掺杂前 Cu$_2$ZnSnS$_4$ 的带隙值 0.16eV 相比，降低了 0.11eV，

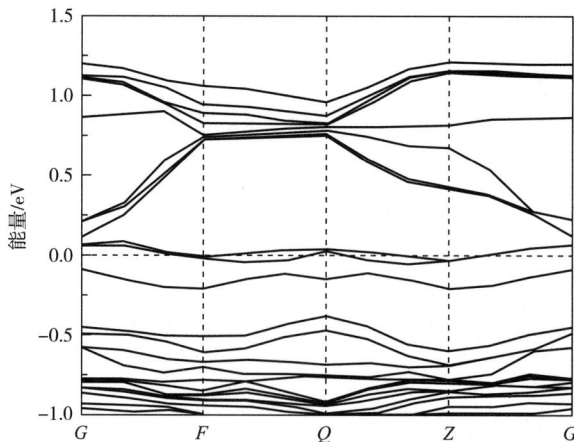

图 3-28　Co 掺杂 Cu$_2$ZnSnS$_4$ 的能带结构

所以 Co 的掺入有效降低了 Cu_2ZnSnS_4 的带隙值，使电子从价带上跃迁至导带上所需要的能量减小。

（2）Co 掺杂 Cu_2ZnSnS_4 态密度。图 3-29 表示 Co 掺入 Cu_2ZnSnS_4 后的态密度。从图 3-29 可以看出，在 -15~-13eV 的能量范围内，Cu_2ZnSnS_4 的电子态密度由 Sn 5s 5p 态电子、S 3s 态电子、Co 4s 态电子贡献。在 -8~-3eV 的能量范围内，Cu_2ZnSnS_4 的电子态密度由 Cu 3d 态电子、Zn 3d 4s 态电子、Co 3d 4s 态电子、Sn 5s 5p 态电子、S 3p 态电子贡献。在 -2~0eV 的能量范围内，Cu_2ZnSnS_4 的电子态密度由 Cu 3d 态电子、Co 3d 态电子、S 3p 态电子贡献。在 0~1eV 的能量范围内，Cu_2ZnSnS_4 的电子态密度由 Co 3d 态电子、Sn 5s 5p 态电子、S 3p 态电子贡献。通过 Co 的掺杂，可知 Co 对 Cu_2ZnSnS_4 的态密度有影响，与 Cu_2ZnSnS_4 未掺杂前的态密度相比，Co 的掺入，提高了 Cu_2ZnSnS_4 的导电性能。

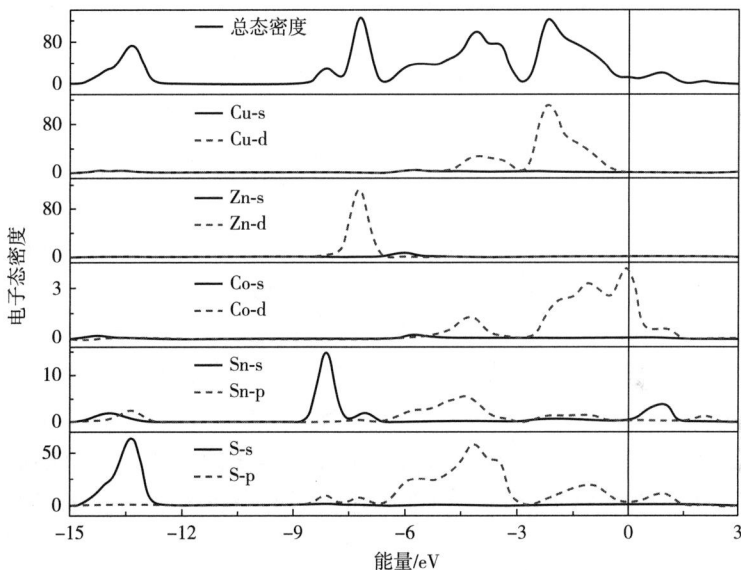

图 3-29　Co 单掺杂 Cu_2ZnSnS_4 后的态密度

（3）Co 掺杂 Cu_2ZnSnS_4 布居分析。表 3-12 为与 Co 原子相邻的 S 原子的布居分析，表 3-13 为与 Co 原子相邻的 S 原子的键的布居分析。

表 3-12　与 Co 原子相邻的 S 原子的布居分析

类别	s	p	d	f	总电荷	电荷/e
Co1	0.46	0.63	7.89	0.00	8.98	0.02
S1	1.84	4.44	0.00	0.00	6.28	-0.28
S2	1.84	4.44	0.00	0.00	6.28	-0.28
S3	1.84	4.44	0.00	0.00	6.28	-0.28
S4	1.84	4.44	0.00	0.00	6.28	-0.28

表 3-13　与 Co 原子相邻的 S 原子的键的布居分析

键	布居数	键长/Å
Co1-S1	0.56	2.19597
Co2-S2	0.56	2.19637
Co3-S3	0.56	2.19619
Co4-S4	0.56	2.19644

从表 3-12 中可以看出，Co 掺杂 Cu_2ZnSnS_4 取代 Zn 后，Co 与 S1、S2、S3、S4 形成共价键，Co 失去 0.02e 电荷，S1、S2、S3、S4 均得到 0.28e 电荷，与 Cu_2ZnSnS_4 掺杂前比较，Co 失去的电荷量减少了 0.64e，S 得到的电荷量减少了 0.09e。从表 3-13 中可以看出，Co 掺杂 Cu_2ZnSnS_4 的布居数为 0.56，比未掺杂前增加了 0.08，表明 Co 掺杂后 Co 与 S1、S2、S3、S4 之间相互吸引增强，即形成的共价键的共价作用增强。

（4）Co 掺杂 Cu_2ZnSnS_4 复介电函数。图 3-30（a）表示未掺杂和 Co 单掺杂 Cu_2ZnSnS_4 的复介电函数的实部，图 3-30（b）表示未掺杂和 Co 单掺杂 Cu_2ZnSnS_4 的复介电函数的虚部。从图 3-30（a）中可以看出，Co 掺入后，Cu_2ZnSnS_4 的复介电函数实部 ε_1 的峰值，从未掺杂前的 3.84eV 处的 0.98，减小为 4.00eV 处的 0.84。Co 掺入后，使 Cu_2ZnSnS_4 复介电函数实部 ε_1，出现峰值所需要的能量增加，而峰值反而下移降低，实部的静态介电常数从 11.1 增加为 15.5。从图 3-30（b）中可以看出，Co 掺入后，Cu_2ZnSnS_4 的复介电函数虚部 ε_2 的两个峰值，从未掺杂前 1.26eV 处的 6.99 和 4.30eV 处的 2.47，分别变为 1.26eV 处的 7.50 和 4.57eV 处的 2.14。表明 Co 的掺杂，使 Cu_2ZnSnS_4 复介电函数的虚部 ε_2 出现的第一个峰值所用能不变，峰值增加，而出现的第二个峰值所用能增加，峰值减小。综上所述，Co 的掺杂使 Cu_2ZnSnS_4 材料复介电函数的静态介电常数增加。

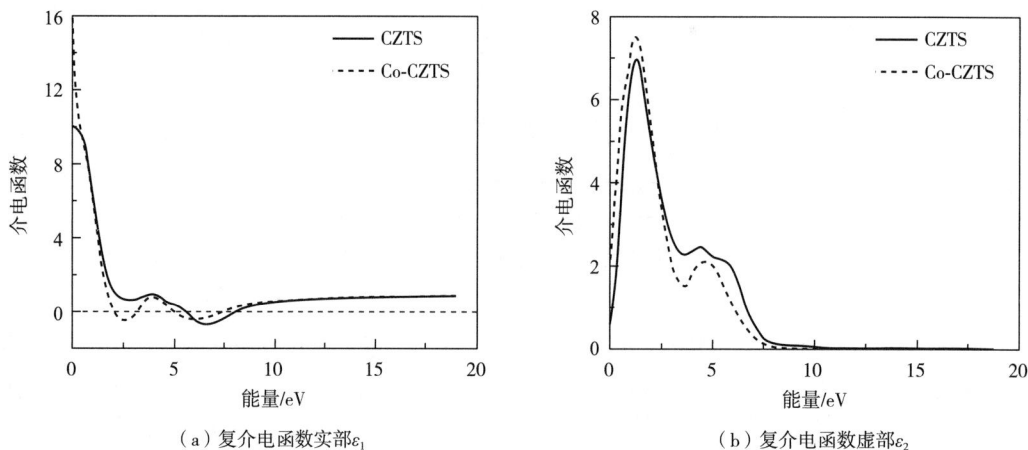

（a）复介电函数实部 ε_1　　　　　（b）复介电函数虚部 ε_2

图 3-30　未掺杂与 Co 单掺杂 Cu_2ZnSnS_4 的复介电函数

（5）Co 掺杂 Cu_2ZnSnS_4 反射率。图 3-31 表示未掺杂和 Co 单掺杂 Cu_2ZnSnS_4 的反射率。从图 3-31 中可以看出，Co 掺杂，使 Cu_2ZnSnS_4 在能量为 0eV 处的反射率增加，从原来的 0.29 增加为 0.36。选取 0.19~10eV 范围进行分析，与 Cu_2ZnSnS_4 未掺杂前的两个单调递增区间相比，递增区间由 0.19~1.22eV、3.71~7.48eV 两个区间，变为 0.19~1.72eV、3.79~7.03eV 两个区间。与 Cu_2ZnSnS_4 未掺杂前的两个单调递减区间相比，递减区间由 1.22~3.71eV、7.48~10eV 两个区间，变为 1.72~3.79eV、7.03~10eV 两个区间。第一个峰上移，峰值从 1.22eV 处的 0.30，增加为 1.72eV 处的 0.32，第二个峰下移，峰值从 7.48eV 处的 0.53，减小为 7.03eV 处的 0.39。在 0.19~10eV 范围内，第二个峰值为最大值，显然，Co 的掺入使 Cu_2ZnSnS_4 材料的最大反射率减小，对光的吸收率增加，从而提高光电转化率。

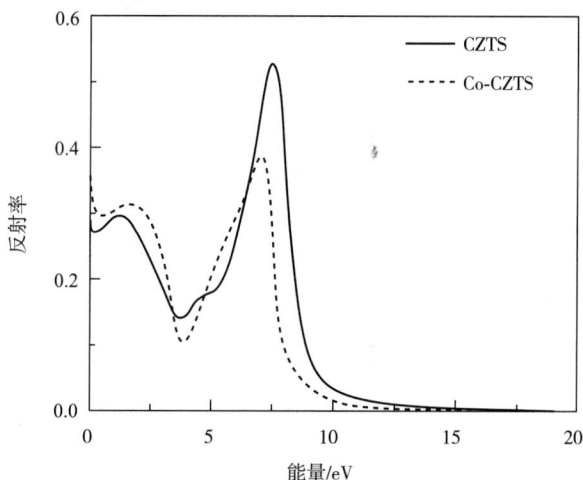

图 3-31　未掺杂与 Co 单掺杂 Cu_2ZnSnS_4 的反射率

（6）Co 掺杂后 Cu_2ZnSnS_4 吸收系数。如图 3-32 表示未掺杂和 Co 单掺杂 Cu_2ZnSnS_4 的吸收系数。从图 3-32 中可以看出，在 0~20eV 范围内，Co 掺入后，峰值的个数由未掺杂前的四个变为三个。其中第一个峰值由 2.94eV 处的 $5.1×10^4 cm^{-1}$，变为 2.56eV 处的 $5.0×10^4 cm^{-1}$，第二个峰值由 6.44eV 处的 $1.1×10^5 cm^{-1}$ 变为 5.60eV 处的 $8.7×10^4 cm^{-1}$，掺杂前第三个峰值为 10.11eV 处的 $5.9×10^3 cm^{-1}$，Co 掺杂后，第三个峰值出现消光现象，第四个峰值由 14.25eV 处的 $4.4×10^3 cm^{-1}$ 变为 14.25eV 处的 $5.0×10^3 cm^{-1}$。其中，第二个峰值也为吸收系数的最大值，此处吸收峰下移，即最大吸收系数减小。表明 Co 的单掺与 Mn 的单掺杂相似，会使 Cu_2ZnSnS_4 材料的光吸收范围向红外光区移动。

（7）Co 掺杂 Cu_2ZnSnS_4 能量损失函数。如图 3-33 表示未掺杂和 Co 单掺杂 Cu_2ZnSnS_4 的能量损失函数。从图 3-33 可以看出，Co 单掺杂，使能量损失函数曲线整体左移，即向低能方向移动。其中第一个峰值由 3.42eV 处的 0.38，变为 3.42eV 处的 0.62，在图中，Co 的掺入使第一个峰值比未掺杂前更明显，即 Cu_2ZnSnS_4 材料在此处

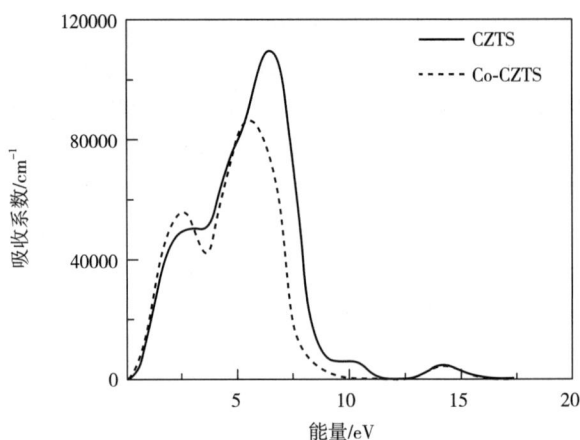

图 3-32　未掺杂与 Co 单掺杂 Cu_2ZnSnS_4 的吸收系数

的能量损失变化趋于平缓，变为 Cu_2ZnSnS_4 材料在此处的能量损失激增。第二个峰值由 8.09eV 处的 7.42，变为 7.37eV 处的 6.67，Co 掺入后，第二个峰值仍为最大值，并使能量损失函数达到最大值所用能降低，达到的最大值较未掺杂前有所降低，即 Co 的掺入让 Cu_2ZnSnS_4 材料在工作状态下使能量损失降低，提高能量利用率。

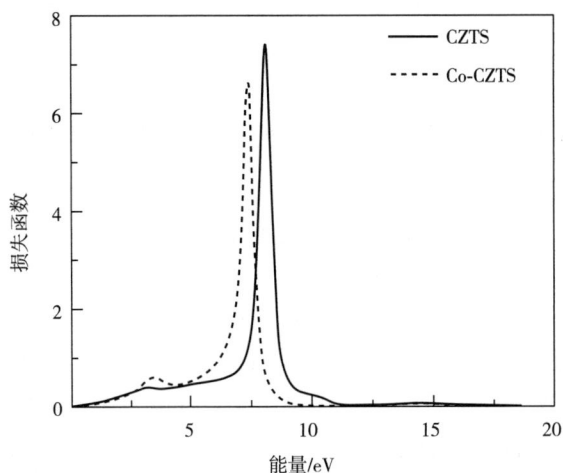

图 3-33　未掺杂与 Co 单掺杂后 Cu_2ZnSnS_4 的能量损失函数

3.3.7　Mn、Co 共掺杂 Cu_2ZnSnS_4 性能的研究

3.3.7.1　计算模型建模

Cu_2ZnSnS_4（$2 \times 2 \times 1$）超胞模型中，将 Mn 取代 Zn 位（$x = 0.25001263$，$y = 0.50000500$，$z = 0.74998448$），Co 取代 Zn 位（$x = 0.74998755$，$y = 0.49999496$，$z =$

0.74998424）进行共掺杂建模。通过 Mn 掺杂取代 Zn_1 位后此时的 Mn 位为 $x =$ 0.24997358，$y = 0.50007363$，$z = 0.74851372$，Co 掺杂取代 Zn_2 位后 Co 位为 $x =$ 0.75005116，$y = 0.50008137$，$z = 0.74860132$，然后进行掺杂后的模型优化。表3-14表示掺杂前后晶格常数的对比，可以看出 Mn、Co 共掺杂后晶格常数有所变化，与掺杂前的晶格常数比较，晶格常数由 $a = b = 10.9412$Å 变为 $a = 10.8708$Å 和 $b = 10.9131$Å，$c =$ 10.9408Å 变为 $c = 10.9358$Å。晶胞体积由 $V = 1309.71$Å^3 变为 $V = 1297.35$Å^3，使此时的结构更加稳定。

表3-14　Mn、Co 共掺杂前后晶格常数对

晶格常数	掺杂前	掺杂后
a/Å	10.9412	10.8708
b/Å	10.9412	10.9131
c/Å	10.9408	10.9358
晶胞体积/Å^3	1309.71	1297.35

3.3.7.2　计算结果与讨论

（1）Mn、Co 共掺杂 Cu_2ZnSnS_4 能带结构。Mn、Co 共掺杂 Cu_2ZnSnS_4，其中，Mn 取代 Zn_1 位、Co 取代 Zn_2 位。从图 3-34 中可以看出，与 Cu_2ZnSnS_4 未掺杂前的能带结构图相比较，价带中的电子发生了跃迁，但价带中的电子跃迁并未跨过 Cu_2ZnSnS_4 的费米能级到达导带上。Mn、Co 共掺杂，此时的价带最高点值为 0eV，导带最低点值为 0.07eV，带隙值为 0.07eV。与 Cu_2ZnSnS_4 未掺杂前比，价带不变，导带下移，都不在高对称点上，因此 Mn、Co 的共掺入改变了 Cu_2ZnSnS_4 的带隙类型。由于 Mn、Co 的共掺杂，使带隙值与 Cu_2ZnSnS_4 的带隙值相比降低了 0.09eV，Mn、Co 的掺入有效减小了 Cu_2ZnSnS_4 的带隙值，使电子从价带跃迁至导带所需要的能量减少。

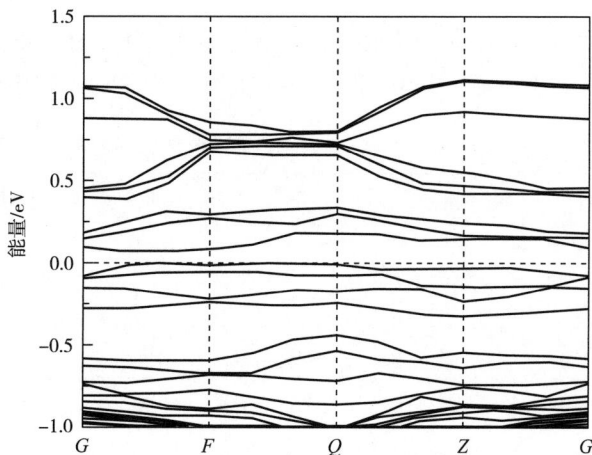

图 3-34　Mn、Co 共掺杂 Cu_2ZnSnS_4 的能带结构

（2）Mn、Co 共掺杂 Cu_2ZnSnS_4 态密度。图 3-35 表示 Mn、Co 共掺杂 Cu_2ZnSnS_4 的态密度。从图 3-35 中可以看出，在 $-15 \sim -13eV$ 的能量范围内，Cu_2ZnSnS_4 的电子态密由 Zn 4s 态电子、Sn 5s 5p 态电子、S 3s 态电子、Mn 4s 态电子贡献。在 $-8 \sim -3eV$ 的能量范围内，Cu_2ZnSnS_4 的电子态密度由 Cu 3d 态电子、Zn 4s 态电子、Mn 3d 态电子、Co 3d 4s 态电子、Sn 5s 5p 态电子、S 3p 态电子贡献。在 $-2 \sim 0eV$ 的能量范围内，Cu_2ZnSnS_4 的电子态密度由 Cu 3d 态电子、Zn 4s 态电子、Mn 3d 态电子、Co 3d 态电子、S 3p 态电子贡献。在 $0 \sim 1eV$ 能量范围内，Cu_2ZnSnS_4 的电子态密度由 Co 3d 态电子、Sn 5s 5p 态电子、S 3p 态电子贡献。Mn、Co 的共掺杂对 Cu_2ZnSnS_4 的态密度有影响，通过与 Cu_2ZnSnS_4 态密度相比，Mn、Co 的掺入，提高了 Cu_2ZnSnS_4 的导电性能。

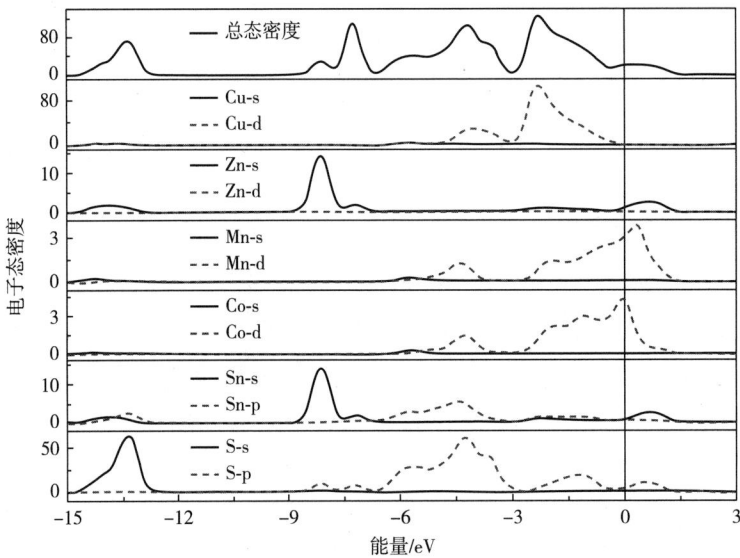

图 3-35　Mn、 Co 共掺杂 Cu_2ZnSnS_4 的态密度

（3）Mn、Co 共掺杂 Cu_2ZnSnS_4 布居分析。表 3-15 为与 Mn 原子、Co 原子相邻的 S 原子的布居分析，表 3-16 为与 Mn 原子、Co 原子相邻的 S 原子的键的布居分析。

表 3-15　与 Mn 原子、 Co 原子相邻的 S 原子的布居分析

类别	s	p	d	f	总电荷	电荷/e
Mn1	0.38	0.50	6.03	0.00	6.91	0.09
S1	1.83	4.42	0.00	0.00	6.25	−0.25
S2	1.83	4.42	0.00	0.00	6.25	−0.25
S3	1.83	4.42	0.00	0.00	6.25	−0.25
S4	1.83	4.42	0.00	0.00	6.25	−0.25

类别	s	p	d	f	总电荷	电荷/e
Co1	0.45	0.63	7.90	0.00	8.99	0.01
S5	1.83	4.44	0.00	0.00	6.27	-0.27
S6	1.84	4.45	0.00	0.00	6.28	-0.28
S7	1.84	4.45	0.00	0.00	6.28	-0.28
S8	1.83	4.44	0.00	0.00	6.27	-0.27

从表 3-15 中可以看出，Mn、Co 掺杂取代 Zn 位后，Mn 与 S1、S2、S3、S4 形成共价键，Co 与 S5、S6、S7、S8 形成共价键。Mn 取代 Zn_1 位后，Mn 失去 0.09e 电荷，S 均得到 0.25e 电荷，而 Co 取代 Zn_2 位后，Co 失去 0.01e 电荷，其中 S5、S8 得到 0.28e 电荷，S6、S7 得到 0.27e 电荷。与 Cu_2ZnSnS_4 没有掺杂前比较，Mn 失去的电荷量减少了 0.57e，S 得到的电荷量减少了 0.12e；与 $Cu_2ZnSnS4$ 没有掺杂前比较，Co 失去的电荷量减少了 0.65e，S5、S8 得到的电荷量减少了 0.09e，S6、S7 得到的电荷量减少了 0.10e。

表 3-16 与 Mn 原子、 Co 原子相邻的 S 原子的键的布居分析

键	布居数	键长/Å
Mn1-S1	0.62	2.18765
Mn1-S2	0.60	2.19717
Mn1-S3	0.60	2.19825
Mn1-S4	0.62	2.18769
Co1-S5	0.56	2.17923
Co1-S6	0.55	2.19896
Co1-S7	0.55	2.19835
Co1-S8	0.56	2.17961

从表 3-16 中可以看出，Mn1-S1、Mn1-S4 为 0.62，比未掺杂前增加了 0.14，Mn1-S1、Mn1-S2 之间的共价作用增强较多；Mn1-S3、Mn1-S2 为 0.60，比未掺杂前增加了 0.12，Mn1-S3、Mn1-S4 之间的共价作用增强较少。Co1-S5、Co1-S8 为 0.56，比未掺杂前增加了 0.08；Co1-S6、Co1-S7 为 0.55，比未掺杂前增加了 0.07，说明 Co1 取代 Zn2 位后与 S 成键之间的共价作用力很弱。

（4）Mn、Co 共掺杂 Cu_2ZnSnS_4 复介电函数。图 3-36（a）表示未掺杂和 Mn、Co 共掺杂 Cu_2ZnSnS_4 的复介电函数的实部，图 3-36（b）表示未掺杂和 Mn、Co 共掺杂 Cu_2ZnSnS_4 的复介电函数的虚部。

（a）复介电函数实部ε₁

（b）复介电函数虚部ε₂

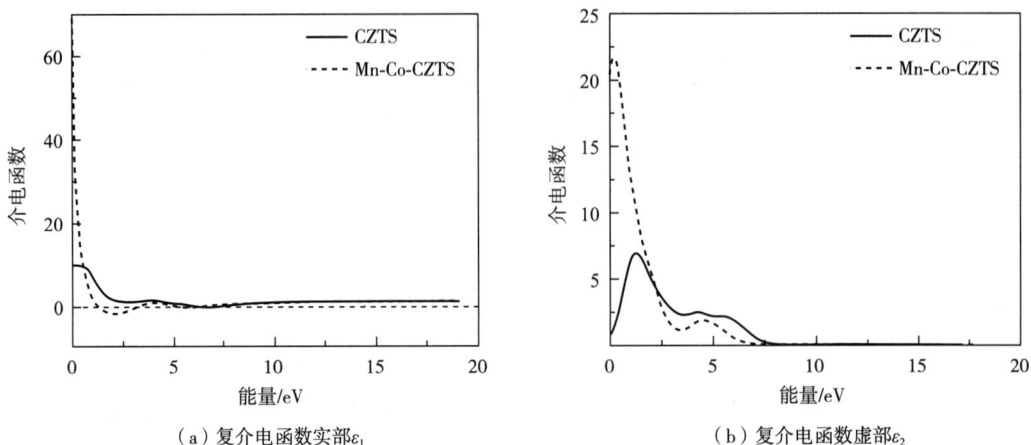

图 3-36　未掺杂与 Mn、 Co 共掺杂 Cu_2ZnSnS_4 的复介电函数

从图 3-36（a）中可以看出，Mn、Co 掺入后，Cu_2ZnSnS_4 的复介电函数实部 ε_1 的峰值，从未掺杂前的 3.84eV 处的 0.98，减小为 4.05eV 处的 0.45。Mn、Co 掺入后，使 Cu_2ZnSnS_4 复介电函数实部 ε_1，出现峰值所需要的能量增加，而峰值反而下移降低，实部的静态介电常数从 11.1 增加为 67.59。从图 3-36（b）中可以看出，Mn、Co 掺入后，Cu_2ZnSnS_4 的复介电函数虚部 ε_2 的两个峰值，从未掺杂前 1.26eV 处的 6.99 和 4.30eV 处的 2.47，分别变为 0.21eV 处的 21.73 和 4.54eV 处的 1.87。表明 Mn、Co 共掺杂，使 Cu_2ZnSnS_4 复介电函数的虚部 ε_2 出现的第一个峰值所用能不变，峰值增加，而出现的第二个峰值所用能增加，峰值减小。综上所述，Mn、Co 的共掺杂使 Cu_2ZnSnS_4 材料复介电函数的静态介电常数增加。

（5）Mn、Co 掺杂 Cu_2ZnSnS_4 反射率。图 3-37 表示未掺杂与 Mn、Co 共掺杂 Cu_2ZnSnS_4 的反射率。从图 3-37 中可以看出，Mn、Co 共掺杂使 Cu_2ZnSnS_4 在 0ev 处的

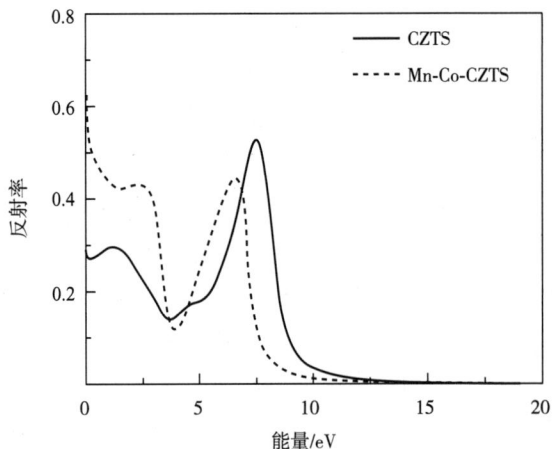

图 3-37　未掺杂与 Mn、 Co 共掺杂 Cu_2ZnSnS_4 的反射率

反射率增加，从原来的 0.29 增加为 0.62。在 0.19~10eV 范围内，与 Cu_2ZnSnS_4 未掺杂前的两个单调递增区间相比，递增区间由 0.19~1.22eV、3.71~7.48eV 两个区间，变为 1.52~2.30eV、3.88~6.58eV 两个区间，与 Cu_2ZnSnS_4 未掺杂前的两个单调递减区间相比，递减区间由 1.22~3.71eV、7.48~10eV 两个区间，变为 2.30~3.88eV、6.58~10eV 两个区间。第一个峰上移，峰值从 1.22eV 处的 0.30，增加为 2.30eV 处的 0.43，第二个峰下移，峰值从 7.48eV 处的 0.53，减小为 6.58eV 处的 0.45。在 0.19~10eV 范围内，第二个峰值为最大值，显然，Mn、Co 的共掺入使 Cu_2ZnSnS_4 材料的最大反射率减小。

（6）Mn、Co 共掺杂 Cu_2ZnSnS_4 吸收系数。如图 3-38 表示未掺杂和 Mn、Co 共掺杂 Cu_2ZnSnS_4 的吸收系数。从图 3-38 中可以看出，在 0~20eV 范围内，Mn、Co 掺入后，峰值的个数由未掺杂前的四个变为三个，由 2.94eV 处的 $5.1×10^4cm^{-1}$、6.44eV 处的 $1.1×10^5cm^{-1}$、10.11eV 处的 $5.9×10^3cm^{-1}$、14.25eV 处的 $4.4×10^3cm^{-1}$，变为 2.39eV 处的 $6.7×10^4cm^{-1}$、5.32eV 处的 $8.4×10^4cm^{-1}$、14.25eV 处的 $4.4×10^3cm^{-1}$。其中，Mn、Co 掺入后，第三个峰值出现消光现象，第二个峰值为吸收系数的最大值，此处吸收峰下移，即最大吸收系数减小，表明 Mn、Co 共掺会使 Cu_2ZnSnS_4 材料的光吸收范围向红外光区移动。

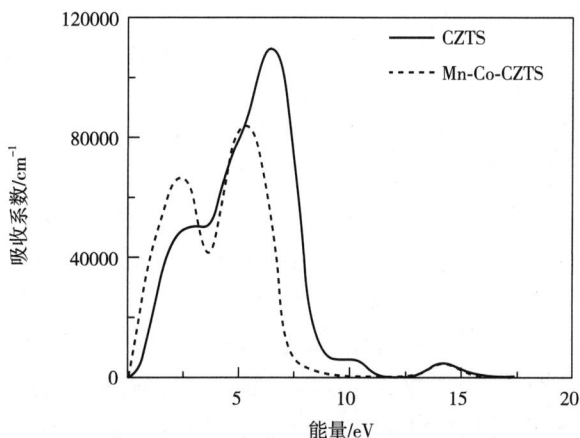

图 3-38　未掺杂与 Mn、 Co 共掺杂后 Cu_2ZnSnS_4 的吸收系数

（7）Mn、Co 共掺杂 Cu_2ZnSnS_4 能量损失函数。如图 3-39 表示未掺杂与 Mn、Co 共掺杂 Cu_2ZnSnS_4 的能量损失函数。从图 3-39 中可以看出，Mn、Co 共掺杂，使能量损失函数曲线整体左移，即向低能方向移动。其中第一个峰值由 3.42eV 处的 0.38，变为 3.51eV 处的 0.87，从图中看来，Mn、Co 的掺入，使第一个峰值比未掺杂前更明显，即 Cu_2ZnSnS_4 材料在此处的能量损失由变化趋于平缓，变为 Cu_2ZnSnS_4 材料在此处的能量损失加剧。第二个峰值由 8.09eV 处的 7.42，变为 6.96eV 处的 8.47。Mn、Co 共掺入后，第二个峰值仍为最大值，并使能量损失函数达到最大值所用能降低，达到的最大值较未掺杂前有所增加。

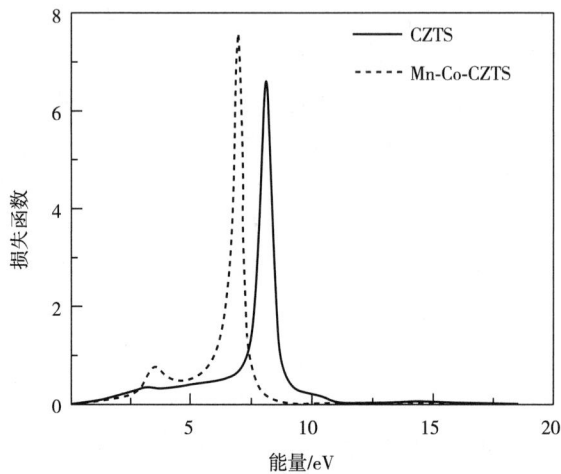

图 3-39　未掺杂与 Mn、 Co 共掺杂 Cu_2ZnSnS_4 的能量损失函数

3.3.8　小结

采用基于密度泛函数理论的第一性原理，研究 Mn 单掺杂、Co 单掺杂和 Mn、Co 共掺杂对 Cu_2ZnSnS_4 材料性能的影响，即计算和分析掺杂后，Cu_2ZnSnS_4 的能带结构、电子态密度、原子和键的布居以及光学性能的变化。Mn、Co 单掺杂和 Mn、Co 共掺杂 Cu_2ZnSnS_4，使其带隙值由 0.16eV，分别变为了 0.09eV、0.05eV、0.07eV。Co 掺入 Cu_2ZnSnS_4 未改变带隙类型，仍保持直接带隙型半导体，而 Mn 单掺杂和 Mn、Co 共掺杂均改变了 Cu_2ZnSnS_4 的带隙类型。Mn、Co 单掺杂和 Mn、Co 共掺杂 Cu_2ZnSnS_4 后，Mn 3d 态电子和 Co 3d 4s 态电子对 Cu_2ZnSnS_4 的电子态密度贡献很大。Mn、Co 单掺入 Cu_2ZnSnS_4 后，Cu_2ZnSnS_4 的布居数由 0.48 变为 0.61 和 0.56，Mn、Co 共掺杂 Cu_2ZnSnS_4 后，Mn 与 S1、S4 成键的布居数变为 0.62，而与 S2、S3 成键的布居数变为 0.60，Co 与 S5、S8 成键的布居数变为 0.56，而与 S6、S7 成键的布居数变为 0.55。Mn 单掺杂后，Cu_2ZnSnS_4 的静态介电常由 11.1 变为 19.5，Co 单掺杂后，Cu_2ZnSnS_4 的静态介电常由 11.1 变为 15.5，Mn、Co 共掺杂后，Cu_2ZnSnS_4 的静态介电常数由 11.1 变为 67.59。Mn、Co 单掺杂和共掺杂后，Cu_2ZnSnS_4 的最大反射率从 0.53 变为 0.48、0.39 和 0.45。由于 Mn、Co 的单掺杂和共掺杂，使 Cu_2ZnSnS_4 的最大吸收系数从 $1.1 \times 10^5 cm^{-1}$ 分别减小为 $9.4 \times 10^4 cm^{-1}$、$8.7 \times 10^4 cm^{-1}$ 和 $8.4 \times 10^4 cm^{-1}$。Mn、Co 的掺杂，使 Cu_2ZnSnS_4 的能量损失函数曲线总体左移，能量损失函数的最大值由 7.42 分别变为了 7.60、6.67、8.47。

参考文献

［1］ 余纳，李秋莲，胡兴欢，等．不同旋涂方式对铜锌锡硫硒薄膜及相应器件性能的影响［J］．硅酸盐通报，2023，42（1）：302-309.

［2］ MA R M, RABEH M B, KANZARI M. Effect of Na doping on structural and optical properties in Cu_2ZnSnS_4 thin films synthesized by thermal evaporation method［J］. Thin Solid Films, 2019（672）：41-46.

［3］ WANG S J, HUANG L, YE Z, et al. Fabrication of high-efficiency Cu_2（Zn, Cd）SnS_4 solar cells by a rubidium fluoride assisted co-evaporation/ annealing method［J］. Journal of Materials Chemistry A, 2021, 9（45）：25522-25530.

［4］ HWANGD K, KOB S, JEOND H, et al. Single-stepsulfo-selenization method for achieving low open circuit voltage deficit with band gap front graded Cu_2ZnSn（S, Se）$_4$ thin films［J］. Solar Energy Materials and Solar Cells, 2017（161）：162-169.

［5］ PEKSU E, KARAAGAC H. Characterization of Cu_2ZnSn_4 thin films deposited by one-step thermal evaporation for a third generation solar cell［J］. Journal of Alloys and Compounds, 2021（862）：158503.

［6］ 虎学梅，乔俊强．水热法制备铜锌锡硫纳米材料及其光催化性能［J］．硅酸盐学报，2022，50（7）：1936-1944.

［7］ 王近，袁妍妍，王久和，等．溶胶-凝胶法工艺参数对铜锌锡硫薄膜质量及性能影响研究［J］．功能材料，2022，53（3）：3092-3099，3123.

［8］ 郭新华．溶胶-凝胶法制备铜锌锡硫族薄膜及其光学性能研究［D］．哈尔滨工业大学，2018.

［9］ 任青山，王文忠．不同比表面积铜锌锡硫纳米结构的合成及其光催化性能研究［J］．中国科学：技术科学，2014，44（5）：537-542.

［10］ 夏冬林，郭锦华，李云峰．金属前驱体摩尔比对CZTS纳米晶微结构的影响［J］．人工晶体学报，2018，47（12）：2441-2445.

［11］ 崔国楠，杨艳春，李月敏，等．溶液法制备铜锌锡硫硒薄膜太阳能电池的研究进展［J］．硅酸盐学报，2021，49（3）：483-494.

［12］ 郭林宝，石将建，于晴，等．铜锌锡硫硒太阳电池水性前驱体溶液中的配位调控［J］．科学通报，2020，65（9）：738-746.

［13］ 李新毓，张道永，李祥，等．磁控溅射制备Cu_2ZnSnS_4薄膜太阳电池［J］．硅酸盐学报，2022，50（5）：1257-1262.

［14］ 李桐，张林睿，杨炎翰，等．铜锌锡硫薄膜太阳能电池吸收层的银掺杂［J］．材料工程，2018，46（12）：95-100.

［15］ 赵其琛，郝瑞亭，刘思佳，等．单靶溅射制备铜锌锡硫薄膜及原位退火研究

［J］. 物理学报, 2017, 66 (22): 283-289.

［16］米亚金, 杨艳春, 王晓宁, 等. 部分阳离子取代优化铜锌锡硫硒薄膜太阳能电池性能研究进展［J］. 发光学报, 2022, 43 (2): 255-267.

［17］WANG D X, WU J Y, LIU X Y, et al. Formation of the front-gradient bandgap in the Ag doped CZTSe thin films and solar cells［J］. Journal of Energy Chemistry, 2019 (35): 188-196.

［18］YAN Q, CHENG S Y, YU X, et al. Mechanism of current shunting in flexible $Cu_2Zn_{1-x}Cd_xSn$ (S, Se)$_4$ solar cells［J］. Solar RRL, 2020, 4 (1): 1900410440.

［19］QI Y F, LIU Y, KOU D X, et al. Enhancing grain growth for efficient solution-processed (Cu, Ag) ZnSn (S, Se)$_4$ solar cells based on acetate precursor［J］. ACS Applied Materials and Interfaces, 2020, 12 (12): 1421344223.

［20］YU X, CHENG S Y, YAN Q, et al. Efficient $(Cu_{1x}Ag_x)_2ZnSn$ (S, Se)$_4$ solar cells on flexible Mo foils［J］. RSC Advanced, 2018, 8 (49): 27686-27694.

［21］ZHAO Y, HAN X X, XU B, et al. Enhancing open-circuit voltage of solution-processed Cu_2ZnSn (S, Se)$_4$ solar cells with Ag substitution［J］. IEEE Journal of Photovoltaics, 2017, 7 (3): 874-881.

［22］季善银, 王威, 彭兆泉, 等. Bi 掺杂对溶胶-凝胶法制备 Cu_2ZnSnS_4 薄膜性能影响的研究［J］. 电子器件, 2023, 46 (1): 255-260.

［23］SEN G A K, FARHAD S F U, HABIB M, et al. Characterizations of extrinsically doped CZTS thin films for solar cell absorbers fabricated by sol-gel spin coating method［J］. Applied Surface Science Advances, 2023 (13): 100352.

［24］MUSKA K, TIMMO K, PILVET M, et al. Impact of Li and K co-doping on the optoelectronic properties of CZTS monograin powder［J］. Solar Energy Materials and Solar Cells, 2023 (252): 112182.

［25］陈文静, 黄勇, 王威, 等. Na-Bi 共掺对 Cu_2ZnSnS_4 薄膜性能的影响［J］. 半导体技术, 2022, 47 (2): 105-110, 116.

［26］CHRISTOPOULOS S G, PAPADOPOULOU K A, KONIOS A, et al. DIMS: A tool for setting up defects and impurities CASTEP calculations［J］. Computational Materials Science, 2022 (202): 110976.

［27］周忠源. 双原子分子激发态势能的自旋相关局域 Hartree-Fock 密度泛函理论方法［J］. 原子与分子物理学报, 2020, 37 (6): 845-857.

［28］张俊峰, 孙再征, 蔡根旺, 等. AlN 光电性质的密度泛函两种计算方法的比较［J］. 功能材料与器件学报, 2021, 27 (6): 549-555.

［29］王永县, 朱涛, 李飞. 基于相似关系的广义近似推理方法［J］. 清华大学学报 (自然科学版), 2002 (10): 1285-1288, 1308.

［30］甘国友, 邹屏翰, 沈韬, 等. 阳离子部分取代 Cu_2ZnSnS_4 的研究进展［J］. 材料导报, 2017, 31 (15): 10-17.

随着人们对石油、天然气等能源需求的日益增加，不可再生资源急剧减少，太阳能的利用越来越受到人们的重视。[1-4] 在开发太阳能中，Cu$_2$ZnSnS$_4$（CZTS）半导体材料越来越受到人们的关注。Cu$_2$ZnSnS$_4$ 的元素都是由含量丰富、无毒的元素组成，其光学带隙约为 1.45eV，光吸收系数约为 10^{4}cm^{-1}，非常适合用作太阳能电池[5]，极具发展潜力。目前，制备 CZTS 的方法有很多，如磁控溅射法、蒸发法、电子束沉积法、溶胶-凝胶法（sol-gel）等，其制备出来的薄膜太阳能电池稳定转换效率已达 8.4%[6]，甚至有课题组报道了 CZTS 薄膜的转换效率已达到 12.6%[7]。但磁控溅射法和蒸发法制备 CZTS 薄膜成本较高难以大规模生产。溶胶-凝胶法（sol-gel）具有制作成本低、反应组分可控，设备简单，适合产业化生产，得到了众多研究者的广泛重视。Cu$_2$ZnSnS$_4$ 电池效率容易受到吸收层中高的阳离子无序度和器件的低开路电压的限制。为此，人们提出"阳离子掺杂措施"，即：通过引入其他阳离子，减少本身的阳离子无序度，从而提高电池器件的光电转换效率。[8-10] 影响 CZTS 薄膜材料转换效率的因素还有很多，陈时友等[11] 从理论上研究了化学势和缺陷对材料的影响机理，夏冬林等[12] 研究了 Cu：（Zn+Sn）金属元素比例对 CZTS 薄膜材料的影响，发现贫铜富锌的 CZTS 薄膜有利于提高材料的性能和电池转换效率。[13-18]

此外采用低成本、反应可控的溶胶-凝胶法来制备 CZTS 薄膜。通过固定其 Zn：Se：S=1：1：4，改变其 Cu 的组分比例，制备 Cu$_2$ZnSnS$_4$ 薄膜，用金相显微镜、扫描电镜（SEM）对其表面形貌进行分析，利用霍尔效应测试系统以及紫外-可见分光谱仪对其光电性能进行表征，研究 Cu 含量对其各项性能的影响。①通过使用金相显微镜、扫描电镜对其表面形貌进行分析发现，随着 Cu 的组分比例在 CZTS 薄膜材料中增加，薄膜的结晶质量变差，表面团簇增多。②用紫外-可见分光光度计对其光吸收率以及透射比进行测试发现，随着 Cu 的组分比例的增加，其对光的吸收程度逐渐减小，透射程度逐渐增大。③使用霍尔效应测试系统对 CZTS 薄膜材料的电学性能进行表征发现，随着薄膜中 Cu 含量的增大，载流子浓度从 2.61×10^{17} 个/cm^3 逐渐增大，迁移率3581.6cm^2/（V·s）逐渐减小然后趋于平缓，电阻率从 0.007Ω·cm，开始先增大后减小，霍尔电压从 11.8mV 逐渐降低。通过实验分析可以得出，适量地减少 Cu 的组分比例可以显著地提高 Cu$_2$ZnSnS$_4$ 薄膜的电学性能。

3.4.1　不同 Cu 组分 Cu$_2$ZnSnS$_4$ 薄膜材料制备

3.4.1.1　实验试剂

以一水乙酸铜、二水乙酸锌、氯化亚锡和硫脲为溶质，乙二醇甲醚为溶剂，乙醇胺做稳定剂配置 Cu$_2$ZnSnS$_4$ 前驱体薄膜，实验试剂如表3-17所示。

表 3-17　实验试剂

试剂	化学式	分子量	纯度
一水乙酸铜	$Cu(CH_3COO)_2 \cdot H_2O$	199.65	AR
二水乙酸锌	$Zn(CH_3COO)_2 \cdot 2H_2O$	219.50	AR
二水氯化亚锡	$SnCl_2 \cdot 2H_2O$	225.65	AR
硫脲	$(NH_2)_2CS$	76.12	AR
乙醇胺	C_2H_7NO	61.08	AR
乙二醇甲醚	$C_3H_8O_2$	76.10	AR

3.4.1.2　实验设备

制备不同组分的 Cu_2ZnSnS_4 薄膜材料所需要用到的实验仪器设备如表 3-18 所示。

表 3-18　实仪器设备

设备	型号	厂家
高功率数控超声波清洗器	KQ-800KED 型	昆山市超声仪器有限公司
磁力搅拌水浴锅	SHJ-1 型	匡贝实业（上海）有限公司
真空吸力匀胶机	KW-4A	中国科学院微电子研究所
高温电炉	HDX-8-13	洛阳宏达炉业有限公司
电子天平	ESJ182-4	沈阳龙腾电子有限公司

3.4.1.3　Cu_2ZnSnS_4 前驱体溶液的配制

CZTS 薄膜根据化学式 Cu、Zn、Sn、S 四种元素摩尔比为 $2:1:1:4$，但经过调研发现贫铜富锌 $[Cu/(Zn+Sn)≈0.9]$ 的前驱体薄膜制备条件能得到比较高的转换效率。基于贫铜富锌原则，我们以配制 30mL 浓度为 0.1mol/L 的 Cu_2ZnSnS_4（CZTS）前驱体溶液为例，设计 3 组实验得出实验结论并进行分析对比，找出相对最佳比例区间。具体配制组分设计比例如表 3-19 所示。

表 3-19　前驱体溶液配制组分设计比例

组别	比例	一水乙酸铜/g	二水乙酸锌/g	二水氯化亚锡/g	硫脲/g
1	1.8:1:1:4	1.07811	0.6585	0.6770	0.9134
2	1.9:1:1:4	1.1380	0.6585	0.6770	0.9134
3	2:1:1:4	1.1979	0.6585	0.6770	0.9134
4	2.1:1:1:4	1.2578	0.6585	0.6770	0.9134

（1）使用电子天平将药品按照表 3-19 进行称量，然后将其倒入装有 30mL 乙二醇甲醚的细口瓶中。并贴上标签 1、2、3、4。

（2）调节磁力搅拌水浴锅的温度为 50℃，将洗净的磁力子放入配制好的溶液中，将细口瓶放入磁力搅拌水浴锅中，加热并搅拌 20min 后滴加两滴乙醇胺，继续搅拌 2h 得到淡黄色偏黑的溶液。制备流程如图 3-40 所示。

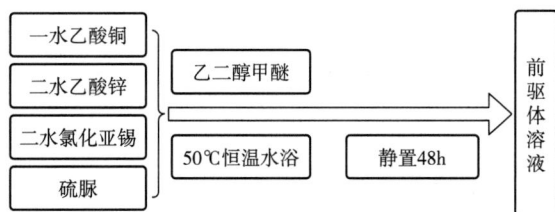

图 3-40　Cu_2ZnSnS_4 前驱体溶液的配制

（3）将配制好的前驱体溶液放到避光室温环境下静置 48h 之后，得到淡黄色前驱体溶液，如图 3-41 所示。

图 3-41　Cu_2ZnSnS_4 前驱体溶液（见文后彩图 2）

3.4.1.4　Cu_2ZnSnS_4 前驱体溶液的旋涂

第一步：使用高功率数控超声波清洗器将切好的玻璃片按顺序用无水乙醇、丙酮分别超声清洗 15min 得到洗净的玻璃片，将玻璃片放入干燥箱中烘干。

第二步：调节真空吸力匀胶机低转速为 700r/min，高转速为 1700r/min，滴胶时间为 6s，匀胶时间为 15s，将洗干净的玻璃片放在吸孔上，打开真空吸力匀胶机吸片开关将起吸住。打开启动开关，在低转速下用胶头滴管将前面得到的前驱体溶胶对准吸孔中心均匀滴 5~8 滴。

第三步：待旋转停下关闭真空吸力开关，取出玻璃片放入 60℃ 的烘烤箱中烘烤。烘烤 5min 后取出玻璃片。

重复上面第二、第三步，如此镀膜 8~10 次。具体制备工艺如图 3-42 所示。

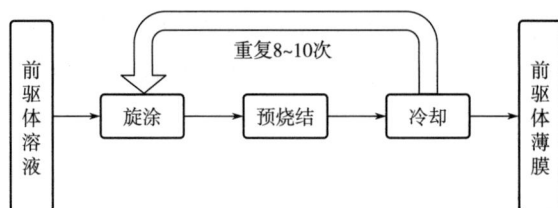

图 3-42　Cu_2ZnSnS_4 前驱体薄膜旋涂流程

3.4.1.5　Cu_2ZnSnS_4 **薄膜退火处理**

将旋涂好的 Cu_2ZnSnS_4 前驱体薄膜材料放入方舟中，放进高温电炉中。退火工艺为 0.5h 内从室温升到 250℃，在 250℃ 情况下保温 0.5h。再用 0.5h 升温到 500℃，用 500℃ 保温 2h，关闭淬火炉。待其随炉冷却至常温后打开淬火炉取出，得到 Cu_2ZnSnS_4 前驱体薄膜。具体退火工艺如图 3-43 所示。

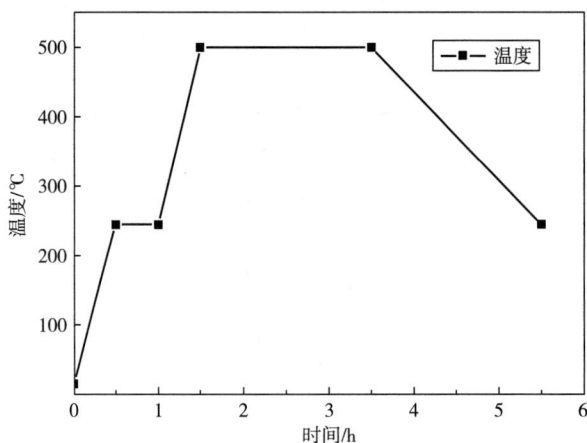

图 3-43　Cu_2ZnSnS_4 薄膜退火工艺

3.4.2　不同 Cu 组分 Cu_2ZnSnS_4 表面形貌分析

用金相显微镜调节放大倍数至 400 倍观察制备好的不同组分的 CZTS 薄膜材料样品，得到如图 3-44 所示的金相图片，图 3-44（a）（b）（c）（d）分别为 Cu_2ZnSnS_4 中 Cu、Zn、Sn、S 四种元素的比例分别为 1.8∶1∶1∶4、1.9∶1∶1∶4、2.0∶1∶1∶4、2.1∶1∶1∶4。

可以看到图 3-44（a）（b）衬底上大面积镀上了 CZTS 颗粒，颗粒大小较为均匀、致密。随着 Cu 所占组分的增大，在金相显微镜下其形貌发生了明显变化，当 Cu 所占

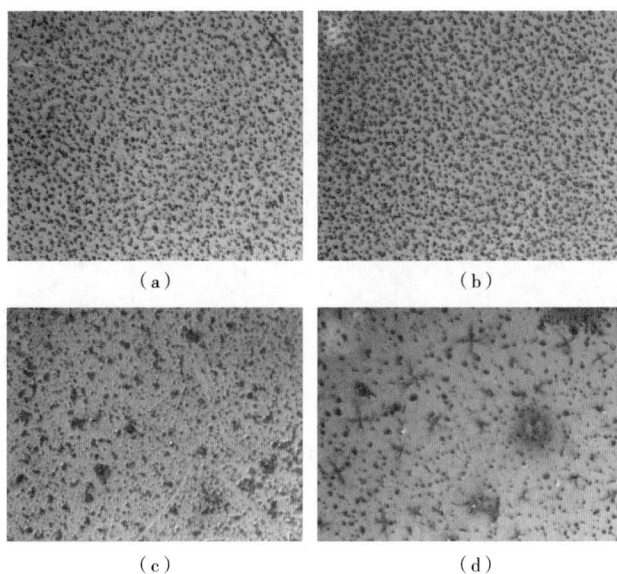

图 3-44　不同 Cu 组分 Cu_2ZnSnS_4 金相图片

组分达到 2.0 后［图 3-44（c）］，表面存在较大的颗粒堆叠且大小不均匀，分布松散不均，并且还伴随许多团簇的生成，间隙很大。因此当 Cu 元素的比例为 1.8 或 1.9 时制备的薄膜颗粒分布均匀，排列紧密。

当 Cu 所占组分达到 2.1［图 3-44（d）］时，颗粒的分布十分松散不均，并且还有着许多团簇的生成，间隙很大。综上可以从其金相显微初步判断，当 Cu_2ZnSnS_4 的 Cu、Zn、Sn、S 四种元素的比例为 1.8:1:1:4、1.9:1:1:4 左右时，制备的薄膜颗粒分布均匀，排列紧密。可以推测，当 CZTS 薄膜材料中 Cu 所占组分增大时，薄膜中的 Cu 容易富集在一起形成团簇，以杂质的形式存在于薄膜中，阻碍薄膜的均匀性生长。

将 Cu、Zn、Sn、S 四种元素的比例为 1.8:1:1:4 的 Cu_2ZnSnS_4 薄膜材料用扫描电镜调至 10000 倍进行观察，如图 3-45（a）所示。将 Cu、Zn、Sn、S 四种元素的比例为 2:1:1:4 的 Cu_2ZnSnS_4 薄膜材料用扫描电镜调至 20000 倍下进行观察，如图 3-45（b）所示。

从扫描电子显微镜观察可以看出，Cu 含量较大的 Cu_2ZnSnS_4 薄膜材料，其表面形貌有较多的团簇存在，颗粒尺寸约为 200nm，团簇大小为 1μm，这些团簇有可能是由于 Cu 含量的增大，其偏离 Cu_2ZnSnS_4 化学计量而形成的二次相。

3.4.3　不同 Cu 组分对 Cu_2ZnSnS_4 光学性能的影响

用紫外-可见分光光度计对 CZTS 薄膜材料的光谱进行测量，我们用其检测 Cu_2ZnSnS_4 前驱体薄膜光的吸收率和透射比。用光度计光源从 190~400nm 对样品试样进行扫描，不同组分的 Cu 对 CZTS 薄膜材料光的吸收和透射率如图 3-46 所示。

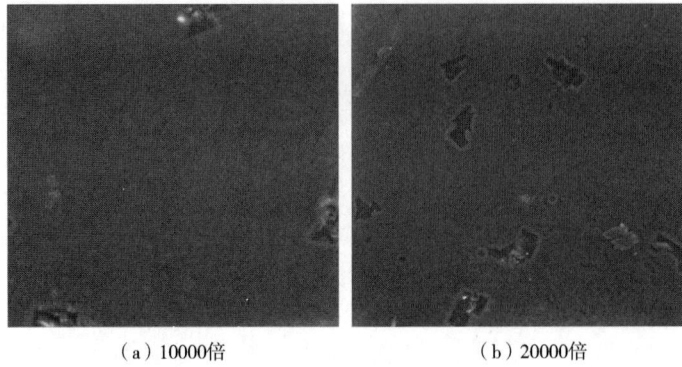

（a）10000倍　　　　　　　　（b）20000倍

图 3-45　Cu_2ZnSnS_4 薄膜扫描电镜图

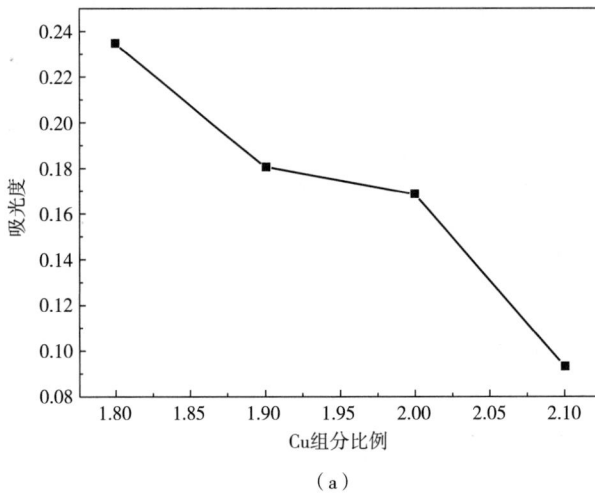

（a）

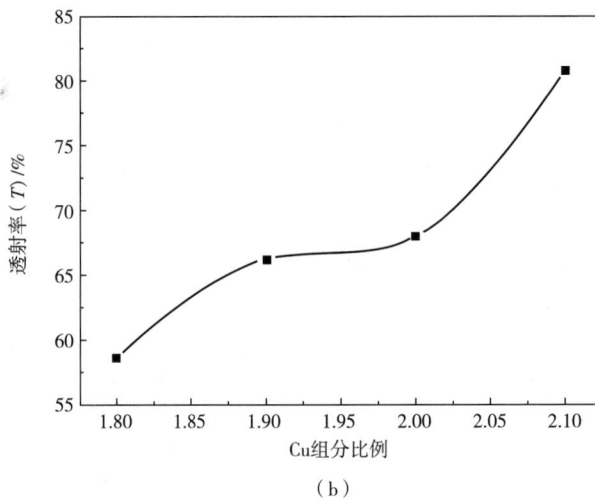

（b）

图 3-46　不同 Cu 组分比例 CZTS 吸光度和透射率

图 3-46（a）为不同组分的 Cu 对 Cu_2ZnSnS_4 材料的吸收峰值影响的变化图，图 3-46（b）为不同组分的 Cu 对 Cu_2ZnSnS_4 材料的透射峰值影响的变化图。在 Cu_2ZnSnS_4 的四种元素中，从 Cu 的组分比例为 1.8 时开始，随着 Cu 含量的增加，Cu_2ZnSnS_4 薄膜对光的吸收率在逐渐减小，而透射比逐渐增大。样品对光的吸收具有选择性，随着 Cu 含量的增加，铜锌替位缺陷也会增加，一方面影响了材料的结晶质量，另一方面影响了 CZTS 材料的整体结构，因此其对光的吸收呈下降的趋势，而透射则呈上升趋势。在 Cu 比例为 1.8 时，峰值光源为 317nm，1.9 时为 316nm，2.0 时为 315nm，2.1 时为 314nm，由此可知，随着 CZTS 薄膜材料中 Cu 比例的增加，其峰值是向低频方向移动的。我们研究 CZTS 薄膜材料，其目的是使 CZTS 薄膜材料对光的吸收尽可能地多，因此，选择合适的 Cu 的比例至关重要。

3.4.4　不同 Cu 组分对 Cu_2ZnSnS_4 电学性能的影响

采用霍尔效应测试系统能够测试 CZTS 薄膜材料的霍尔电压（mV）、载流子浓度（个/cm^3）、载流子迁移率 $[cm^2/(V \cdot s)]$、电阻率（$\Omega \cdot cm$）等电学性能。测试 CZTS 薄膜材料的电学性能时，给定磁场为 100mT，控制电流为 1mA，经过霍尔效应测试系统测试不同 Cu 组分的 CZTS 薄膜，结果如下：

3.4.4.1　载流子浓度和载流子迁移率

CZTS 薄膜中载流子主要是由晶体内部的多种缺陷态提供，从图 3-47 中可以看出，随着 CZTS 薄膜材料中 Cu 元素比例的增加，CZTS 薄膜材料的载流子浓度呈现增长趋势，在 Cu 元素比例为 2.1 时达最大，为 3.87×10^{17} 个/cm^3。这是由于一方面 Cu 离子增多后晶体内部形成的缺陷增多，另一方面充足的 Cu 离子除了进入 CZTS 晶格外，额外地提供了能自由移动的电子，从而促使 CZTS 薄膜载流子浓度升高。从图 3-48 中看出 CZTS 薄膜材料的迁移率随着 Cu 元素比例的升高呈现下降的趋势，最后趋于平缓，最

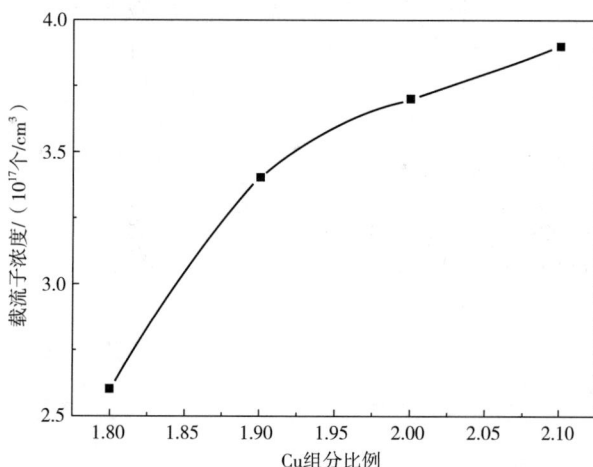

图 3-47　不同 Cu 组分 CZTS 体载流子浓度

大载流子迁移率为 $3.58\times10^{2}\mathrm{cm}^{2}/(\mathrm{V\cdot s})$。结合金相表面可知，当 Cu 元素比例大于 2.0 后 CZTS 薄膜表面形貌均匀性变差且伴随着团簇产生，薄膜结晶质量变差。这主要是由于 CZTS 薄膜材料中 Cu 元素比例增大后，Cu 在 Zn 上的替位缺陷（$\mathrm{Cu_{Zn}}$）增多[11]。因此，虽然此时富余的 Cu 能够提供自由移动的载流子，但同时由于结晶质量变差 CZTS 薄膜缺陷增多，晶粒边界散射加重，载流子受到散射作用也在增强，致使其迁移率降低。

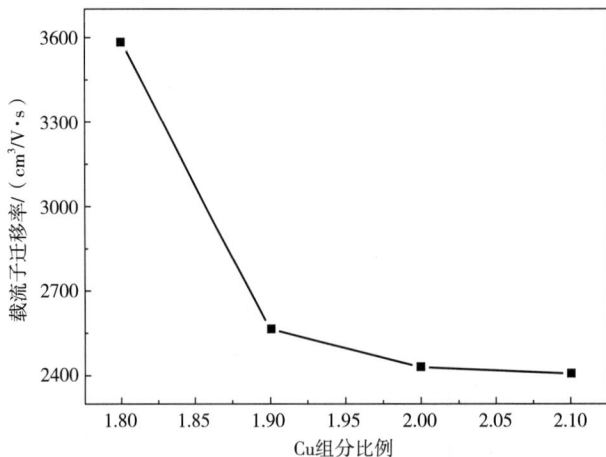

图 3-48　不同 Cu 组分 CZTS 迁移率

3.4.4.2　霍尔电压

即霍尔效应产生的电势差，对衡量半导体薄膜材料的电学性能有重要参考依据。不同 Cu 组分 CZTS 薄膜材料的霍尔电压如图 3-49 所示。

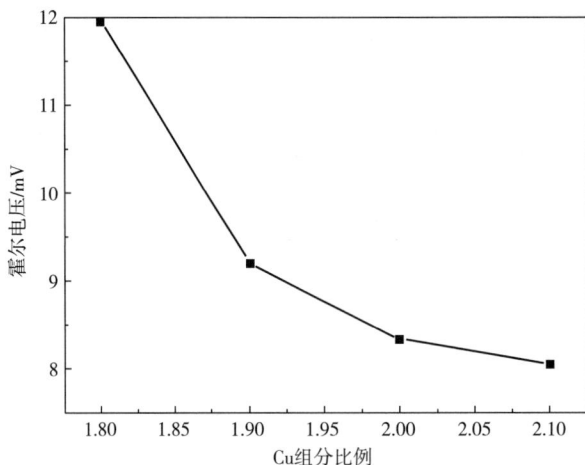

图 3-49　不同 Cu 组分 CZTS 薄膜材料的霍尔电压

半导体材料的霍尔效应反映了其建立稳定电势差的能力，太阳能电池材料就是希望在较小的光生电流下材料能建立起足够大的电势差，以供应外围电路的驱动。因此，在给定电流下霍尔电压的大小代表材料性能的优劣。从图 3-49 可看出，Cu 元素比例为 1.8 时 CZTS 薄膜的霍尔电压最大，约为 12mV。随后随着 Cu 元素比例的增加霍尔电压逐渐降低，然后趋于平缓。从以上分析可知，随着 Cu 元素比例的增加，CZTS 薄膜载流子浓度呈现上升而迁移率呈现下降趋势。霍尔电压的本质是载流子在电磁场中的偏转引起正负电荷在材料两个端面累积所致。随着 Cu 元素比例的增加，CZTS 薄膜的缺陷增多，这导致了载流子在电磁场中偏转时受到晶格散射作用增强，这在很大程度上阻碍了载流子在电磁场中的偏转，使通过偏转累积在 CZTS 薄膜两端的电荷数量减少。因此，随着 Cu 含量的增加霍尔电压呈现下降的趋势。

3.4.4.3 电阻率

不同 Cu 组分 CZTS 薄膜材料的电阻率如图 3-50 所示。

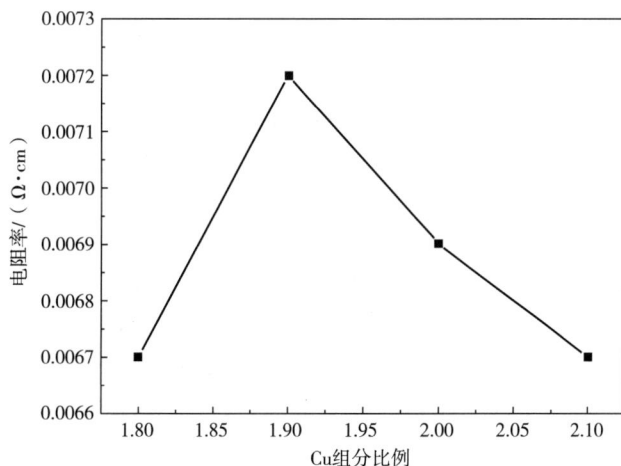

图 3-50　不同 Cu 组分 CZTS 薄膜材料的电阻率

从图 3-50 看出，CZTS 薄膜电阻率随着 Cu 元素比例的增加呈现先增加后减小的趋势。在 Cu 元素比例为 1.9 时电阻率最高，为 $0.007\Omega \cdot cm$。结合 CZTS 薄膜表面形貌、载流子浓度以及迁移率变化图分析可知，CZTS 薄膜中当 Cu 的含量较低时，Cu-Zn 替位缺陷较少，CZTS 薄膜材料的结晶质量较好，体系内有利于载流子的迁移，因此导电性能好，电阻率低。当 Cu 元素比例升高时，由于此时 CZTS 薄膜内部缺陷的增加，载流子迁移受阻，但与此同时，CZTS 薄膜体系中能自由运动的电子数目增多，电阻率反而降低。同时，通过退火处理后 CZTS 薄膜非导电表面活性剂得到消除[11]，提高了材料的导电性能。虽然高浓度 Cu 元素的 CZTS 体系的导电性能较好，但此时薄膜的表面结晶质量差，不利于 CZTS 薄膜对光的吸收。

3.4.5 小结

采用简单、易操作的溶胶凝胶法,以一水乙酸铜 Cu（CH₃COO）₂·H₂O、二水乙酸锌 Zn（CH₃COO）₂·2H₂O、二水氯化亚锡（SnCl₂·2H₂O）作为前驱体的金属源,硫脲（NH₂）₂CS 作为硫源,乙醇胺（C₂H₇NO）作稳定剂,乙二醇甲醚（C₃H₈O₂）作溶剂,在45℃下反复镀膜并在500℃高温条件下退火,通过改变其 Cu 组分的比例成功制备出了 CZTS 颗粒。通过电子显微镜、扫描电镜对其表面形貌进行表征;用紫外-可见光分光光度计对其光的吸收率、透射比进行表征;通过霍尔效应测试系统对其电学性能进行表征。研究结果表明,Cu 的含量对 Cu₂ZnSnS₄ 薄膜材料的显微结构,光的吸收率和透射比以及电学性能等都有较大的影响。

（1）CZTS 薄膜表面形貌在 Cu 组分比例为1.8、1.9时分布最为均匀。随着铜含量的增加,其均匀性越来越差,可能是过多的铜在薄膜上容易形成团簇,团簇直径约为1μm,阻碍了薄膜的生长。

（2）CZTS 薄膜的吸光率（A）随着铜含量的增加而减少,在 Cu：（Zn+Se+S）=1.8：6时为0.2343,在 Cu：（Zn+Se+S）=2.1：6时下降到0.0933,透射率随铜含量的减少从58.66%快速增加。可以看出,使用溶胶凝胶法制备 CZTS 薄膜材料,选择合适的铜含量对 CZTS 薄膜材料的光学性能至关重要。

（3）CZTS 各项组分在1.8：1：1：4时,制备的颗粒结晶性、分散性较好,光的吸收率较高,载流子浓度（2.6×10¹⁷ 个/cm³）、载流子迁移率 [3581.63cm²/（V·s）]、霍尔电压（11.97mV）、电阻率（0.007 Ω·cm）都表现出较好的电学性能。可能是由于贫铜有利于 Cu 空穴的产生,过量的 Cu 有利于 CZTS 薄膜材料的电阻特性,但此时的表面形貌影响了薄膜对光的吸收,不适用于太阳能电池材料。因此较少的铜比较有利于 CZTS 作为薄膜太阳能电池吸收层。

参考文献

［1］LI X L, LU J X, LI R. Research progress in p-i-n microcrystalline silicon solar cell ［J］. Journal of Functional Materials, 2010, 41（5）: 746-750.

［2］LI G, ZHU R, YANG Y. Polymer solar cells ［J］. Nature Photonics, 2012（6）: 153-161.

［3］范勇,秦宏磊,密保秀,等. 太阳能电池材料-铜锌锡硫化合物薄膜制备及器件应用研究进展 ［J］. 化学学报, 2014, 72（6）: 643-652.

［4］JAE H R, CHIH-CHUN C, ERIC W D. A perspective of mesoscopic solar cells based on metal chalcogenide quantum dots and organometal-halide perovskites ［J］. npg Asia Materials, 2013（5）: 68.

[5] ITO K, NAKAZAWA T. Electrical and optical properties of stannite - type quaternary semiconductor thin films [J]. Japanes Journal of Applied Physics, 1988 (27): 2094-2097.

[6] SHIN B, GUNAWAN O, ZHU Y, et al. Thin film solar cell with 8.4% power conversion efficiency using an earth - abundant Cu_2ZnSnS_4 absorber [J]. Progress in Photovoltaics and Applied, 2013, 21 (1): 72-76.

[7] WANG W, WINKLER M T, GUNAWAN O, et al. Device characteristics of CITSSe thin-film solar cells with 12.6% efficiency [J]. Advanced Energy Materials, 2014, 4 (7): 403.

[8] GIRALDO S, NEUSCHITZER M, THERSLEFF T, et al. Large Effi - ciency improvement in $Cu_2ZnSnSe_4$ solar cells by introducing a superficial Ge nanolayer [J]]. Advanced Energy Materials, 2015, 5 (21): 1501070.

[9] GONG W Y, TABATA T, TAKEI K, et al. Crystallographic and optical properties of $(Cu, Ag)_2ZnSnS_4$ and $(Cu, Ag)_2ZnSnSe_4$ solid solutions [J]. Physica Status Solidi (C): 2015, 12 (6): 700-703.

[10] SU Z H, TAN J M R, LI X L, et al. Cation substitution of solution-processed Cu_2ZnSnS_4 thin film solar cell with over 9% efficiency [J]. Advanced Energy Materials, 2015, 5 (19): 1500682.

[11] 陈时友, 龚新高, ARON W, 等. Cu_2ZnSnS_4 类四元硫族半导体的理论研究——以二元、三元、四元半导体的演化为思路 [J]. 物理, 2011, 40 (4): 248-258.

[12] 夏冬林, 郭锦华, 李云峰. 金属前驱体摩尔比对 CZTS 纳米晶微结构的影响 [J]. 人工晶体学报, 2018, 47 (12): 2441-2445.

[13] KATAGIRI H, JIMBO K, TAHARA M, et al. The Influence of the Composition Ratio on CZTS-based Thin Film Solar Cells [J]. MRS Online Proceedings Library, 2009 (1165): 1165-M04-01.

[14] KI W, HUGH W H. Earth - abundant element photovoltaics directly from soluble precursors with high yield using a non-toxic solvent [J]. Advanced Energy Materials, 2011, 1 (5): 732-735.

[15] DELBOS S. Kesterite thin films for photovoltaics: A review [J]. EPJ Photovoltaics, 2012 (3): 35004.

[16] 王强, 郝瑞亭, 赵其琛, 等. 多周期分层溅射硫化物靶制备铜锌锡硫薄膜太阳电池 [J]. 材料研究学报, 2018, 32 (6): 409-414.

[17] 刘浩, 薛玉明, 乔在祥, 等. 铜锌锡硫薄膜材料及其器件应用研究进展 [J]. 物理学报, 2015, 64 (6): 22-33.

[18] 吕笑公. 铜锌锡硫硒薄膜太阳能电池吸收层的制备及其性能调控 [D]. 呼和浩特: 内蒙古大学, 2024.

3.5   pH 值对 Cu_2ZnSnS_4 薄膜性能的影响

近年来，能源危机给人类生产生活带来的冲击日益凸显[1]，开发绿色、环保的洁净能源越来越受到人们的重视[2]。光伏太阳能由于绿色、高效、清洁等优势备受研究者的关注。薄膜太阳能电池由于制备工艺简单、制备成本低、制备效率高、可在柔性衬底上镀膜等优势具有良好的开发价值。薄膜太阳能电池的吸收系数高，厚度为 2~3μm 即可吸收大量的太阳光谱。[3] Cu_2ZnSnS_4 薄膜太阳能电池作为一种直接带隙半导体材料，禁带宽度为 1.4~1.5eV，具有吸收系数高、结构和性能可调、光电性能优良、绿色环保、低成本、高效率等优点[4]，是高效率和稳定的薄膜太阳能电池的理想材料，发展前景广阔。Cu_2ZnSnS_4 薄膜体系中 Cu 和 Zn 的化学性质相似，其体相中的缺陷种类多、浓度高，通过调节 Cu_2ZnSnS_4 体系 pH 值可以有效地促进体系反应生成锌黄锡矿结构，改善 Cu_2ZnSnS_4 薄膜太阳能器件的电池转换效率。[5] 杨雪莹等研究发现[6] 溶液 pH 值显著影响铜锌锡硫薄膜电池转换效率。研究还显示，可通过沉积液 pH 值的调节获得 ZnO 纳米阵列的粗大结构进而得到 ZnO 纳米阵列/CZTS 异质结[7]，人们在这方面展开了深入的研究[8-11]。

此外采用溶胶-凝胶法在玻璃衬底上制备 Cu_2ZnSnS_4 薄膜材料，通过调节前驱体溶液 pH 值，研究前驱体溶液 pH 值对 Cu_2ZnSnS_4 薄膜材料光电性能的影响。研究结果显示：①金相显微镜及扫描电镜的测试表明 CZTS 微粒的合成过程对体系 pH 值比较敏感，随着体系 pH 值的增加，颗粒的均匀性变差，排列较为分散，逐渐形成游离的杂质团簇。②用紫外-可见分光光度计测试其吸收率和透射比，体系 pH 值从 4.4 开始其吸收率逐渐减小，透射比逐渐增大，其最强吸收峰均值为 0.1517A，平均透射比为 69.63%。③使用霍尔效应测试系统对 CZTS 薄膜材料的电学性能进行表征时发现，pH 值在 4.4 时，光学和电学性能最好，并且随着体系 pH 值逐渐增大，薄膜材料的电阻率升高、霍尔电压下降、载流子浓度逐渐上升，迁移率下降。通过测试得出了光电性能各项指标的均值，其中载流子平均浓度为 $3.36×10^{12}/cm^3$，迁移率为 $2193cm^2/(V·s)$，霍尔电压为 9.644mV，电阻率为 0.0139Ω·cm。由此得出结论体系 pH 值在 4 左右范围内，制备的颗粒结晶性、分散性较好，光学性能和电学性能都较为接近理论值。

3.5.1 Cu_2ZnSnS_4 薄膜前驱体溶液配制

前驱体溶液配制原料为分析纯一水乙酸铜 $[Cu(CH_3COO)_2·H_2O]$、二水乙酸锌 $[Zn(CH_3COO)_2·2H_2O]$、二水氯化亚锡 $(SnCl_2·2H_2O)$、硫脲 $[(NH_2)_2CS]$、乙二醇甲醚 $(C_3H_8O_2)$、乙醇胺 (C_2H_7NO)，实验试剂如表 3-20 所示。将配比好的 $Cu(CH_3COO)_2·H_2O$、$Zn(CH_3COO)_2·2H_2O$、$SnCl_2·2H_2O$、$(NH_2)_2CS$ 倒入装有 50mL 乙二醇甲醚的锥形瓶中，采用磁力搅拌器在 55℃ 水浴中加热并搅拌 1h 后滴入 C_2H_7NO，持续搅拌 1h 后将 pH 测试仪探头放入前驱体溶液锥形瓶中测试 pH 值。利用 HCl 和 $NH_3·H_2O$ 调节体系 pH 值分别至 2.5、4.5、6.5、8.5、10.5，将配制好的溶液放到避

光环境下静置 48h 后得到橙黄色清澈透明的 Cu_2ZnSnS_4 前驱体溶胶，如图 3-51 所示。

表 3-20　实验试剂

试剂	化学式	分子量	纯度
一水乙酸铜	$Cu(CH_3COO)_2 \cdot H_2O$	199.65	AR
二水乙酸锌	$Zn(CH_3COO)_2 \cdot 2H_2O$	219.50	AR
二水氯化亚锡	$SnCl_2 \cdot 2H_2O$	225.65	AR
硫脲	$(NH_2)_2CS$	76.12	AR
乙醇胺	C_2H_7NO	61.08	AR
乙二醇甲醚	$C_3H_8O_2$	76.10	AR
盐酸	HCl	36.5	AR

图 3-51　Cu_2ZnSnS_4 前驱体溶液（见文后彩图 3）

3.5.2　不同 pH 值 Cu_2ZnSnS_4 薄膜制备

3.5.2.1　Cu_2ZnSnS_4 薄膜的旋涂

将经过超声清洗器清洗干净的玻璃片用镊子夹起放在匀胶机的真空吸孔上，打开真空泵的开关，按下匀胶机上的控制按钮将玻璃片吸住，将滴胶时的转速设置为 700r/min，甩胶转速设置为 1500r/min，滴胶时间为 5s，甩胶时间为 15s。用滴管从 Cu_2ZnSnS_4 前驱体溶胶中吸取 5~10mL，对准吸孔中心玻璃片均匀滴 5~6 滴，待旋转停下后，取出玻璃片放入 60℃烘烤箱中烘烤 10min，烘烤结束后取出玻璃片重复以上过程镀膜 5~6 次，得到 Cu_2ZnSnS_4 薄膜。将镀膜后的玻璃片在 350℃下退火 2h 后得到 Cu_2ZnSnS_4 薄膜。

3.5.2.2　Cu_2ZnSnS_4 薄膜退火

通过溶胶-凝胶法制备的薄膜必须经过高温热处理工艺以满足高效薄膜太阳能电池

对光吸收层材料的结晶度要求。将上述镀了膜的玻璃片放入高温电炉中进行退火处理，先用 0.5h 将温度从室温升高至 250℃，然后保温 1h，再用 0.5h 将温度升至 500° 后保温 1h。最后随炉冷却至室温后取出样品，得到 CZTS 薄膜。

3.5.3　不同 pH 值 Cu_2ZnSnS_4 薄膜性能

3.5.3.1　Cu_2ZnSnS_4 薄膜材料表面形貌分析

将制备好的不同 pH 值 CZTS 薄膜材料用金相显微镜进行金相测试，采用物镜倍数为 400X、目镜倍数为 10X 时观测到了其金相组织。图 3-52（a）为 pH 4.4 的金相照片，图 3-52（b）为 pH 5.6 的金相照片，图 3-52（c）为 pH 7.7 的金相照片，图 3-52（d）为 pH 8.6 的金相照片。

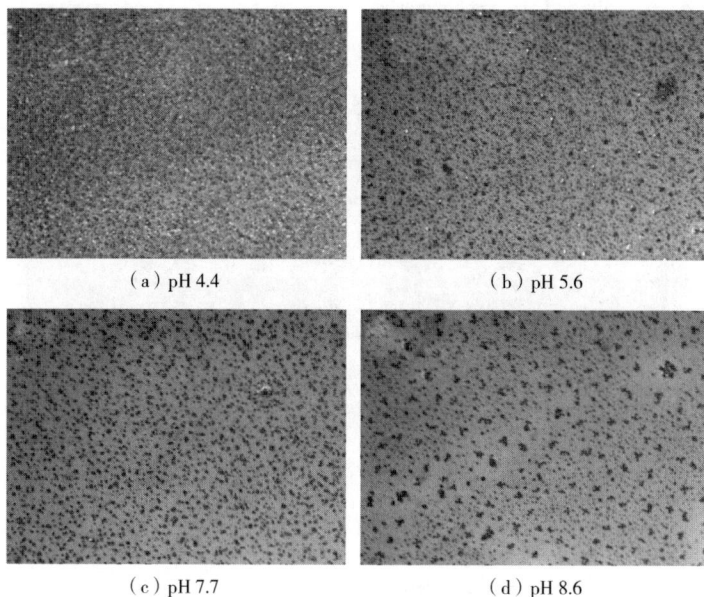

（a）pH 4.4　　　　　　　　　（b）pH 5.6

（c）pH 7.7　　　　　　　　　（d）pH 8.6

图 3-52　不同 pH 值的 CZTS 薄膜材料表面金相照片

可以很直观地看到 pH 值从酸性到碱性 CZTS 薄膜的颗粒密度逐渐地变小，其形貌发生了明显变化，当体系 pH 值为 4.4 时颗粒形貌好，且较为均匀。当 pH 值调节为 5.6 时，形貌仍然是较致密的排列，但存在较大的间隙堆叠且大小不一，当 pH 值调节到 7.7 的时候，形成了不规整的颗粒，间隙较大。当 pH 值调节至 8.6 时，表面颗粒不均匀，颗粒较大，间隙较大。这主要是由于随着 pH 值的增大体系中 OH^- 增加溶液中生成杂质团簇，这使经过高温热处理后的薄膜产生部分中间产物，影响了薄膜的质量。

将 500℃ 退火处理后的 Cu_2ZnSnS_4 薄膜用扫描电镜观测表面形貌，图 3-53 为不同 pH 值 Cu_2ZnSnS_4 薄膜 SEM 照片。图 3-53（a）为 pH2.5 时 Cu_2ZnSnS_4 薄膜表面形貌，由图可见样品表面光滑，大范围区域无团簇出现。图 3-53（b）为 pH4.5 时 Cu_2ZnSnS_4

薄膜表面形貌，样品表面光滑平整，无凹陷、无团簇，颗粒均匀。图 3-53（c）为 pH6.5 时 Cu_2ZnSnS_4 薄膜表面形貌，样品表面局部开始出现团簇。图 3-53（d）为 pH8.5 时 Cu_2ZnSnS_4 薄膜表面形貌，样品表面大部分区域存在团簇，这些团簇的尺寸约为 1μm，且有堆叠生长现象。当 pH 值调为酸性条件时，Cu_2ZnSnS_4 薄膜表面较为平整，颗粒较为均匀。当 pH 值调至碱性后，薄膜表面开始出现团簇现象并伴随堆叠生长，这主要为 pH 值调至碱性条件后体系中 OH⁻增多，易生成 Cu（OH）₂等难溶性物质所致[12]。由以上分析可知当前驱体溶液 pH 值为 4.5 时，制备的薄膜颗粒较均匀，结晶度较好。

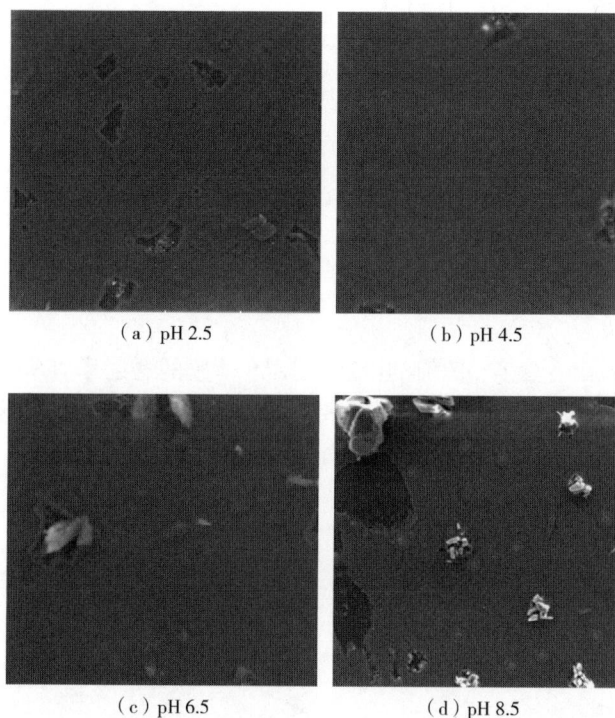

（a）pH 2.5　　　　　　　　（b）pH 4.5

（c）pH 6.5　　　　　　　　（d）pH 8.5

图 3-53　不同 pH 值 Cu_2ZnSnS_4 薄膜表面形貌

3.5.3.2　pH 值对 Cu_2ZnSnS_4 薄膜材料光吸收和透射的影响

采用紫外-可见分光光度计测量不同 pH 值条件下 Cu_2ZnSnS_4 薄膜材料的光吸收，图 3-54 为 Cu_2ZnSnS_4 薄膜的最强吸收峰随 pH 值变化图。由图可知，随着前驱体溶液 pH 值增加，Cu_2ZnSnS_4 薄膜材料的最强吸收峰值呈下降趋势，当 pH 值为 4.5 时吸收峰最强为 5.5。Cu_2ZnSnS_4 薄膜材料对光的吸收具有选择性，随着 pH 值的增加，前驱体中 OH⁻增多，生成的难溶中间产物增多，导致 Cu^{2+} 等元素含量降低，这在一定程度上破坏了 Cu_2ZnSnS_4 薄膜材料锌黄锡矿结构，由于结构的变化导致 Cu_2ZnSnS_4 禁带宽度发生变化，使吸收系数降低[13]。在测试过程中还发现，当前驱体溶液 pH 值为 4.5 时，峰值光源为 275nm，pH 值为 6.5 时峰值光源为 320nm，pH 值为 8.5 时峰值光源为 314nm，pH 值为 8.6 时峰值光源为 310nm。由此可知，随着 Cu_2ZnSnS_4 薄膜材料前驱体溶液 pH 值的增大，其吸收峰值向低频方向移动。

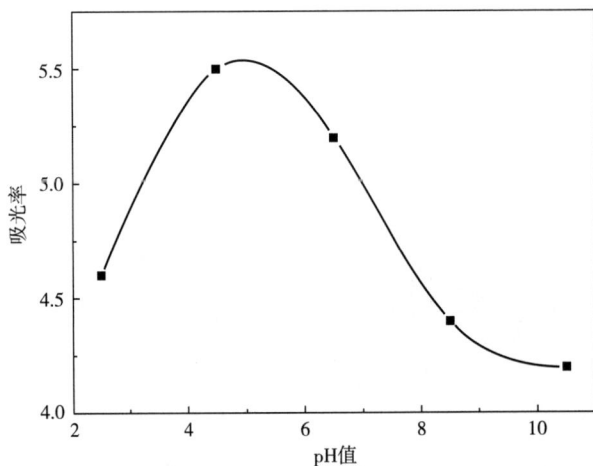

图 3-54 不同 pH 值 Cu_2ZnSnS_4 薄膜光吸收

从图 3-55 中看出，随着 pH 值的增加，CZTS 薄膜的透射率有所上升，但上升比较缓慢。随着 pH 值的增加，体系中 OH^- 增多，生成的中间产物也多，这在一定程度上影响了 CZTS 薄膜材料的结构，导致了透射率的上升。

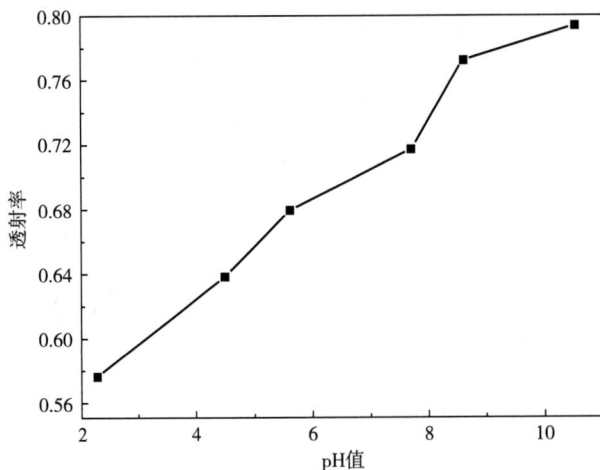

图 3-55 不同 pH 值 Cu_2ZnSnS_4 薄膜透射率

3.5.3.3 pH 值对 Cu_2ZnSnS_4 薄膜材料载流子浓度的影响

采用霍尔效应测试系统测试 Cu_2ZnSnS_4 薄膜载流子浓度，给定磁场为 100mT、电流为 1~10mA，Cu_2ZnSnS_4 薄膜载流子浓度如图 3-56 所示。图 3-56（a）（b）（c）（d）（e）分别为 pH 值为 2.5、4.5、6.5、8.5、10.5 时 Cu_2ZnSnS_4 薄膜载流子浓度。由图可知，随着 pH 值的增加 Cu_2ZnSnS_4 薄膜载流子浓度呈现增长的趋势，并在 pH 值大于 6.5 后增长趋势放缓。

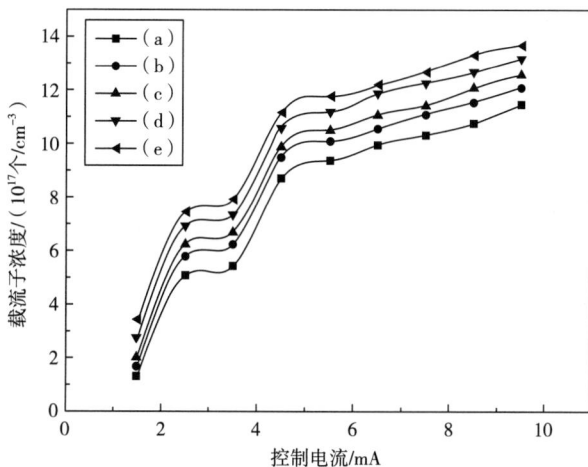

图 3-56　不同 pH 值 Cu_2ZnSnS_4 薄膜载流子浓度

本征 Cu_2ZnSnS_4 薄膜为 P 型半导体，载流子主要由薄膜中 Cu 空位缺陷（V_{Cu}）、Cu、Zn 替位缺陷（Cu_{Zn}）提供[14]。我们知道在 Cu_2ZnSnS_4 溶胶-凝胶的水解和缩聚反应中生成了金属氧化物如 ZnO 等，主要反应如式（3-4）~式（3-6）所示[15]：

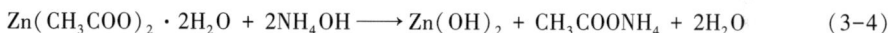

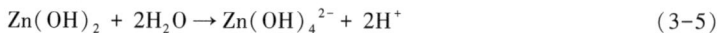

$$Zn(CH_3COO)_2 \cdot 2H_2O + 2NH_4OH \longrightarrow Zn(OH)_2 + CH_3COONH_4 + 2H_2O \qquad (3-4)$$

$$Zn(OH)_2 + 2H_2O \rightarrow Zn(OH)_4{}^{2-} + 2H^+ \qquad (3-5)$$

$$Zn(OH)_4{}^{2-} \Longleftrightarrow H_2O + ZnO + 2OH^- \qquad (3-6)$$

当 pH 值降低时，促进反应式（3-6）向右进行，有利于生成金属氧化物，促进氧化物金属离子进入 Cu_2ZnSnS_4 晶格。若 pH 值很低则促进反应式（3-6）向左进行，生成难溶金属团簇，团簇区域易形成载流子复合中心，对产生的载流子具有较强的捕获作用，降低载流子数目。当 pH 值过大时，促进反应式（3-6）向左进行，生成难溶物 $Zn(OH)_4{}^{2-}$，金属氧化物如 ZnO、CuO 等减少，体系中 Cu_{Zn} 缺陷和 V_{Cu} 增多，载流子数目反而增大。

3.5.3.4　pH 值对 Cu_2ZnSnS_4 薄膜材料霍尔电压的影响

采用霍尔效应测试系统测试 Cu_2ZnSnS_4 薄膜霍尔电压，给定磁场为 100mT，电流为 1mA，图 3-57 为不同 pH 值 Cu_2ZnSnS_4 薄膜霍尔电压。由图可知，随着 pH 值的增加，Cu_2ZnSnS_4 薄膜的霍尔电压呈现出下降趋势。霍尔电压本质上是载流子在磁场中偏转导致正负电荷（粒子）的分离累积所致，与薄膜中载流子的数量、薄膜结晶的质量有很大关系。当 pH 值为酸性条件时有利于结晶，Cu_2ZnSnS_4 体系缺陷、空位少，载流子偏转过程中受到的散射作用弱，霍尔电压值高。当 pH 值为碱性条件时，反应促进生成难溶性金属团簇，载流子偏转受到的散射作用增强，因此霍尔电压反而降低。当 pH 值为 4.5 时 Cu_2ZnSnS_4 薄膜结晶质量良好，空位、缺陷低，霍尔电压值最大为 18.3mV。

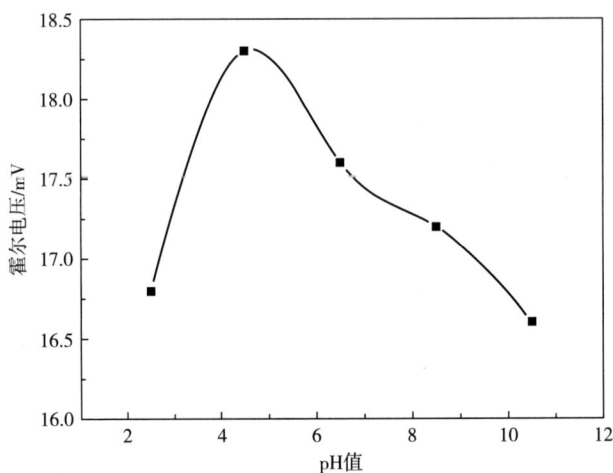

图 3-57　不同 pH 值 Cu_2ZnSnS_4 薄膜霍尔电压

3.5.3.5　pH 值对 Cu_2ZnSnS_4 薄膜材料电阻率的影响

采用霍尔效应测试系统测试 Cu_2ZnSnS_4 薄膜电阻率，给定磁场为 100mT，电流为 1mA，前驱体溶液 pH 值依次为 2.5、4.5、6.5、8.5、10.5，Cu_2ZnSnS_4 薄膜电阻率如图 3-58 所示。

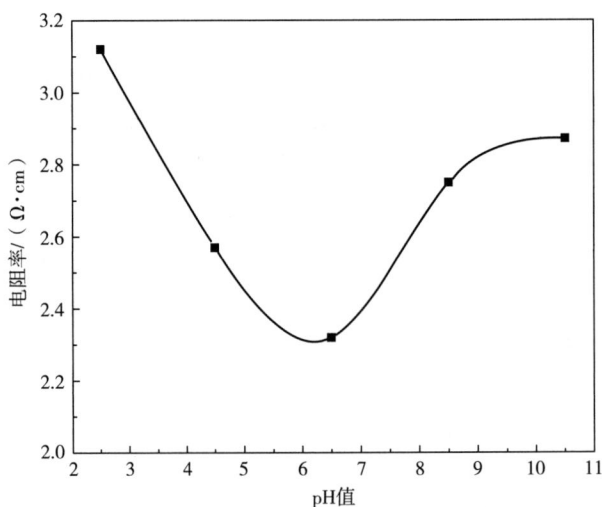

图 3-58　不同 pH 值 Cu_2ZnSnS_4 薄膜电阻率

由图 3-58 可知，随着前驱体溶液 pH 值的增加 Cu_2ZnSnS_4 薄膜电阻率呈现先降低后升高的趋势，在 pH 值为 6.5 时达到最小值 $2.32\Omega \cdot cm$。说明随着前驱体溶液 pH 值从中间向两边降低或升高，Cu_2ZnSnS_4 薄膜的导电能力均下降。这是由于在水解和缩聚反应过程中，过酸或过碱条件都会促使反应生成难溶金属团簇或难溶物，Cu_2ZnSnS_4 薄膜中的载流子在输运过程中受到难溶金属团簇或难溶物的散射作用几率增加，削弱了 Cu_2ZnSnS_4 薄膜的导电能力。从图中还可看出，前驱体溶液 pH 值处于弱酸性条件时，Cu_2ZnSnS_4 薄膜可获得良好的导电性能。本研究认为在弱酸性条件下，Zn、Cu 等金属离子在前驱体溶液中的溶解度大，增强了 Cu_2ZnSnS_4 薄膜体系离子电导，弱酸性可能会更有利于 Cu_2ZnSnS_4 薄膜的导电。

3.5.4　小结

采用溶胶-凝胶法制备了不同前驱体溶液 pH 值条件下的 Cu_2ZnSnS_4 薄膜，pH 值为 4.5 时所得的薄膜较均匀、结晶质量较好。pH 值调到碱性后体系中 OH^- 增多，易生成 Cu（OH）$_2$ 等难溶性物质，薄膜表面团簇增多并伴有堆叠生长。随着前驱体溶液 pH 值增加，Cu_2ZnSnS_4 薄膜材料的最强吸收峰值呈下降趋势，当 pH 值为 4.5 时吸收峰最强为 5.5。随着 Cu_2ZnSnS_4 薄膜材料前驱体 pH 值的增大，其吸收峰值向低频方向移动。若 pH 值过低则易生成难溶金属团簇，对产生的载流子具有较强的捕获作用，降低载流子数目。若 pH 值过大，金属氧化物如 ZnO 等减少，体系中 Cu_{Zn} 缺陷和 V_{Cu} 增多，载流子数目反而增大。当 pH 值为酸性条件时有利于结晶，Cu_2ZnSnS_4 体系缺陷、空位少，载流子偏转过程中受到的散射作用弱，霍尔电压值高。当 pH 值为碱性条件时，反应促进生成难溶性金属团簇，载流子偏转受到的散射作用增强，因此霍尔电压反而降低。当 pH 值为 4.5 时 Cu_2ZnSnS_4 薄膜结晶质量良好，空位、缺陷低，霍尔电压值最大为 18.3mV。

参考文献

［1］　FAN P, XIE Z G, LIANG G X. High-efficiency ultra-thin Cu_2ZnSnS_4 solar cells by double-pressure sputtering with spark plasma sintered quaternary target［J］. Journal of Energy Chemistry, 2021, 61（10）: 186-194.

［2］　JIANG C, WANG S L, WU B, et al. A state-of-charge estimation method of the power lithium-ion battery in complex conditions based on adaptive square root extended Kalmanfilter［J］. Energy, 2021（219）: 119603.

［3］　张道永，王书荣. 铜锌锡硫硒薄膜太阳电池研究进展［J］. 人工晶体学报，2021，50（9）: 1796-1809.

［4］　HOSSAIN M S, STEPHENS L I, Mauzeroll Janine, et al. Structural dependence of effective mass transport properties in lithium battery electrodes [J]. Journal of Power Sources, 2021 (504): 230069.

[5] 缪彦美, 刘颖, 郝瑞亭, 等. 铜锌锡硫薄膜太阳电池及其研究进展 [J]. 材料科学与工程学报, 2014, 32 (4): 610-611.

[6] 杨雪莹, 李丽波, 徐妍, 等. 电沉积制备太阳能电池吸收层铜锌锡硫薄膜 [J]. 电镀与环保, 2018, 38 (4): 11-15.

[7] 霍林智. 电沉积 ZnO 形貌控制及其与 CZTS 异质结组装的研究 [D]. 北京: 北京化工大学, 2018.

[8] ZHOU J, XU X, WU H. et al. Control of the phase evolution of kesterite by tuning of the selenium partial pressure for solar cells with 13.8% certified efficiency [J]. Nature Energy, 2023 (8): 526-535.

[9] WANG J, SHI J, YIN K. et al. Pd (Ⅱ) /Pd (Ⅳ) redox shuttle to suppress vacancy defects at grain boundaries for efficient kesterite solar cells [J]. Nat Commun, 2024 (15): 4344.

[10] WANG J, ZHOU J, XU X, et al. Ge bidirectional diffusion to simultaneously engineer back interface and bulk defects in the absorber for efficient CZTSSe solar cells [J]. Advanced Materials, 2022, 34 (27): 2202858.

[11] XU X, GUO L, ZHOU J, et al. Efficient and composition-tolerant kesterite Cu_2ZnSn $(S, Se)_4$ solar cells derived from an in situ formed multifunctional carbon framework [J]. Advanced Energy Materials, 2021, 11 (40): 2102298.

[12] 周超, 高延敏, 王丹. pH 值对制备 CZTS 颗粒的影响 [J]. 电子元件与材料, 2014, 33 (1): 5-8.

[13] 蔡倩, 向卫东, 梁晓娟, 等. Cu_2ZnSnS_4 纳米晶体的研究现状 [J]. 硅酸盐通报, 2011, 30 (6): 1333-1337.

[14] 苏正华. 溶胶-凝胶法制备铜锌锡硫 (Cu_2ZnSnS_4) 薄膜太阳能电池 [D]. 长沙: 中南大学, 2013.

[15] 袁欢. 高浓度 Co、Cu 共掺杂 ZnO 薄膜的制备及其光、磁性质研究 [D]. 成都: 西南民族大学, 2013.

第 4 章

铌酸钾钠压电材料的制备与性能

铌酸钾钠（$K_{0.5}Na_{0.5}NbO_3$，简称 KNN）是一种 ABO_3 型钙钛矿结构的无铅压电陶瓷材料。压电陶瓷材料能够实现机械能与电能之间的相互转换，广泛应用于传感器、谐振器、滤波器、高频延迟线、多层压电陶瓷制动器、压电陶瓷换能器、医用超声波探头等多个领域。随着研究的深入和技术的进步，KNN 陶瓷的应用范围有望进一步拓宽。KNN 作为一种新型无铅压电材料，因其无铅化、环保化特性，备受关注，被视为替代传统铅基压电材料（如锆钛酸铅 PZT）的重要候选材料。

KNN 陶瓷具有质地致密、细晶结构均匀、机械品质因数小、居里温度高（约420℃）、压电常数高、频率常数高、介电常数低等特点，这些特性使 KNN 在高温领域具有潜在的应用价值。然而，与 PZT 等传统铅基压电材料相比，KNN 在某些性能上仍存在一定差距，如压电性能与温度稳定性难以两全。

KNN 陶瓷主要以碳酸钠（Na_2CO_3）、碳酸钾（K_2CO_3）、五氧化二铌（Nb_2O_5）为主要原料，采用热压烧结工艺制造而成。然而，KNN 陶瓷的烧结温度范围较窄，传统烧结技术难以生产出质地致密的产品。因此，研究人员通过优化烧结工艺，如采用流延成型技术、添加烧结助剂等手段，来提高陶瓷的致密度和压电性能。

为提高 KNN 陶瓷的综合性能，研究人员进行了大量的改性研究。例如，通过掺杂锂（Li）、锑（Sb）、钽（Ta）、氧化铋（Bi_2O_3）等，可以有效调节或提高 KNN 陶瓷的压电性能。然而，掺杂元素的种类及含量增多会导致烧结温度提高、居里温度降低等问题。此外，通过织构化设计、构建成分梯度多层复合材料等方法，也能在一定程度上提高 KNN 陶瓷的电致应变及温度稳定性。铌酸钾钠压电材料作为一种新型无铅压电陶瓷，具有广阔的应用前景和发展潜力。

虽然目前仍存在一些性能上的不足和挑战，但随着研究的深入和技术的进步，相信 KNN 陶瓷将在未来发挥更加重要的作用。未来，KNN 陶瓷的研究将重点集中在提高其压电性能与温度稳定性上。通过优化制备工艺、探索新的改性方法等手段，力求使 KNN 陶瓷的综合性能达到甚至超过传统铅基压电材料。

本章从理论计算和实验研究两个方面介绍了作者近年来在铌酸钾钠压电陶瓷材料方面的研究情况，包括掺杂改性对铌酸钾钠性能的影响、退火工艺、保温工艺对铌酸钾钠性能的影响等。

4.1 Sb、Mn 掺杂对铌酸钾钠性能的影响

4.1.1 研究背景

铌酸钾钠（KNN）压电陶瓷是具有实现机械能与电能相互转换的功能材料。传统压电陶瓷大多含铅，在制作和使用时会给环境带来污染，而无铅压电陶瓷铌酸钾钠因

其良好的性能且对环境无污染，作为用于取代传统含铅压电材料的其中之一从而引来大量研究。目前，对铌酸钾钠的研究主要集中在制备工艺、掺杂改性、成分等方面。铌酸钾钠压电陶瓷在生物、新能源、航空航天、电子信息等领域有着广泛的需求，例如应用于医学治疗、传感器、声换能器、超声马达等，而传统含铅压电材料在生产、使用及废弃处理时都会产生污染，使环境遭到破坏。但对于压电材料的需要无法避免，所以对于无铅压电陶瓷的研究是时代发展的必然趋势，因此以 KNN 为基的压电陶瓷从中脱颖而出。[1]

可通过引入其他元素对铌酸钾钠进行掺杂，从而对其性能产生影响。如何通过掺杂来改善其压电性能是研究人员的探索方向之一。2022 年张钊伟[2] 等研究了 Ta、Mn 掺杂对铌酸钾钠的影响，结果表明适量 Ta 和 Mn 共掺杂有利于晶体生长。同年朱海勇等[3] 研究了 Mn 掺杂对 KNN 薄膜性能的影响，结果 Mn 掺杂能显著提高薄膜的铁电性能和降低漏电流。2021 年江民红等[4] 也研究了 Mn 掺杂铌酸钾钠，结果表明掺杂后致密性和压电性能得到提高。在 2020 年徐泽等[5] 对铌酸钾钠掺杂 Mn 后，则呈现出饱和的矩形电滞回线和不可回复的双极场致应变曲线。可见 Mn 掺杂使铌酸钾钠基压电陶瓷性能得到一定提升。对于 Sb 掺杂的影响，同样有很多的研究。代斐斐等[6] 制备 Sb 和 Ta 共掺杂的铌酸钾钠压电陶瓷粉体，结果表明 Sb 扩散进 KNN 晶格中生成新的固溶体。同样，褚祥诚等[7] 也研究了 Sb 与其他元素共掺杂铌酸钾钠，发现 Sb 的掺杂能引起铌酸钾钠发生相变。可见 Sb 的掺杂对铌酸钾钠的性能也有较大影响。而在 2021 年肖舒琳等[8] 制备 0.825（$K_{0.5}Na_{0.5}$）NbO_3-0.175$Sr_{1-3x/2}La_x$（$Sc_{0.5}Nb_{0.5}$）O_3 陶瓷，结果表明随着 La_2O_3 掺杂量增大，陶瓷的平均晶粒尺寸减小，相变温度及饱和极化强度增大。2022 年 ThrivikramanV T[9] 等用 Bi 掺杂铌酸钾钠，结果表明不同量的 Bi^{3+} 掺杂使光学性能得到改善。由此可见掺杂量也对铌酸钾钠的相关性能有较大影响。2023 年何强等[10] 利用 Ge^{4+} 离子掺杂，发现可以降低 KNLNT 陶瓷的烧结温度。可见针对 KNN 进行元素掺杂能够提高其压电性能，并且能应用于生产制造。Meng Xiangda 等[11] 制作了 Ta 掺杂 KNN 的单晶，制备出来的单晶压电性能得到明显提升。2020 年，刘泳等[12] 采用传统的固相合成法，制备了铌酸钾钠基陶瓷，掺杂提高了铌酸钾钠基陶瓷的透过率。研究者们在掺杂改性方面进行了大量的研究[13-18]。所以，可以通过对铌酸钾钠进行掺杂来提升其压电、铁电、光学、烧结等性能，以获得使用性能更好的铌酸钾钠压电陶瓷。

综上所述，对铌酸钾钠进行掺杂的模拟计算是具有现实意义的，通过模拟计算可以筛选出能提升铌酸钾钠性能的掺杂，而为现实实验制备做指导，大大提升对铌酸钾钠进行改性的效率，同时又避免许多无法提升铌酸钾钠性能的实验从而节约资源。此处计算采用的铌酸钾钠是具有 ABO_3 钙钛矿结构的无铅压电陶瓷，因此可以采取 A、B 位原子取代来进行掺杂改性，A 位原子为 Na、K，B 位原子为 Nb。就此提出通过 A、B 位掺杂取代来提升无铅压电陶瓷铌酸钾钠的相关性能，采用基于第一性原理的赝势平面波方法进行模拟计算 Sb 取代 A 位原子 Na，Mn 取代 B 位原子 Nb 来计算二者单掺杂与共掺杂对铌酸钾钠相关性能的影响。

4.1.2 研究内容及结果概述

采用第一性原理的方法对铌酸钾钠进行掺杂计算，内容如下：

（1）计算分析铌酸钾钠的能带结构、态密度、分波态密度、布居及光学性能；

（2）用 Mn 取代铌酸钾钠的一个 Nb，计算分析 Mn 掺杂铌酸钾钠后的能带结构、态密度、分波态密度、布居及光学性能；

（3）用 Sb 取代铌酸钾钠的一个 Na，计算分析 Sb 掺杂铌酸钾钠后的能带结构、态密度、分波态密度、布居及光学性能；

（4）用 Mn 取代铌酸钾钠的一个 Nb 的同时用 Sb 取代 Na，计算分析 Sb、Mn 共掺杂铌酸钾钠后的能带结构、态密度、分波态密度、布居及光学性能。

通过计算发现 Sb、Mn 单掺杂与共掺杂分别使禁带宽度由 2.193eV 变为 2.01eV、1.0145eV、2.25eV，Sb、Mn 单掺杂均使铌酸钾钠由直接间隙半导体变为间接间隙半导体，共掺杂没有改变间隙类型但在费米能级处生成新的能带。通过分析 Sb、Mn 单掺杂和共掺杂铌酸钾钠的态密度与分波态密度发现 Sb、Mn 的电子轨道与铌酸钾钠原本元素电子轨道产生杂化且向低能级方向移动。Sb、Mn 单掺杂与共掺杂均改变铌酸钾钠中原子的布居和键的布居，单掺杂时键长减少共价作用减弱，共掺杂后键长变化不一。在光学性质方面分析了复介电函数、光吸收函数与能量损失函数。Sb、Mn 单掺杂与共掺杂铌酸钾钠均使复介电函数的实部 ε_1（0）分别提高至 37.2、10.8、5.9，但函数整体向低能级移动，虚部在 0~2.5eV 产生新的峰且向低能级移动。光吸收函数则在掺杂后均产生红移，Mn 单掺杂使光吸收率最值下降，Sb 单掺杂与 Sb、Mn 共掺杂均使吸收率最值提高。能量损失函数的损失值 Mn 单掺杂时提高，Sb 单掺杂与 Sb、Mn 共掺杂则减少。

4.1.3 计算软件及模型

Materials Studio 是美国 Accelrys 公司生产的一款计算软件，通过建立模型，对模型的性质进行模拟计算。其计算范围广泛，包含动力学模拟、物理化学性质等，且能对材料模型进行模拟并给出结果。

计算所用的主要模块是 Materials Studio 下的 CASTEP 软件包[19]，能计算材料的电子结构、光学性质、波函数等相关性质。CASTEP 程序中交换相关作用利用局域密度近似（LDA）[20] 和广义梯度（GGA）近似[21] 等方法描述，电子波函数用平面波展开，离子势用赝势代替，因此使计算得到了简化。

选取的初始模型为正交相钙钛矿结构的 KNbO₃。其晶格常数 $a=5.82$Å，$b=5.88$Å，$c=4.62$Å，空间点群为 Amm2。将 KNbO₃ 进行 2×2×1 的超胞后，将一半的 K 置换为 Na 得到铌酸钾钠晶胞，晶格常数 $a=7.91183$Å、$b=11.4412$Å、$c=5.77194$Å，$\alpha=\beta=\gamma=90°$。图 4-1（a）是铌酸钾钠的球棍模型。将铌酸钾钠进行几何结构优化后，选取铌酸钾钠中的一个 Nb（坐标：0.49764000、0.74999997、0.49832606）用 Mn 替换，掺杂

后的晶格常数 $a=7.91183\text{Å}$、$b=11.4412\text{Å}$、$c=5.77194\text{Å}$，$\alpha=\beta=\gamma=90°$；图 4-1（b）是 Mn 掺杂铌酸钾钠球棍模型。基于第一性原理的赝势平面波方法进行计算，计算工作由 Materials Studio 计算平台的 CASTEP 软件包完成。计算中采用广义梯度近似（GGA）的 Perdew-Burke-Ernzerhof（PBE）泛函[21] 来处理电子间的交换关键能；采用超软赝势处理离子实与电子间的相互作用。平面波截断能量设置为 370eV，自洽计算收敛精度设置为每个原子 $1.0\times10^{-6}\text{eV/atom}$，布里渊区的积分采用了 $3\times2\times4$ 的 Monkhorst-Pack[22] 形式高对称 k 点方法。

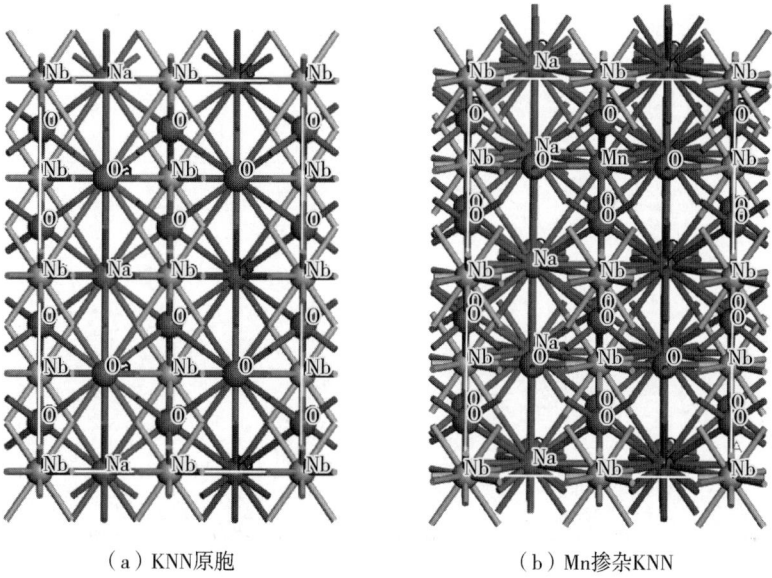

（a）KNN原胞　　　　　　　　（b）Mn掺杂KNN

图 4-1　KNN 球棍模型

4.1.4　Mn 掺杂 KNN 计算结果与分析

4.1.4.1　几何结构优化

表 4-1 为未掺杂的铌酸钾钠和 Mn 掺杂铌酸钾钠几何结构优化后的晶格常数，优化后 KNN 的 a、b、c 都没有发生变化，而 Mn 掺杂后的 KNN 几何结构优化后 a 增大 0.12217Å、b 减少 0.3045Å、c 减少 0.22754Å，体积也减少 25.509Å^3。

表 4-1　KNN 和 Mn 掺杂 KNN 几何结构优化后的晶格参数

类别	$a/\text{Å}$	$b/\text{Å}$	$c/\text{Å}$	$V/\text{Å}^3$
KNN	7.91183	11.4412	5.77194	522.479
Mn 掺杂 KNN	8.03400	11.1367	5.55444	496.970

4.1.4.2　能带结构与态密度

计算能带结构时选择布里渊区中高对称点 G-F-Q-Z-G 的路径进行，图 4-2（a）是未掺杂的铌酸钾钠能带结构图，未掺杂的铌酸钾钠禁带宽度为 2.193eV，导带最低点与价带最高点都在 G 点，为直接间隙半导体。图 4-2（b）是 Mn 掺杂后铌酸钾钠能带结构图，掺杂后价带越过费米能级，导带底从 2.2eV 下降到 1.4eV 左右，禁带宽度变为 1.0145eV，导带最低点在高对称点 Z，价带最高点在高对称点 Q 点为间接间隙半导体。可见 Mn 作为受主杂质掺杂 KNN 后使其禁带宽度减少，电子跃迁所需的能量也随之减少。但是从直接间隙半导体变为间接间隙半导体后，电子跃迁至导带时多了一个弛豫过程，能量利用的能力下降。

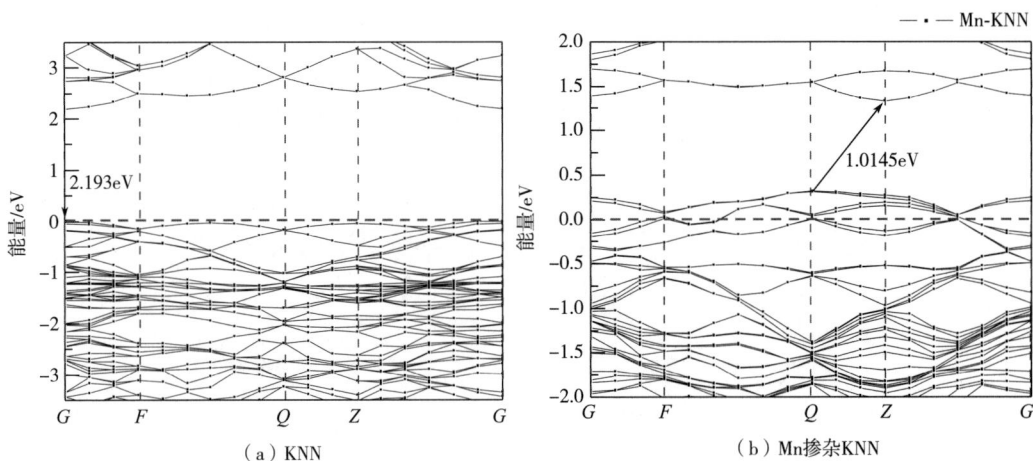

（a）KNN　　　　　　　　（b）Mn掺杂KNN

图 4-2　能带结构

图 4-3 是铌酸钾钠的态密度和分波态密度。如图 4-3 所示，铌酸钾钠位于 -11.5~-10.1eV 的波由 K 原子的 4p 与少量的 Na 的 2p 层电子轨道贡献，波峰最大值约为 44.7；位于-5.6~0.41eV 左右的波则由 Na 的 2s2p 轨道、Nb 原子的 4p4d 层轨道与 O 原子的 2p 轨道杂化而成，波峰最大值约为 46.5；位于 2.3~4.8eV 的波也是由 Na 的 2s2p 轨道、Nb 原子的 4p4d 轨道与 O 原子的 2p 轨道杂化而成，波峰最大值约为 17.7。图 4-4 是 Mn 掺杂铌酸钾钠后的态密度及分波态密度。如图 4-4 所示，掺杂后的铌酸钾钠的态密度在-11.6~10.4eV 的波由 K 原子的 4p 与少量的 Na 的 2p 电子轨道贡献，波峰最大值约为 44.5；在-6.1~0.6eV 的波由 Na 的 2s2p 轨道、Nb 原子的 4p4d 轨道与 O 原子的 2p 以及 Mn 原子的 3d 电子轨道杂化而成，波峰最大值约为 46.9；在 1.2~3.3eV 的波则由 Na 的 2s2p 轨道、Nb 原子的 4d 轨道与 O 原子的 2p 以及 Mn 原子的 3d 电子轨道杂化而成，波峰最大值约 14.4。在 Mn 掺杂铌酸钾钠后，费米能级以上的态密度向低能级移动了 0.7eV 左右，与能带结构中导带下移的情况相符，而原本占据-5.6~0.41eV 的波在费米能级处则增长到了 0.6eV 左右，与价带越过费米能级的情况也相符，其主要原因是 Mn 的 d 层轨道与其他元素的一些轨道杂化。

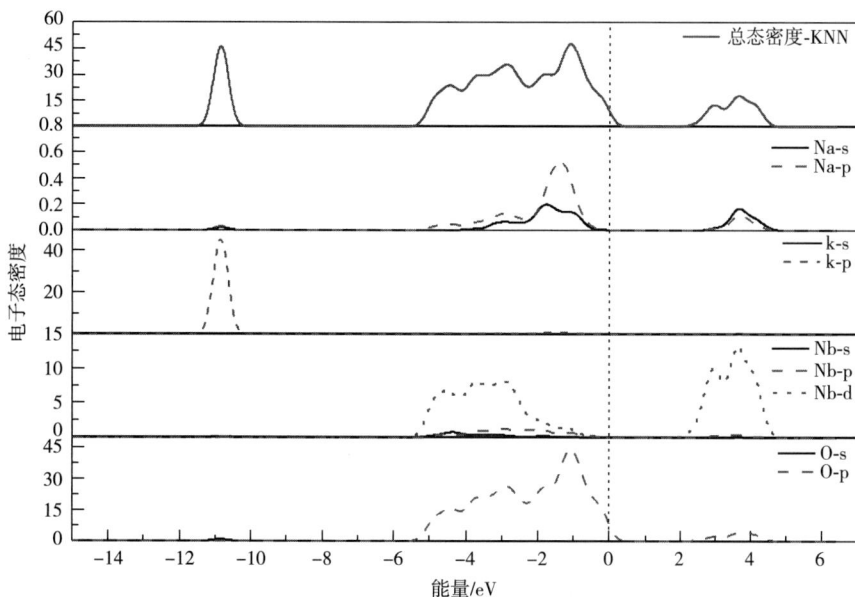

图 4-3　KNN 的态密度及分波态密度

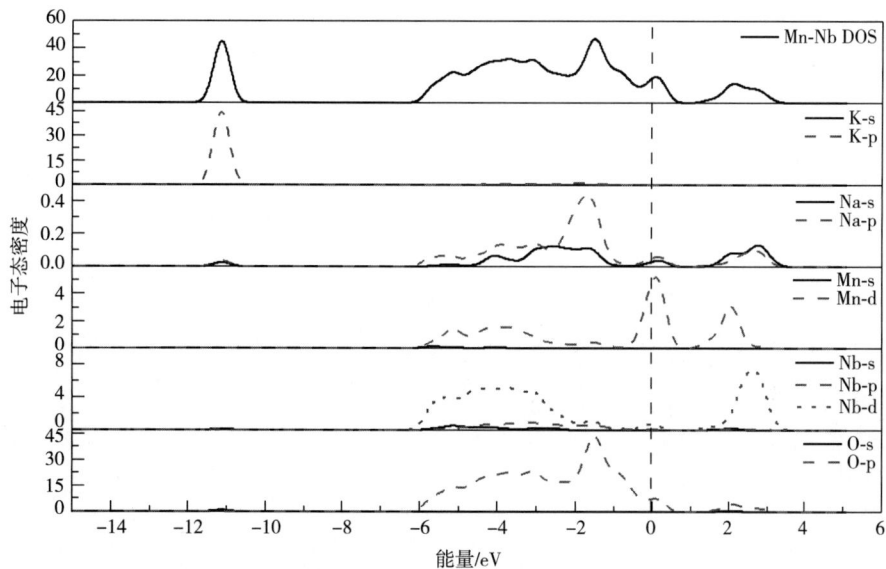

图 4-4　Mn 掺杂 KNN 的态密度及分波态密度

4.1.4.3　光学性质

图 4-5 是铌酸钾钠及 Mn 掺杂铌酸钾钠后的复介电函数的实部，其 KNN 的静态介电常数 ε_1（0）= 2.8，Mn 掺杂后的 ε_1（0）= 10.8，可见 Mn 的掺杂可增大介电常数。

而铌酸钾钠的复介电函数在 0~3.5eV 从 2.8 逐渐上升至 5.6，在 3.5~5.6eV 逐渐下降到 -1.8，之后逐渐上升。而 Mn 掺杂后在 0~2.1eV 是由 10.8 逐渐下降至 3.1，之后的走势才与铌酸钾钠相似，位置向低能方向移动。图 4-6 是铌酸钾钠与 Mn 掺杂铌酸钾钠的复介电函数的虚部，其 KNN 的 ε_2 (0) = 0，Mn 掺杂的 KNN 的 ε_2 (0) = 1.4，可见 Mn 的掺杂使在 0eV 处的虚部也提高。KNN 的复介电函数的虚部在 0~2.2eV 的虚部平滑没有变化，之后上升至 6.2 后开始下降，Mn 取代后在 0~2.4eV 出现了新的波峰，峰值约为 4.3，之后的走势也与 KNN 的走势基本相同。可见，Mn 的掺杂使复介电函数的实部和虚部向低能区移动，与态密度的变化相符。

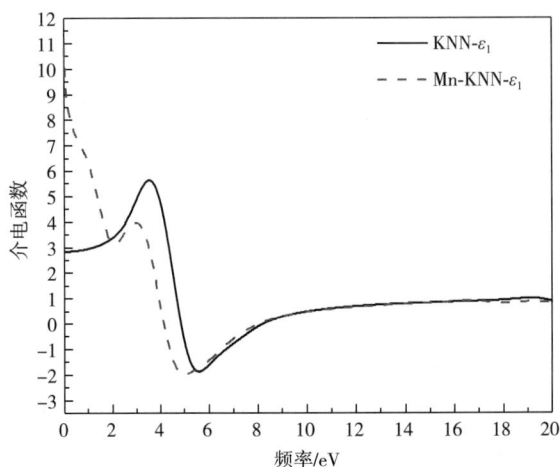

图 4-5　KNN 与 Mn 掺杂 KNN 的复介电函数的实部

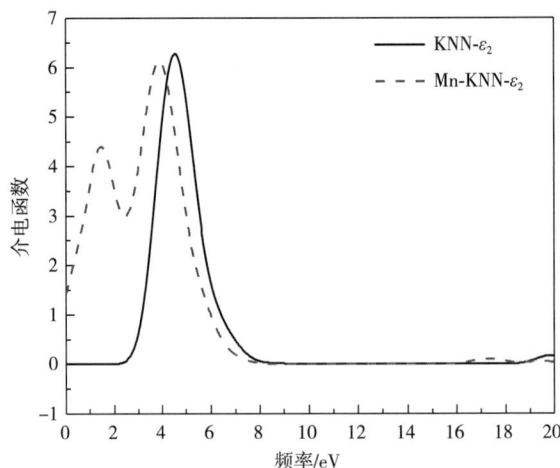

图 4-6　KNN 与 Mn 掺杂 KNN 的复介电函数的虚部

　　图 4-7 是铌酸钾钠和 Mn 掺杂铌酸钾钠后的光吸收函数。KNN 的光吸收函数的第一峰为 2.4~9.2eV，峰最大值约为 148000cm^{-1}，在 18.6eV 出现第二个吸收峰，在 0~

2.4eV 是平滑的。Mn 掺杂 KNN 后第一吸收峰则在 0.1～8.3eV，峰值约为 137000cm^{-1}，在 15.8eV 出现第二个吸收峰，在 0～2.4eV 缓慢上升，在 2.4eV 处开始与原胞走势相同，这个起伏是由 Mn 的 3d 层、Na 的 2s2p、O 的 2p 层与 Nb 的 4d 层电子轨道引起的，可见随着 Mn 的掺杂铌酸钾钠对光吸收率下降，且向低能量方向移动即产生红移。

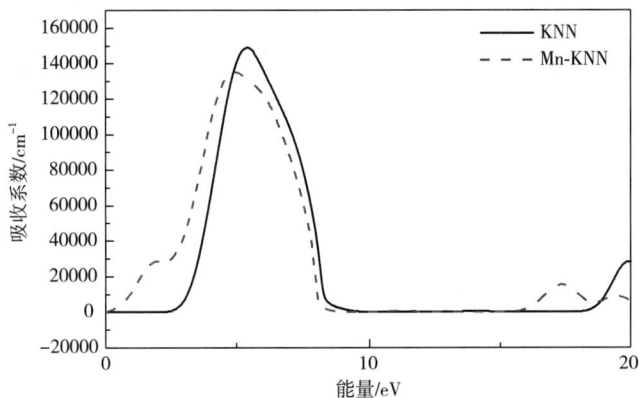

图 4-7　KNN 与 Mn 掺杂 KNN 的光吸收函数

图 4-8 是铌酸钾钠与 Mn 掺杂铌酸钾钠后能量损失函数，铌酸钾钠的损失函数的波峰占据能量位置在 7.7～8.7eV，波峰最大值在 25cm^{-1} 左右。而 Mn 掺杂后波峰约在 7.5～8.5eV 左右，波峰最大值则增大到 45 左右。可以看出随着 Mn 的掺杂铌酸钾钠的能量函数最值变大且向能量低的方向移动，与吸收函数相符。

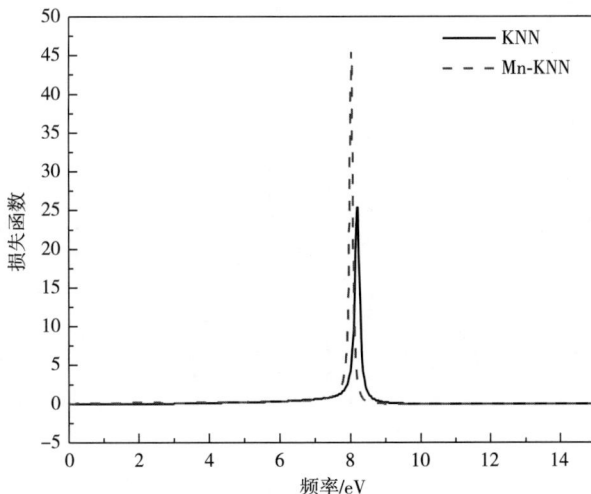

图 4-8　KNN 与 Mn 掺杂 KNN 后的能量损失函数

4.1.4.4　布居分析

表 4-2 是铌酸钾钠中与被取代的 Nb 成键的 O 原子的布居，表 4-3 是 Mn 掺杂后与

Mn 成键的 O 原子的布居。Mn 掺杂后与 Mn 成键的 O 原子的得电子量均减少，其中 O21、O23 得电子量减少最少（0.05e），O24、O22 得电子量减少最多（0.15e），O14 减少 0.1e，O20 减少 0.11e。对 O 原子的 p 层轨道得电子量最大，在 0.06~0.17e。

表 4-2　KNN 中与 Nb 成键的原子的布居

类别	s	p	d	f	总电荷	电荷/e
O14	1.83	4.89	0.00	0.00	6.72	−0.72
O20	1.87	4.95	0.00	0.00	6.81	−0.81
O21	1.86	4.88	0.00	0.00	6.74	−0.74
O22	1.86	4.88	0.00	0.00	6.74	−0.74
O23	1.86	4.88	0.00	0.00	6.74	−0.74
O24	1.86	4.88	0.00	0.00	6.74	−0.74

表 4-3　KNN 中与 Mn 成键的原子的布居

类别	s	p	d	f	总电荷	电荷/e
O14	1.85	4.77	0.00	0.00	6.62	−0.62
O20	1.88	4.82	0.00	0.00	6.70	−0.70
O21	1.87	4.82	0.00	0.00	6.69	−0.69
O22	1.88	4.71	0.00	0.00	6.59	−0.59
O23	1.87	4.82	0.00	0.00	6.69	−0.69
O24	1.88	4.71	0.00	0.00	6.59	−0.59

　　表 4-4 是铌酸钾钠中被 Mn 原子取代的 Nb 原子键的布居，表 4-5 是 Mn 原子键的布居。可以看出，Mn 取代后与 Mn 成键的 O 原子与 Nb 成键的相同，但是键长比 Nb 的短，减少范围在 0.03~0.07Å 内。键之间的共价作用减弱，键长变短，极化减弱，稳定性增强。

表 4-4　KNN 中 O-Nb 键的布居

键	布居数	键长/Å
O24-Nb8	0.77	1.87099
O2-Nb8	0.77	1.87099
O14-Nb8	0.68	1.98005
O20-Nb8	0.58	2.00862
O21-Nb8	0.35	2.20314
O23-Nb8	0.35	2.20314

表 4-5　KNN 中 O—Mn 键的布居

键	布居数	键长/Å
O22—Mn1	0.53	1.81368
O24—Mn1	0.53	1.81463
O14—Mn1	0.47	1.94159
O20—Mn1	0.45	1.94585
O23—Mn1	0.18	2.14216
O21—Mn1	0.28	2.14345

4.1.5　Sb 掺杂 KNN 计算结果与分析

4.1.5.1　计算模型

依据 4.1.3 节建立的铌酸钾钠模型，选择其中一个 Na（坐标：0.25000113、0.4999999、0.47639816）用 Sb 原子取代，取代后的晶格常数为 $a = 7.91183Å$、$b = 11.4412Å$、$c = 5.77194Å$、$\alpha = \beta = \gamma = 90°$。依旧使用 CASTEP 软件包计算，平面波截断能量设置为 370eV，自洽计算收敛精度设置为每个原子 $1.0×10^{-6}eV/atom$，布里渊区的积分采用了 3×2×4 的 Monkhorst-Pack 形式高对称 k 点方法。图 4-9 是 Sb 掺杂铌酸钾钠的球棍模型。

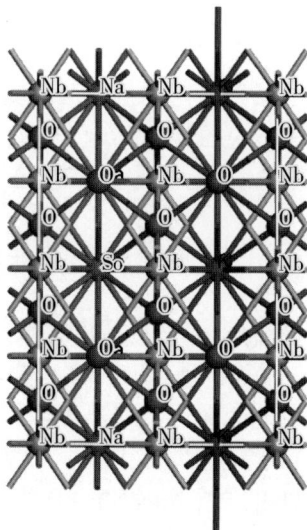

图 4-9　Sb 掺杂 KNN 的球棍模型

4.1.5.2　计算结果分析

（1）几何优化优化。表4-6为Sb掺杂KNN几何结构优化后的晶格参数，优化后 a 增大 $0.06497Å$，b 减少 $0.0675Å$，c 减少 $0.03807Å$，体积也随之减少。

表4-6　Sb掺杂KNN几何结构优化后的晶格参数

类别	$a/Å$	$b/Å$	$c/Å$	$V/Å^3$
Sb掺杂KNN	7.97680	11.3737	5.73387	520.208

（2）能带结构与态密度。计算Sb取代Na的能带结构时选择布里渊区中高对称点 $G-F-Q-Z-G$ 的路径，图4-10是Nb掺杂铌酸钾钠后的能带结构图。如图4-10所示导带向低能级移动越过费米能级，分布在 $-0.5\sim2eV$ 能量范围内，价带则向低能级移动到 $-2.4eV$ 左右，使其具有N型半导体的特性，Sb为施主。禁带宽度则变为了 $2.01eV$ 左右，与原胞相比约减少 $0.1eV$ 左右，价带最高点则变为Q点使铌酸钾钠变为间接间隙半导体，能量利用率下降。

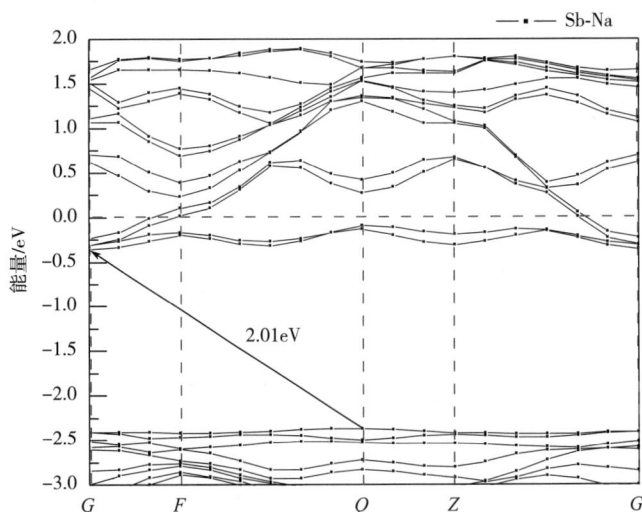

图4-10　Sb掺杂KNN的态密度

图4-11是Sb掺杂铌酸钾钠的态密度及分波态密度。铌酸钾钠的态密度在 $-13.8\sim-12.5eV$ 的波由K的3p与少量的Na的2p电子轨道贡献，波峰最大值约为45.1；在 $-10.0\sim-9.8eV$ 的波由Sb的5s轨道贡献，波峰最大值约为3.5；在 $-8.0\sim-1.9eV$ 的波则由Sb的5s5p、Nb的4d4p、O的2s与少量Na的2s2p轨道杂化而成，波峰最大值约为41.6；在 $-0.6\sim2.3eV$ 的波由Sb的5s、Nb的4d、O的2s与少量Na的2s2p轨道杂化而成，波峰最大值约为16.2。可见Sb掺杂后在 $-10ev$ 左右出现新的波，且相对于未进行掺杂的铌酸钾钠，掺杂后铌酸钾钠的态密度明显向低能级处移动，费米能级以上的态电子越过了费米能级，与能带结构的导带越过费米能级相符。这和费米能级附近的Sb的

5s5p 轨道与其他元素的电子轨道杂化有关，其杂化后向低能级偏移。

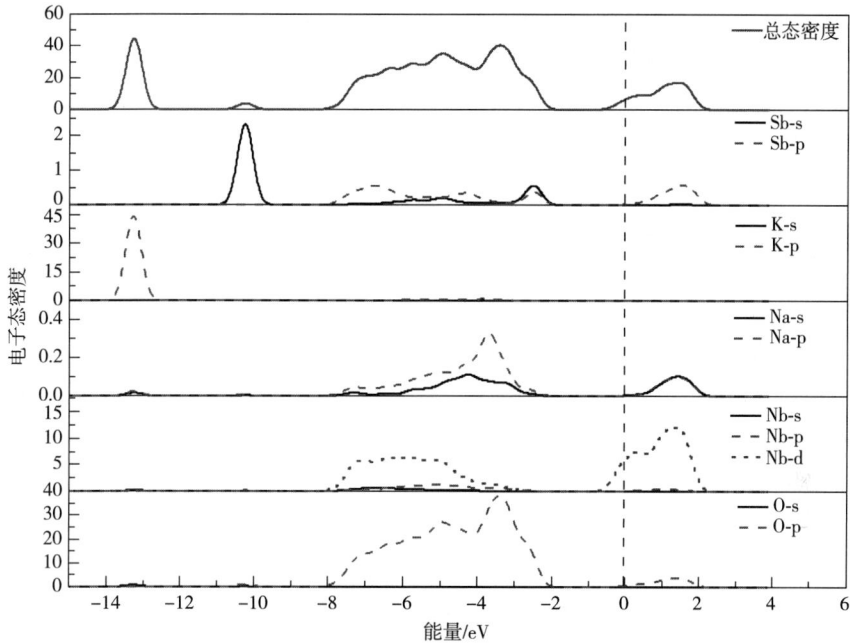

图 4-11   Sb 掺杂 KNN 的态密度与分波态密度

（3）光学性质。图 4-12 是铌酸钾钠及 Mn 掺杂铌酸钾钠后的复介电函数的实部，其 KNN 的静态介电常数 ε_1（0）= 2.8，Sb 掺杂后的 ε_1（0）= 37.2，Sb 的掺杂可增大介电常数。铌酸钾钠的复介电函数在 0～3.5eV 内从 2.8 逐渐上升至 5.6，在 3.5～5.6eV 内逐渐下降到 -1.8，之后逐渐上升，而 Sb 掺杂后在 0～1.1eV 是由 37.2 逐渐下降至 -1.6，然后开始上升，在 3.2eV 时至 4.5cm，并逐渐开始下降至 -1.8，之后慢慢

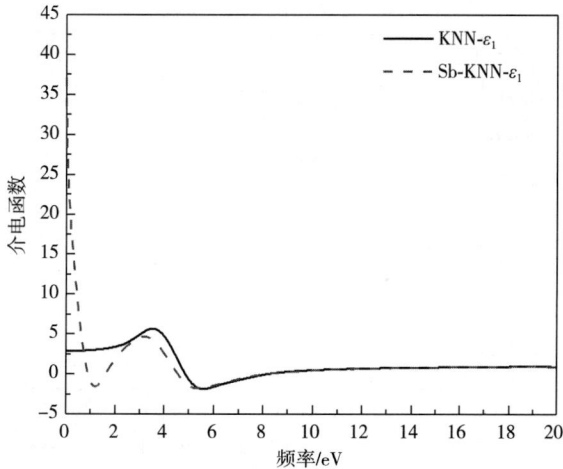

图 4-12   复介电函数实部

与铌酸钾钠的复介电函数重合。图 4-13 是铌酸钾钠与 Sb 掺杂铌酸钾钠的复介电函数的虚部,其 KNN 的 ε_2 (0) = 0,Sb 掺杂的 KNN 的 ε_2 (0) = 9.6,可见 Sb 的掺杂使在 0eV 处的虚部也提高。KNN 的复介电函数的虚部在 0~2.2eV 平滑没有变化,之后上升至 6.2 后开始下降,Sb 取代后在 0~2.0eV 出现了新的波峰,峰值约为 14.0,在 2.0eV 处开始上升,在 4.3eV 处上升至 5.5 然后开始下降,最后慢慢与未掺杂的铌酸钾钠的复介电函数重合。

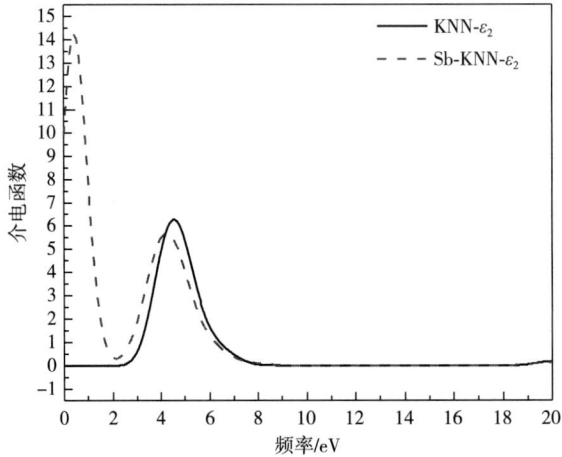

图 4-13　复介电函数虚部

图 4-14 是铌酸钾钠与 Sb 掺杂铌酸钾钠后的光吸收函数,与铌酸钾钠不同,Sb 掺杂后第一吸收峰从 0eV 处就开始上升,在 2.45eV 后走势逐渐与铌酸钾钠相同,但是略微向低能级方向移动,这与掺杂后的态密度相符,主要由 O 的 2p 层、Sb 的 5p 层、Nb 的 4d 层与 Na 的 2s、2p 层电子轨道贡献。第一峰的最大值则为 135000cm^{-1},约下降 13000cm^{-1}。对光的吸收率下降,同时吸收峰向低能级处移动即产生红移。

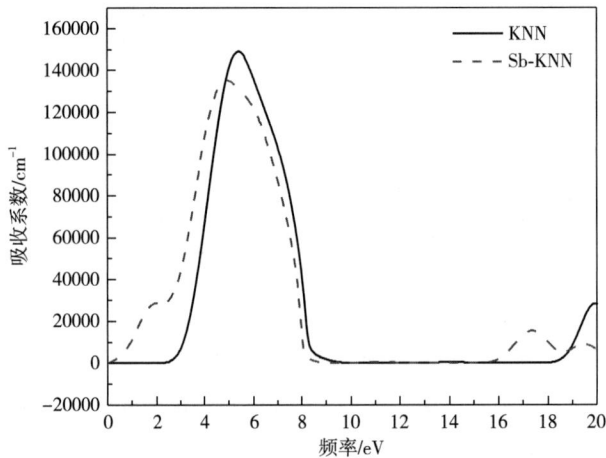

图 4-14　KNN 及 Sb 掺杂 KNN 的光吸收函数

图 4-15 是二者的能量损失函数，如图所示，Sb 取代 Na 时在 8eV 的峰值下降到了 11.2 左右，相比原胞约下降了 13.8，在 1.1～1.9eV 出现新的损失峰，与光的最大吸收率的下降相符。

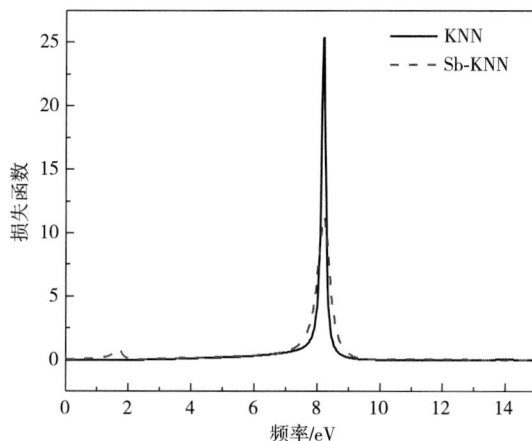

图 4-15　KNN 及 Sb 掺杂 KNN 的能量损失函数

（4）频率布居分析。表 4-7 是与被 Sb 取代的 Na 原子成键的 O 原子的布居，表 4-8 是 Sb 掺杂铌酸钾钠后 O 原子的布居，Sb 取代后 O 原子得电子量有的增加有的减少，与 Sb 成键的 O 原子得电子量增加，其余的得电子量减少或不变。Sb 的掺杂对 O 原子的 s、p 层轨道都有影响，其中对 s 层的影响较小，波动都在 0.01 范围内，对 d 层轨道的影响在 0.01～0.05 范围内。

表 4-7　与 Na 成键的原子的原子布居

类别	s	p	d	f	总电荷	电荷/e
O2	1.83	4.89	0.00	0.00	6.72	-0.72
O4	1.86	4.88	0.00	0.00	6.74	-0.74
O5	1.86	4.88	0.00	0.00	6.74	-0.74
O10	1.86	4.88	1.00	0.00	6.74	-0.74
O11	1.86	4.88	0.00	0.00	6.74	-0.74
O13	1.83	4.89	0.00	0.00	6.72	-0.72
O14	1.83	4.89	0.00	0.00	6.72	-0.72
O15	1.86	4.88	0.00	0.00	6.74	-0.74
O18	1.86	4.88	0.00	0.00	6.74	-0.74
O21	1.86	4.88	0.00	0.00	6.74	-0.74
O24	1.86	4.88	0.00	0.00	6.74	-0.74

表 4-8　Sb 掺杂后 O 原子的原子布居

类别	s	p	d	f	总电荷	电荷/e
O2	1.83	4.87	0.00	0.00	6.70	−0.70
O4	1.86	4.94	0.00	0.00	6.81	−0.81
O5	1.86	4.87	0.00	0.00	6.73	−0.73
O10	1.86	4.95	0.00	0.00	6.81	−0.81
O11	1.86	4.87	0.00	0.00	6.73	−0.73
O13	1.84	4.92	0.00	0.00	6.76	−0.76
O14	1.83	4.87	0.00	0.00	6.70	−0.70
O15	1.86	4.87	0.00	0.00	6.73	−0.73
O24	1.86	4.94	0.00	0.00	6.81	−0.81
O21	1.86	4.87	0.00	0.00	6.73	−0.73
O24	1.86	4.95	0.00	0.00	6.81	−0.81

　　表 4-9 是 Sb 与 O 成键的布居，表 4-10 是 Na 与 O 成键的布居。可见成键数目由 11 减少为 5，这是因为 Sb 的最外层电子数为 5 且内层电子不参与成键。随着 Sb 的掺杂，铌酸钾钠的共价作用减弱，键长变短且变化范围为 0.3~0.4。

表 4-9　Sb—O 键的布居

键	布居数	键长/Å
O13—Sb1	0.17	2.14768
O24—Sb1	0.1	2.26733
O10—Sb1	0.1	2.26814
O18—Sb1	0.08	2.29188
O4—Sb1	0.08	2.2927

表 4-10　Na—O 键的布居

键	布居数	键长/Å
O13—Na3	−0.14	2.47343
O10—Na3	−0.08	2.6543
O24—Na3	−0.08	2.6543
O4—Na3	−0.08	2.65431
O18—Na3	−0.08	2.65431

键	布居数	键长/Å
O2－Na3	－0.09	2.88989
O14－Na3	－0.09	2.88989
O11－Na3	－0.07	2.99704
O21－Na3	－0.07	2.99704
O5－Na3	－0.07	2.99706
O15－Na3	－0.07	2.99706

4.1.6 Sb、Mn 共掺杂 KNN 计算结果与分析

4.1.6.1 计算模型

图 4-16 是 Sb、Mn 共掺杂铌酸钾钠后的球棍模型，按照 4.1.3 节建立好的铌酸钾钠模型，选取铌酸钾钠中的一个 Nb（坐标：0.49764000、0.74999997、0.49832606）用 Mn 取代，选择其中一个 Na（坐标：0.25000113、0.4999999、0.47639816）用 Sb 原子取代得到，掺杂后的晶格常数为 $a = 7.91183$Å、$b = 11.4412$Å、$c = 5.77194$Å，$\alpha = \beta = \gamma = 90°$。计算软件包与单掺杂时相同，平面波截断能量设置为 370eV，自洽计算收敛精度为 1.0×10^{-6}eV/atom，布里渊区的积分采用了 3×2×4 的 Monkhorst-Pack 形式高对称 k 点方法。

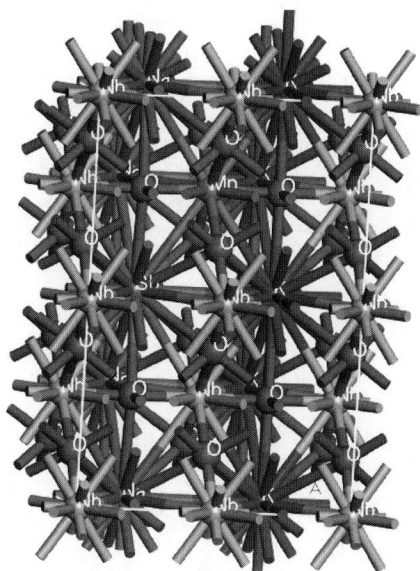

图 4-16 Sb、 Mn 共掺杂铌酸钾钠球棍模型

4.1.6.2　计算结果分析

（1）几何结构优化。表4-11是Sb、Mn共掺杂铌酸钾钠几何结构优化后的晶格常数，优化后 a 增大0.08756Å， b 减少0.0888Å， c 减少0.08324Å，总体积减小5.944Å³。

表4-11　Sb、Mn共掺杂KNN几何结构优化晶格参数

类型	$a/Å$	$b/Å$	$c/Å$	$V/Å^3$
Sb、Mn共掺杂KNN	7.99939	11.3524	5.68870	516.535

（2）能带结构与态密度。计算Sb、Mn共掺杂铌酸钾钠的能带结构时选择的布里渊区中高对称点依旧是 G-F-Q-Z-G 的路径。图4-17是Sb、Mn共掺杂铌酸钾钠后的能带结构图，掺杂后禁带宽度为2.25eV，相对于原胞增大了0.0571eV左右，价带最高点与导带最低点依旧在 G 点，为直接间隙半导体。导带最低点下移到0.95eV，价带最高点则在-1.30eV，二者均向低能级移动。在-0.14~0.16eV则出现一条新的能带穿过费米能级。

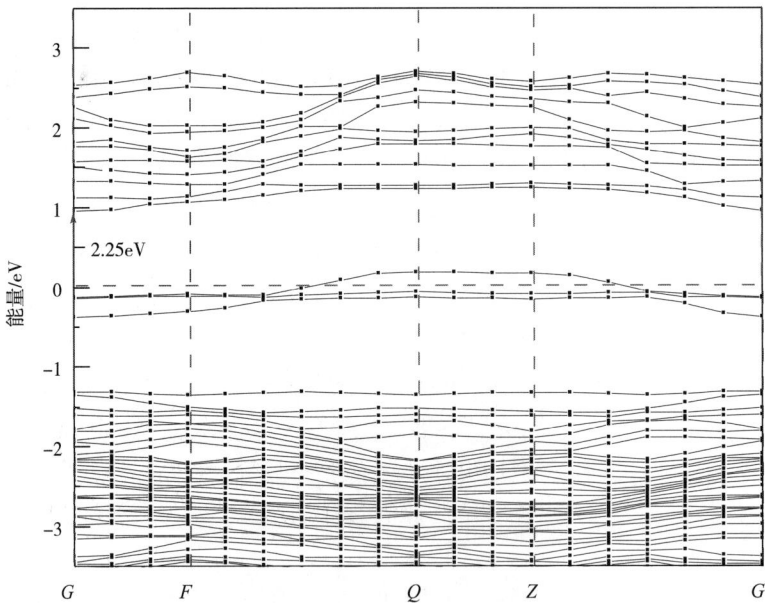

图4-17　Sb、Mn共掺杂KNN的能带结构

图4-18是Sb、Mn共掺杂KNN的态密度及分波态密度。如图4-18所示，共掺杂后的态密度在-12.8~-11.5eV的波由K的3p、Sb的5p与少量的Mn的3d4s与Na的2p电子轨道杂化而成，波峰约为43.9，不同于单掺杂时，共掺杂后Sb、Mn对低能级的贡献增大。在-9.5~-8.6eV出现波峰最大值约为3.3的波，不同于Sb单掺杂时，这个波由Mn、O、Na、Nb、Sb轨道杂化而成，而单掺杂时则由Sb的5p轨道贡献。在

光电功能材料的制备与性能研究

-6.95~-0.88eV 的波由 Mn 的 3d4s、Na 的 3s2p、Nb 的 4p4d、O 的 2p、Sb 的 5p 电子轨道杂化而成，波峰最大值约为 39.2。在 -0.5~0.4eV 出现了新的波，由 Mn 的 3d、Na 的 2p、O 的 2p、Nb 的 4d、Sb 的 5p 电子轨道杂化而成，波峰最大值约为 10.1，在费米能级出现的新能带刚好与之对应。在 0.86~3.08eV 的能级由 Mn 的 3d4s、Na 的 3s2p、Nb 的 4p4d、O 的 2p、Sb 的 5p 电子轨道杂化而成，在 -0.5~0.4eV 的能级由 Mn 的 3d4s、Na 的 3s2p、Nb 的 4d、O 的 2p、Sb 的 5p 层电子轨道杂化而成，波峰约为 17.32。掺杂后除出现新的波以外，在费米能级两边的波向低能级移动，与能带结构价带与导带的下移相符。但是都使其向低能态移动。

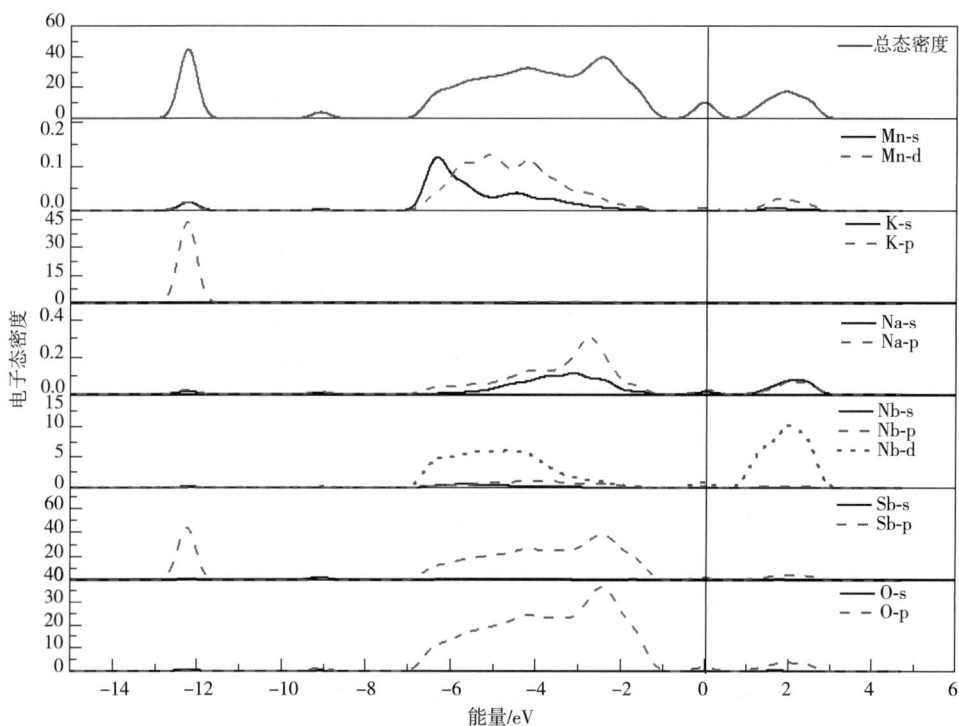

图 4-18 Sb、Mn 共掺杂 KNN 的态密度与分波态密度

（3）光学性质。图 4-19Sb、Mn 共掺杂铌酸钾钠后的复介电函数的实部，其 KNN 的静态介电常数 $\varepsilon_1(0) = 2.8$，Mn 掺杂后的 $\varepsilon_1(0) = 5.9$，Sb、Mn 的共掺杂可增大介电常数。掺杂后在 0~2.18eV 是由 5.9 逐渐下降至 3.29，之后的走势与铌酸钾钠相似，位置向低能方向移动。图 4-20 是 Sb、Mn 共掺杂铌酸钾钠的复介电函数的虚部，其 KNN 的 $\varepsilon_2(0) = 0$，Sb、Mn 共掺杂的 KNN 的 $\varepsilon_2(0) = 0.61$，可见 Mn 的掺杂使在 0eV 处的虚部也提高。KNN 的复介电函数的虚部在 0~2.2eV 平滑没有变化，之后上升至 6.2 后开始下降，Sb、Mn 共掺杂后在 0~2.63eV 出现了新的波峰，峰值约为 1.92，在 2.63~4.41eV 逐渐上升至 5.9 后开始下降并逐渐与铌酸钾钠原胞相符。可见，共掺杂使复介电函数的实部和虚部向低能区移动，且实部在 0eV 处提高，虚部出现新的峰，这与态密度的变化相符。

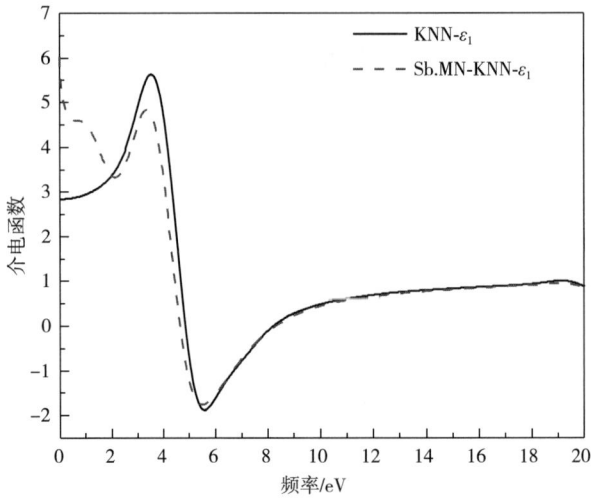

图 4-19　复介电函数的实部

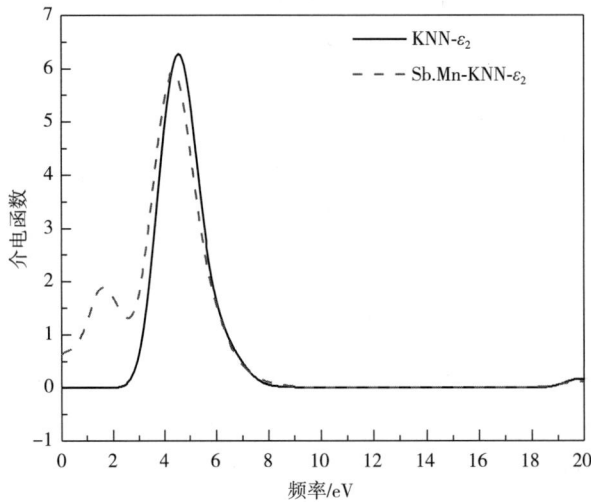

图 4-20　复介电函数的虚部

图 4-21 是铌酸钾钠与 Sb、Mn 共掺杂后铌酸钾钠的光吸收率，掺杂后最大吸收率下降到 140000cm^{-1} 左右，且从 0.32eV 处就开始上升，这是由 O 的 2p、Na 的 2s2p、Mn 的 3d、Sb 的 5p 与 Nb 的 4d 电子轨道在此的贡献，能量吸收函数靠近 0eV，波峰也向低能级移动即产生红移，但移动波动不大。

图 4-22 是铌酸钾钠与 Sb、Mn 共掺杂铌酸钾钠的能量损失函数，掺杂后的铌酸钾钠能量损失函数下降到了 13 左右，损失函数峰向高能态移动 0.3eV 左右。

（4）布居分析。表 4-12、表 4-13 是 Sb、Mn 共掺杂铌酸钾钠后的原子的布居，表 4-12 中 O10、O13、O14、O24、O18、O21 是与 Sb 成键的原子，其余是与被 Sb 取

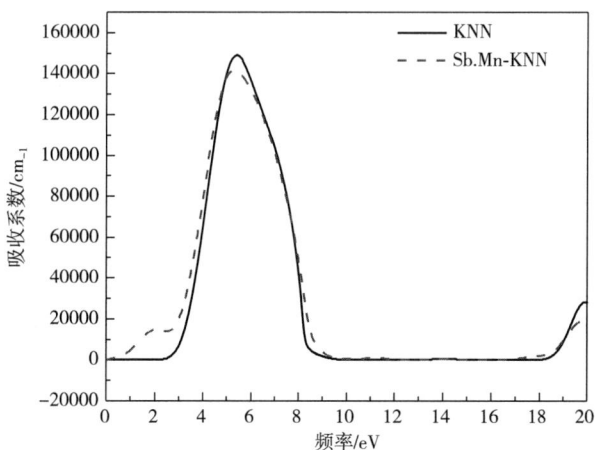

图 4-21　KNN 与 Sb、Mn 共掺杂 KNN 的光吸收函数

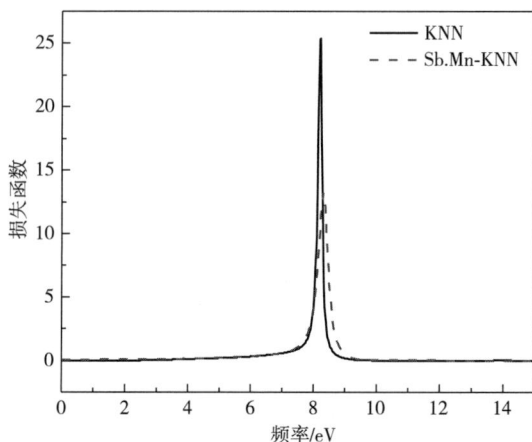

图 4-22　KNN 与 Sb、Mn 共掺杂 KNN 的能量损失函数

代的 N 键的原子，可以发现与 Sb 成键的 O 原子的得电子量增加，而未与 Sb 成键的 O 原子的得电子量不变或者是减少，s、p 层得电子变化量相似，在 0.01~0.06e 范围内。表 4-13 则全是与 Mn 成键的 O 原子，与和 Nb 成键的 O 原子一致，其中 O14、O24 的得电子量增加，其余的得电子量减少并且得电子量增加的主要是 s 层，减少的主要是 p 层。

表 4-12　共掺杂与 Sb 成键及与被 Sb 取代的 Na 原子成键的 O 原子布居

类别	s	p	d	f	总电荷	电荷/e
O2	1.84	4.85	0.00	0.00	6.69	−0.69
O4	1.86	4.88	0.00	0.00	6.74	−0.74
O5	1.86	4.85	0.00	0.00	6.71	−0.71

类别	s	p	d	f	总电荷	电荷/e
O10	1.86	4.91	0.00	0.00	6.76	−0.76
O11	1.86	4.86	0.00	0.00	6.72	−0.72
O13	1.85	4.91	0.00	0.00	6.76	−0.76
O14	1.86	4.89	0.00	0.00	6.75	−0.75
O15	1.86	4.88	0.00	0.00	6.74	−0.74
O18	1.87	4.95	0.00	0.00	6.82	−0.82
O21	1.86	4.85	0.00	0.00	6.71	−0.71
O24	1.88	4.91	0.00	0.00	6.79	−0.79

表 4-13　共掺杂后与 Mn 成键的 O 原子的原子布居

类别	s	p	d	f	总电荷	电荷/e
O14	1.86	4.89	0.00	0.00	6.75	−0.75
O20	1.87	4.85	0.00	0.00	6.73	−0.73
O21	1.86	4.85	0.00	0.00	6.71	−0.71
O22	1.86	4.83	0.00	0.00	6.69	−0.69
O23	1.85	4.83	0.00	0.00	6.69	−0.69
O24	1.88	4.91	0.00	0.00	6.79	−0.79

　　表 4-14 是 Sb、Mn 共掺杂铌酸钾钠键的布居，其共价作用减弱，共掺杂铌酸钾钠后 Mn 与 O23 的键长比铌酸钾钠中 Nb 与 O23 的键长短，其余的键长都增加。与 Sb 成键的 O24 和 O10 的键长增加，其余的键长变短，易于极化。

表 4-14　Sb、Mn 共掺杂 Sb 取代 Na 时取代元素键的布居

键	布居数	长度/Å
O22-Mn1	0.4	1.9454
O23-Mn1	0.38	1.95228
O14-Mn1	0.37	2.00639
O20-Mn1	0.35	2.00739
O24-Mn1	0.32	2.03139
O21-Mn1	0.36	2.03944
O24-Sb1	0.26	2.09567

键	布居数	长度/Å
O14-Sb1	0.31	2.13489
O18-Sb1	0.12	2.20686
O13-Sb1	0.06	2.24186
O21-Sb1	-0.08	2.79707
O10-Sb1	-0.1	2.94354

4.1.7 小结

通过 Materials Studio 软件模拟计算了铌酸钾钠、Sb 掺杂铌酸钾钠、Mn 掺杂铌酸钾钠及 Sb、Mn 共掺杂铌酸钾钠时的能带结构、态密度、分波态密度、光学性质与布居等相关性质，并通过对比分析以期得到更好的性能。主要研究结果如下：

（1）通过计算分析发现在 Mn 掺杂铌酸钾钠后铌酸钾钠具有 P 型半导体的特性，Mn 为受主，能带的禁带宽度为 1.0145eV，比铌酸钾钠的禁带宽度 2.193eV 约减少 1.1785eV。导带向低能级移动，价带越过费米能级，且导带最低点和价带最高点不在同一对称点，即掺杂后铌酸钾钠由直接间隙半导体变为间接间隙半导体。态密度则是 Mn 的 3d 电子轨道与 Na、O、Nb 的轨道杂化并向低能级移动，其中费米能级左边的波占据能量态增大 0.69eV 左右，这也是价带越过费米能级的原因。Mn 的掺杂使其复介电函数的实部和虚部向低能级方向移动，实部 0eV 处提高至 10.8，虚部在 0~2.4eV 处出现了新的峰，分析其光吸收函数后发现出现红移现象，吸收峰最大值增加，能量损失函数最大值减小与之相符。铌酸钾钠原子的布居和键的布居的变化则是 Mn 掺杂后与 Mn 成键的 O 原子得电子量均减少，与 Mn 成键的 O 原子和与 Nb 成键的相同，但是 O-Mn 键长比 O-Nb 键长短，减少范围在 0.03~0.07Å 内。键之间的共价作用减弱，键长变短，极化减弱，稳定性增强。

（2）Sb 掺杂铌酸钾钠，使其具有 N 型半导体的特性，Sb 为施主。禁带宽度则变为了 2.01eV 左右，与原胞相比约减少 0.1eV，掺杂后铌酸钾钠的价带最高点与导带最低点不在同一对称点，为间接间隙半导体，能量利用率下降。对于态密度费米能级附近的 Sb 的 5s5p 轨道与其他元素的电子轨道杂化，其杂化后向低能级偏移。态密度在 -10.0~-9.8eV 出现由 Sb 的 5s 轨道贡献的新的峰，Sb 的 5s5p、Nb 的 4d4p、O 的 2s 与少量 Na 的 2s2p 的轨道产生杂化，使其费米能级处的态密度向低能级移动。Sb 掺杂后其复介电函数的实部在 0eV 处的 $\varepsilon_1(0)$ 提高至 37.2，其复介电函数也向低能态移动，虚部则在 0~2.0eV 出现了新的波峰其余峰也向低能态方向移动，由光吸收函数可知掺杂后也产生红移现象，吸收峰最大值下降，分析能量损失函数后其最大值增大，与吸收函数变化相符。Sb 掺杂后 O 原子得电子量有的增加有的减少，与 Sb 成键的 O 原子得电子量增加，未成键的得电子量减少，且成键数目由 11 减少为 5，这是因为 Sb

的最外层电子数为 5 且内层电子不参与成键。随着 Sb 的掺杂,铌酸钾钠的共价作用减弱,键长变短且变化范围为 0.3~0.4。

（3）Sb、Mn 共掺杂铌酸钾钠时禁带宽度为 2.25eV,相对于原胞增大了 0.057eV 左右,价带最高点与导带最低点在同一高对称位置,为直接间隙半导体。价带与导带均向低能级移动,在 -0.14~0.16eV 则出现一条新的能带穿过费米能级。态密度在 -0.5~0.4eV 出现了新的波,由 Mn 的 3d、Na 的 2p、O 的 2p、Nb 的 4d、Sb 的 5p 电子轨道杂化而成,波峰最大值约为 10.1,其余的地方 Mn 的 3d4s、Na 的 3s2p、Nb 的 4p4d、O 的 2p、Sb 的 5p 轨道杂化而向低能级移动。共掺杂使复介电函数的实部和虚部向低能区移动,且实部在 0eV 处提高,虚部在 0~2.6eV 出现新的峰,与态密度的变化相符,对于光吸收函数亦产生红移且最大值下降,分析能量损失函数后与之相符合。与 Sb 成键的 O 原子的得电子量增加,而未与 Sb 成键的 O 原子的得电子量不变或者是减少,与 Mn 成键的则是有的增加有的减少,Mn 与 O_{23} 的键长比 Nb 与 O_{23} 的键长短,其余的键长都增加。与 Sb 成键的 O_{24} 与 O_{10} 的键长增加,其余的键长变短,易于极化。

参考文献

［1］王轲,沈宗洋,张波萍,等. 铌酸钾钠基无铅压电陶瓷的现状、机遇与挑战［J］. 无机材料学报,2014,29（1）：13-22.

［2］张钊伟,江民红,李林,等. Ta、Mn 共掺铌酸钾钠基压电单晶的无籽晶固相生长、结构和电学性能［J］. 硅酸盐学报,2022,50（9）：2358-2365.

［3］朱海勇,张伟. 锰掺杂和氧化铌种子层对铌酸钾钠薄膜电性能的影响［J］. 材料研究学报,2022,36（12）：945-950.

［4］江民红,王维,宋嘉庚,等. Mn、Zr 和 Ca 共掺杂 KNN 基单晶的无籽晶固相法生长、结构和压电性能研究［J］. 陕西师范大学学报（自然科学版）,2021,49（4）：61-68.

［5］徐泽,娄路遥,赵纯林,等. Mn 掺杂对 KNbO₃ 和 (K₀.₅Na₀.₅) NbO₃ 无铅钙钛矿陶瓷铁电压电性能的影响［J］. 物理学报,2020,69（12）：173-181.

［6］代斐斐,张帆,肖倩. 水热法制备 Sb 和 Ta 共掺杂的铌酸钾钠压电陶瓷粉体［J］. 陶瓷学报,2015,36（2）：143-146.

［7］褚祥诚,高仁龙,郇宇,等. Li、Sb、Ta 共掺杂对铌酸钾钠基无铅压电陶瓷相结构和压电性能的影响［J］. 稀有金属材料与工程,2013,42（S1）：130-134.

［8］肖舒琳,戴中华,李定妍,等. 氧化镧掺杂铌酸钾钠陶瓷的电、光性能研究［J］. 无机材料学报,2022,37（5）：520-526.

［9］THRIVIKRAMAN V T, SUDHEENDRAN K. Structural and optical studies of doped potassium-sodium niobate ceramics ［C］//IOP Conference Series：Materials Science and Engineering ［J］. IOP Publishing, 2022, 1263（1）：012014.

［10］何强，聂京凯，韩钰，等.Ge^{4+}离子掺杂对铌酸钾钠基无铅压电陶瓷烧结和电性能的影响［J］.陶瓷学报，2022，43（6）：1023-1029.

［11］MENG X，HU C，PARK D S，et al. Ultra-high piezoresponse in tantalum doped potassium sodium niobate single crystal［J］. Applied Physics Letters，2020，116（11）：112902.

［12］刘泳，徐志军，范立群，等.多效应铌酸钾钠基透明铁电陶瓷的制备及性能［J］.物理学报，2020，69（24）：278-285.

［13］刘熠闻，李腾，卓浩，等.Mn掺杂K$_{(0.5)}$Na$_{(0.5)}$NbO$_3$铁电薄膜的制备及性能表征［J］.低温物理学报，2024，46（2）：89-95.

［14］李博森，廖忠新，高大强.BNZ组分对KNN基无铅压电陶瓷结构和性能的影响［J］.材料研究学报，2024，38（1）：51-60.

［15］李雪伍，高瑞，黄艳斐，等.铌酸钾钠无铅压电陶瓷掺杂及制备技术现状［J］.中国表面工程，2023，36（2）：1-20.

［16］张源，吴波，李美亚，等.锆酸钡掺杂铌酸钾钠基无铅压电陶瓷的相结构及电学性能［J］.武汉大学学报（理学版），2022，68（2）：195-202.

［17］丁喜，彭战辉，张福东，等.LiBiO$_2$掺杂提升铌酸钾钠基无铅陶瓷透光率的研究［J］.陕西师范大学学报（自然科学版），2021，49（4）：86-90.

［18］李海涛，李冉，王广欣，等.钙-硼共掺铌酸钾钠基无铅压电陶瓷的微波制备及性能［J］.硅酸盐学报，2020，48（9）：1396-1404.

［19］SEGALL M D，LINDAN P J D，PROBERT M J，et al. First-principles simulation：ideas，illustrations and the CASTEP code［J］. Journal of Physics：Condensed matter，2002，14（11）：2717.

［20］Kohn W，Sham L J. Self-consistent equations including exchange and correlation effects［J］. Physical Review，1965，140（4A）：A1133.

［21］PERDEW J P，BURKE K，ERNZERHOF M. Generalized gradient approximation made simple［J］. Physical review letters，1996，77（18）：3865.

［22］MONKHORST H J，PACK J D. Special points for Brillouin-zone integrations［J］. Physical review B，1976，13（12）：5188.

4.2 Bi、Ti 掺杂对铌酸钾钠性能的影响

4.2.1 研究背景

近年来，由于其压电常数高、性能稳定等特点，人们对铌酸钾钠的研究正处于高

度关注的状态。研究者们在掺杂改性、工艺制备等方面展开深入的研究，以期获得性能良好的铌酸钾钠材料，促进产品的应用。

Birol 等人[1] 对未掺杂 KNN 体系成功制备出了超过 95% 密度的粉末，获得了更高的压电性能（$d_{33} = 100 \sim 110 \text{pC/N}$，$k_t = 45\%$）。但是粉体的制作工艺困难，条件苛刻不容易获得目标的粉体。2009 年，Dai 等人[2] 通过常规固态制备法探究 $K_{1-x}Na_xNbO_3$（$0.48 < x < 0.54$）不同 Na/K 的比对相结构的影响，发现 $x = 0.52 \sim 0.525$ 时产生准同型相界，当 $x = 0.52$，d_{33} 最大值达到 160pC/N，且 $k_t = 47\%$。2014 年 Wang 等人[3] 通过固相法制备出（$1-x$）（$K_{0.48}Na_{0.52}$）NbO_{3-x}（$Bi_{0.5}Ag_{0.5}$）ZrO_3［（$1-x$）KNNxBAZ］无铅压电陶瓷，通过加入（$Bi_{0.5}Ag_{0.5}$）$^{2+}$ 和 Zr^{4+} 使其居里温度达到 318℃，$d_{33} = 347 \text{pC/N}$。2016 年，Xu 等人[4] 通过使用 Sb^{5+}、$BaZrO_3$ 和 $Bi_{0.5}K_{0.5}HfO_3$ 等添加剂，使压电性能达到当时的最高纪录，d_{33} 值为（570 ± 10）Pc/N。2018 年 Jean 等人[5] 通过火花等离子烧结技术制备 $K_{0.5}Na_{0.5}Nb_{1-x}Ta_xO_3$（KNNT）压电陶瓷，发现利用钽代替铌能够使 KNN 致密化。当 x 在 $0.1 \sim 0.3$ 时，KNN 具有良好的压电系数（$d_{33} = 160 \text{pC/N}$）。2019 年，Huan 等人[6] 通过第一性原理理论和实验相结合的方法，制备了 Li、Ta 掺杂 KNN 体系粉末，发现多态相界（PPB）区的压电性能最佳，且发现加入极化电场可以诱导体系发生四方相向单斜相的转变。

郭朋彦等[7] 采用 W、Zr 共同掺杂铌酸钾钠陶瓷，当掺杂量 $x = 1\%$ 时，陶瓷的综合性能良好，压电常数为 203p C/N。周飞等[8] 研究了 $Li_3SbCu_2O_6$ 的添加对铌酸钾钠陶瓷的影响，当 $x = 0.01$ 时，陶瓷获得最佳的综合性能，$d_{33} = 109 \text{pC/N}$。刘熠闻等研究发现[9] Mn 掺杂的铌酸钾钠铁电薄膜（$K_{0.5}Na_{0.5}NbO_3 - 1\%MnO_2$，KNN-M）具有较高介电常数（717.56）和较低介电损耗（0.146）。迟文潮等[10] 通过调节极化电场与极化温度发现极化电场为 3kV/mm，极化温度为 60℃ 时，陶瓷的压电性能达到最佳，即压电常数 $d_{33} = 310 \text{pC/N}$。此外，国内外学者在铌酸钾钠改性提质方面展开了深入的研究[11-20]。

通过调研以上文献，提出 Bi（A 族）取代 A 位元素（K、Na），Ti（B 族）取代 B 位元素（Nb）进行单掺杂和共掺杂，结合 Material Studio 软件建立铌酸钾钠模型，模拟计算铌酸钾钠能带结构、电子态密度、光学性能等性能。

4.2.2　研究内容及结果概述

（1）采用第一性原理方法，建立 $KNaNbO_3$ 的 $2 \times 2 \times 1$ 超晶胞，计算 KNN 的能带结构、电子态密度和光学性质。

（2）采用第一性原理方法，Bi 原子分别替代 A 位原子 Na、K 单掺杂铌酸钾钠，Ti 替代 B 位离子 Nb 对 KNN 单掺杂。一次掺杂只替换铌酸钾钠的一个原子进行掺杂，计算 KNN 的能带结构、电子态密度和光学性质。

（3）采用第一性原理方法，Bi 分别替代 A 位的 Na、K 原子，Ti 替代 B 位的 Nb 离子对 KNN 共掺杂，计算 Bi、Ti 共掺杂后 $KNaNbO_3$ 的能带结构、电子态密度和光学性质。

此处基于密度泛函理论的第一性原理赝势平面波方法，通过 Bi、Ti 原子进行掺杂 KNN，计算并分析铌酸钾钠的能带结构、态密度和光学性质。研究表明，本征 KNN 的带隙为 2.193eV，其高对称点位置相同于 G 点，是直接带隙半导体。在费米能级附近主要由 O-p 轨道和 Nb-d 轨道做贡献。在 5.4eV 处达到对光的最大吸收，吸收系数为 $149000cm^{-1}$。掺杂 Bi 替换 Na 原子后，带隙变化为 2.025eV，KNN 转变为 N 型半导体，费米能级附近主要由 O 的 p 轨道和 Nb 的 d 轨道做贡献，在 5.2eV 处达到对光的最大吸收，吸收系数为 $140000cm^{-1}$。掺杂 Ti 替换 Nb 原子后，KNN 带隙为 2.192eV，KNN 转变为 P 型半导体，费米能级附近主要由 O 的 p 轨道和 Nb、Ti 的 d 轨道做贡献，在 5.3eV 处达到对光的最大吸收，吸收系数为 $143000cm^{-1}$。掺杂 Bi 替换 Na 原子、Ti 替换 Nb 原子共掺杂，KNN 带隙为 0.392eV，KNN 转变为 N 型半导体，费米能级附近主要由 O 的 p 轨道和 Nb、Ti 的 d 轨道做贡献，在 5.3eV 处达到对光的最大吸收，吸收系数为 $140000cm^{-1}$。Bi、Ti 原子掺杂 KNN 后，KNN 的介电函数值的静电常数增大，在 $0\sim1eV$ 之间函数值急剧下降。

4.2.3 计算软件及模型

采用 Materials Studio 计算软件，通过 Find it 晶体结构库获得 $KNbO_3$ 正交相钙钛矿结构，铌酸钾（空间群：Amm2），将 $KNbO_3$ 进行 $2\times2\times1$ 扩胞得到超晶胞，将 $KNbO_3$ 超晶胞对应位置中一半的 K 替换成 Na 后得到 $KNaNbO_3$，再对铌酸钾钠结构优化后分别计算其能带结构、电子态密度及光学性质。图 4-23 为 $KNaNbO_3$ 结构示意图，晶格常数为：$a=8.03510$Å，$b=11.6473$Å，$c=5.85956$Å，$V=548.381$Å^3，晶面角 $\alpha=\beta=\gamma=90°$。

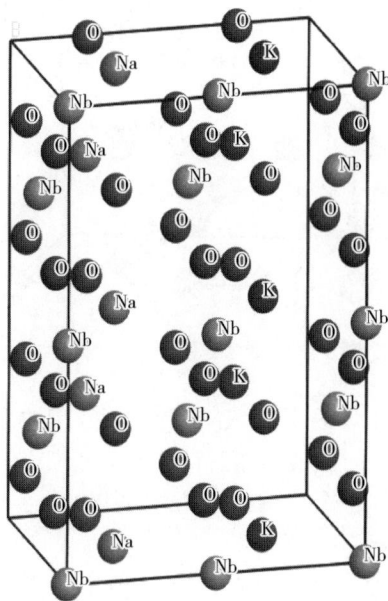

图 4-23　$KNaNbO_3$ 结构示意图

建立 KNN 模型后，采用 BFGS 算法对其进行晶格常数的结构优化，以保证计算模型能量最低、体系稳定。

KNaNbO₃ 结构优化后，将 Bi 替换一个 Na 原子表示为 KNN（Bi-Na）。将 Bi 替换一个 K 原子表示为 KNN（Bi-K），将 Ti 替换一个 Nb 原子表示为 KNN（Ti-Nb），将 Bi 替换一个 Na 原子、同时 Ti 替换一个 Nb 原子共掺杂表示为 KNN（Bi-Na，Ti-Nb）；Bi 替换一个 K 原子、Ti 替换一个 Nb 原子共掺杂表示为 KNN（Bi-K，Ti-Nb）。采用基于密度泛函理论（DFT）和超软赝势方法 CASTEP（Cambridge Sequential Total Energy Package）处理离子对电子间的相互作用，采用广义梯度近似 Perdew Burke Ernzerhofer（PBE）函数处理电子间的交换关联能。3×2×4 Monkhorst-Pack 网格对布里渊区进行 K 点采样，平面波截止能量为 370eV，能量收敛为 10^{-5}eV，计算结构优化、能带结构、电子态密度和光学性质，以获得准确的结果。

图 4-24 是 Bi 替换一个 Na 原子掺杂 KNN 的模型。用一个铋原子随机替换 KNN 中的一个钠原子，优化 KNN（Bi-Na）模型，然后计算并分析其能带结构、电子态密度和光学性质，参与计算的原子有 O：$2s^2 2p^4$，Na：$2s^2 2p^6 3s^1$，K：$3s^2 3p^6 4s^1$，Nb：$4s^2 4p^6 4d^4 5s^1$，Bi：$6s^2 6p^3$，晶面角 $\alpha = \beta = \gamma = 90°$。

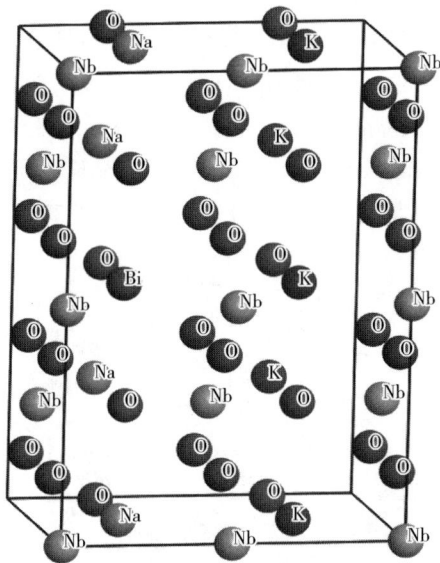

图 4-24　KNN（Bi-Na）的模型

图 4-25 是 Bi 替换一个 K 原子掺杂 KNN 的模型。用铋原子随机替换 KNN 中的一个钠原子，优化 KNN（Bi-K）的模型，然后计算并分析其能带结构、电子态密度和光学性质。参与计算的原子 O：$2s^2 2p^4$，Na：$2s^2 2p^6 3s^1$，K：$3s^2 3p^6 4s^1$，Nb：$4s^2 4p^6 4d^4 5s^1$，Bi：$6s^2 6p^3$，晶面角 $\alpha = \beta = \gamma = 90°$。

图 4-26 是 Ti 替换一个 Nb 原子掺杂 KNN 的模型。使用钛原子随机替换 KNN 中的一个铌原子，优化 KNN（Ti-Nb）模型，然后计算并分析其能带结构、电子态密度和

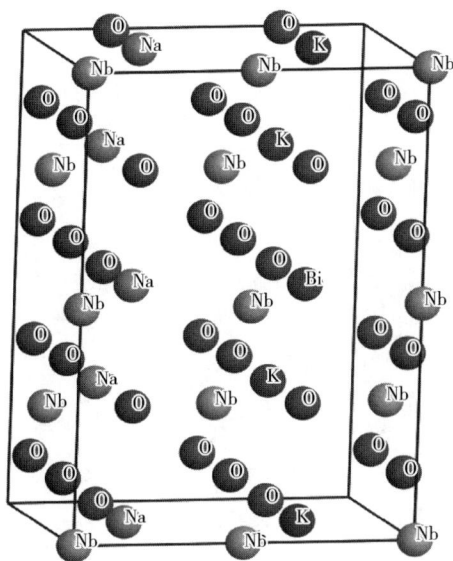

图 4-25　KNN（Bi-K）的模型图

光学性质。模型中参与计算的原子有 O：$2s^22p^4$，Na：$2s^22p^63s^1$，K$3s^23p^64s^1$，Nb：$4s^24p^64d^45s^1$，Ti：$3s^23p^63d^24s^2$，其晶面角 $\alpha=\beta=\gamma=90°$。

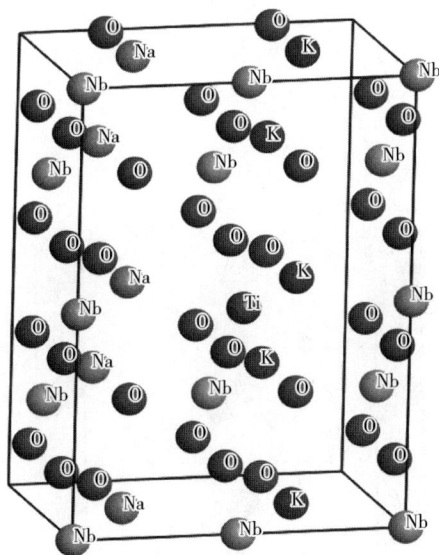

图 4-26　KNN（Ti-Nb）的模型

　　图 4-27 是 Bi 替换一个 Na 原子，Ti 替换一个 Nb 原子共掺杂 KNN 的模型。使用 Bi、Ti 原子分别随机替换 KNN 中的一个 Na、Nb 原子，对 KNN（Bi-Na，Ti-Nb）模型优化后，计算并分析其能带结构、电子态密度和光学性质，使其能量低，体系稳定。

参与计算的原子有 O：$2s^2 2p^4$，Na：$2s^2 2p^6 3s^1$，K$3s^2 3p^6 4s^1$，Nb：$4s^2 4p^6 4d^4 5s^1$，Ti：$3s^2 3p^6 3d^2 4s^2$，Bi：$6s^2 6p^3$，其晶面角 $\alpha = \beta = \gamma = 90°$。

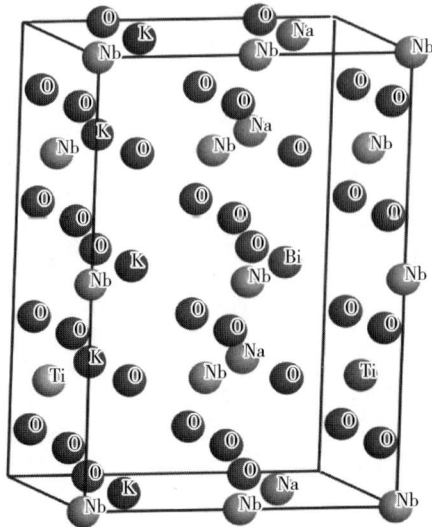

图 4-27　KNN（Bi-Na，Ti-Nb）的模型

图 4-28 是 Bi 替换一个 K 原子，Ti 替换一个 Nb 原子共掺杂 KNN 的模型。使用 Bi、Ti 原子分别随机替换 KNN 中的一个钾、钠原子，优化 KNN（Bi-K，Ti-Nb）模型，然后计算并分析其能带结构、电子态密度和光学性质。参与计算的原子有 O：$2s^2 2p^4$，Na：$2s^2 2p^6 3s^1$，K$3s^2 3p^6 4s^1$，Nb：$4s^2 4p^6 4d^4 5s^1$，Ti：$3s^2 3p^6 3d^2 4s^2$，Bi：$6s^2 6p^3$，其晶面角 $\alpha = \beta = \gamma = 90°$。

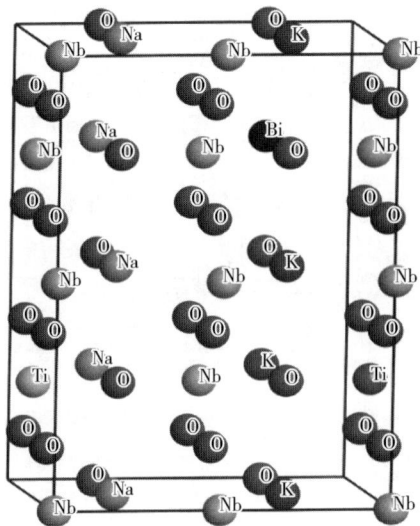

图 4-28　KNN（Bi-K，Ti-Nb）的模型

4.2.4 Bi、Ti 掺杂 KNN 计算结果与分析

4.2.4.1 几何结构优化

表4-15为掺杂前和掺杂后未优化铌酸钾钠的晶格参数，铌酸钾钠没有掺杂时晶胞体积是最大的，因为利用优化后的本征铌酸钾钠进行元素掺杂，所以掺杂后的晶格参数为本征铌酸钾钠优化后的晶格参数。

表4-15 $KNaNbO_3$ 未优化的晶格参数

类别	$a/Å$	$b/Å$	$c/Å$	$V/Å^3$
KNN	8.03510	11.6473	5.85956	548.381
KNN（Bi-K）	7.91152	11.4411	5.77193	522.455
KNN（Bi-Na）	7.91152	11.4411	5.77193	522.455
KNN（Ti-Nb）	7.91152	11.4411	5.77193	522.455
KNN（Bi-K，Ti-Nb）	7.91152	11.4411	5.77193	522.455
KNN（Bi-Na，Ti-Nb）	7.91152	11.4411	5.77193	522.455

表4-16为本征和掺杂进行优化后 $KNaNbO_3$ 的晶格参数，由表4-16可以得到优化过后晶格参数与优化前的对比，优化后的晶格参数比较低，模型具有的能量低、体系稳定，且优化后和优化前晶格参数数值相差较近、失配度低、试验可行。

表4-16 $KNaNbO_3$ 优化后的晶格参数

类别	$a/Å$	$b/Å$	$c/Å$	$V/Å^3$
KNN	7.91152	11.4411	5.77193	522.455
KNN（Bi-K）	7.96427	11.3681	5.70084	516.148
KNN（Bi-Na）	7.98829	11.3747	5.72155	519.883
KNN（Ti-Nb）	7.93021	11.3926	5.73384	518.026
KNN（Bi-K，Ti-Nb）	7.93151	11.3613	5.70081	513.709
KNN（Bi-Na，Ti-Nb）	7.93651	11.5461	5.75590	526.987

4.2.4.2 能带结构分析

图4-29为 Bi 替换一个 Na 原子掺杂 $KNaNbO_3$ 的能带结构，由图可知，使用 Bi 替换 Na 原子掺杂后，KNN 的价带顶和导带底高对称点位置相同（G 点），价带顶部的能量为-2.378eV，导带底部的能量为-0.368eV，禁带宽度为 2.025eV，表明 Bi 替换 Na

原子的 KNN 为直接带隙半导体, 费米能级进入导带中, KNN 转变为 N 型半导体。

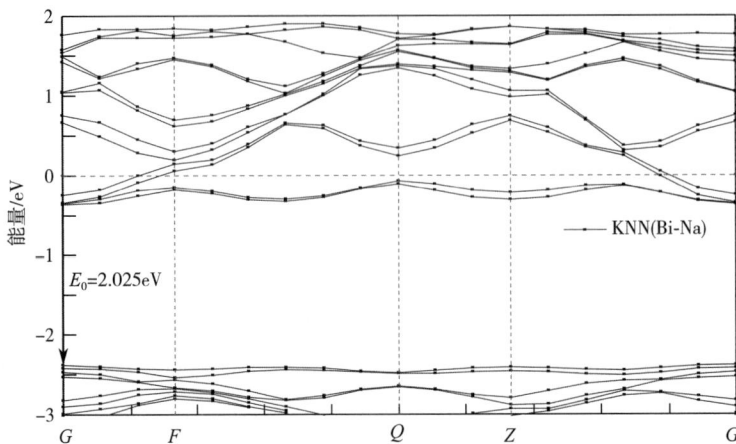

图 4-29　KNN（Bi-Na）能带结构

　　图 4-30 是 Bi 替换一个 K 原子掺杂 KNaNbO₃ 的能带结构, 由图可知, Bi 替换 K 原子掺杂后, 价带顶和导带底的高对称点位置不同, 价带顶部的能量为 -2.495eV, 导带底部的能量为 -0.365eV, 禁带宽度为 2.13eV, 表明 Bi 替换 K 原子的 KNN 为间接带隙半导体, 费米能级进入导带中, KNN 转变为 N 型半导体。

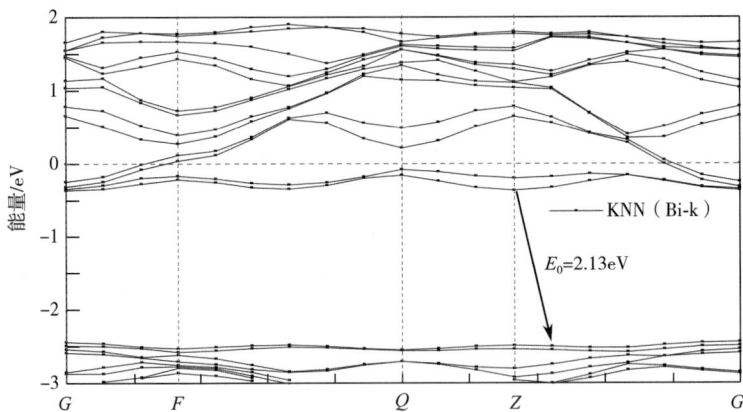

图 4-30　KNN（Bi-K）能带结构

　　图 4-31 是 Ti 替换一个 Nb 原子掺杂 KNaNbO₃ 的能带结构图, 由图可知, Bi 替换 Nb 原子掺杂后, 价带顶和导带底高对称点的位置相同于 G 点, 价带顶的能量为 0.087eV, 导带底的能量为 2.279eV, 带隙为 2.192eV, Bi 替换 K 原子掺杂 KNN 为直接带隙半导体, 费米能级进入价带中, KNN 转变为 P 型半导体。

　　图 4-32 是 KNN（Bi-Na, Ti-Nb）掺杂的能带结构, 由图可知, Bi、Ti 掺杂 KNN 后, 价带顶和导带底高对称点的位置不同, 价带顶部的能量为 0.335eV, 导带底部的能

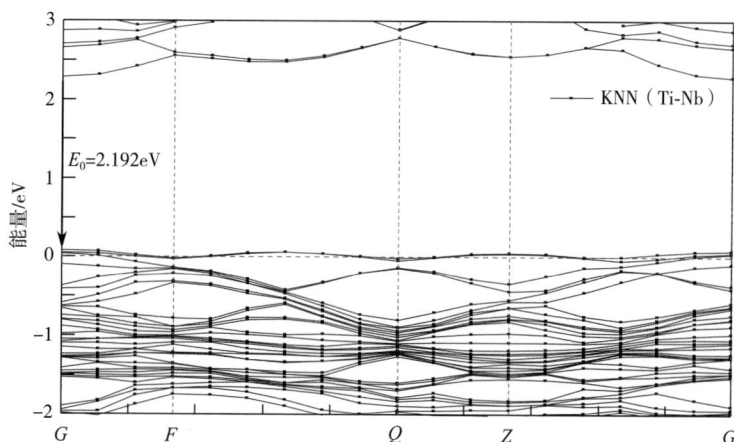

图 4-31　KNN（Ti-Nb）能带结构

量为 0.0568eV，所以带隙为 0.392eV，表明 Bi、Ti 掺杂 KNN 为间接带隙半导体，费米
能级进入导带中，KNN 转变为 N 型半导体。

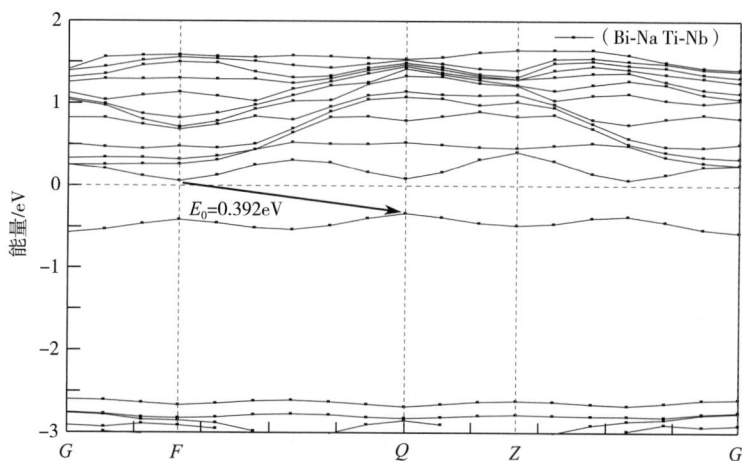

图 4-32　KNN（Bi-Na，Ti-Nb）能带结构

　　图 4-33 是 KNN（Bi-K，Ti-Nb）掺杂的能带结构，由图可知，Bi、Ti 共掺杂 KNN
后，价带顶和导带底高对称点的位置不同，其价带顶部的能量为-2.384eV，导带底部
的能量为-0.203eV，所以带隙为 2.192eV，表明 Bi、Ti 共掺杂 KNN 为直接带隙半导
体，费米能级进入导带中 KNN 转变为 N 型半导体。

4.2.4.3　电子态密度

　　图 4-34 为 KNN（Bi-Na）的电子态密度，由图可知，总的态密度主要有五个峰，
从左往右的第一个峰在-24eV 位置，峰值为 40，由 Na 的 p 轨道做贡献；第二个峰在
-19eV，峰值为 35，主要由 O 的 s 轨道提供能量，还有少量 Nb 的 s、p、d 轨道做贡

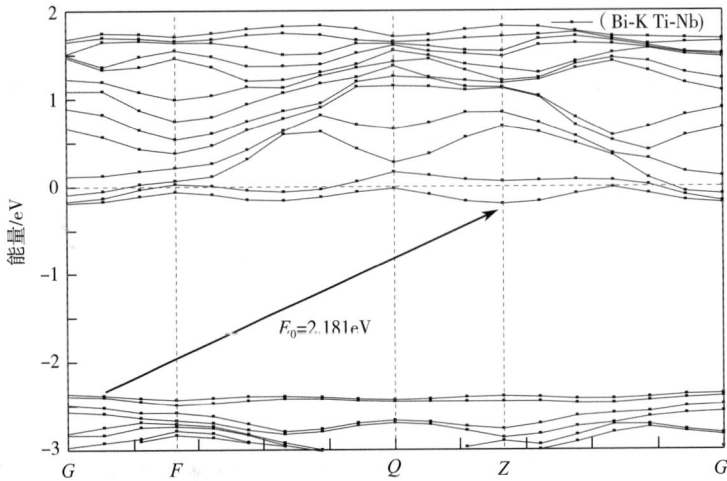

图 4-33　KNN（Bi-K，Ti-Nb）能带结构

献；第三个峰在-13eV 位置，峰值为 45，由 K 的 p 轨道做贡献；第四个峰在-3.4eV 的位置，峰值为 43，主要由 O 的 p 轨道做贡献；第五个峰在 1.5eV 位置，峰值为 17。总体来看，第一个峰和第二个峰距离费米能级较远，对费米能级影响小，对费米能级的影响主要由 O 的 s、p 轨道和 Nb 的 d 轨道，Bi 的 p 轨道做贡献。

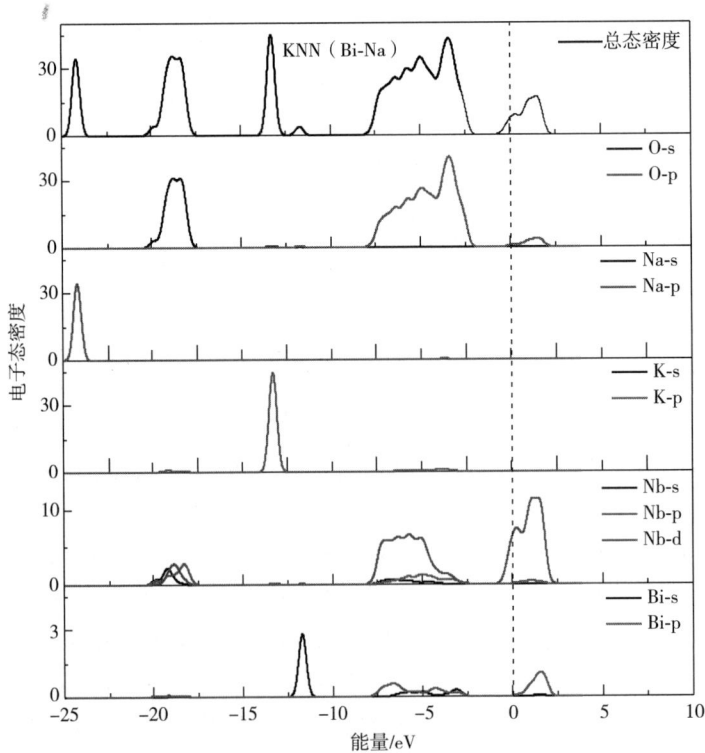

图 4-34　KNN（Bi-Na）电子态密度

图 4-35 为 KNN（Bi-K）的电子态密度，由图可知，总态密度主要有五个峰，从左往右的第一个峰在 $-24eV$ 位置，峰值为 45，由 Na 的 p 轨道做贡献；第二个峰在 $-19eV$，峰值为 35，主要由 O 的 s 轨道提供能量，还有少量 Nb 的 s、p、d 轨道做贡献；第三个峰在 $-13eV$ 位置，峰值为 33，由 K 的 p 轨道做贡献；第四个峰在 $-3.5eV$ 的位置，峰值为 43，主要由 O 的 p 轨道做贡献；第五个峰在 $1.2eV$ 位置，峰值为 17。总体来看，第一个峰和第二个峰距离费米能级较远，对费米能级影响小，对费米能级的影响主要由 O 的 s、p 轨道、Nb 的 d 轨道和 Bi 的 p 轨道做贡献。

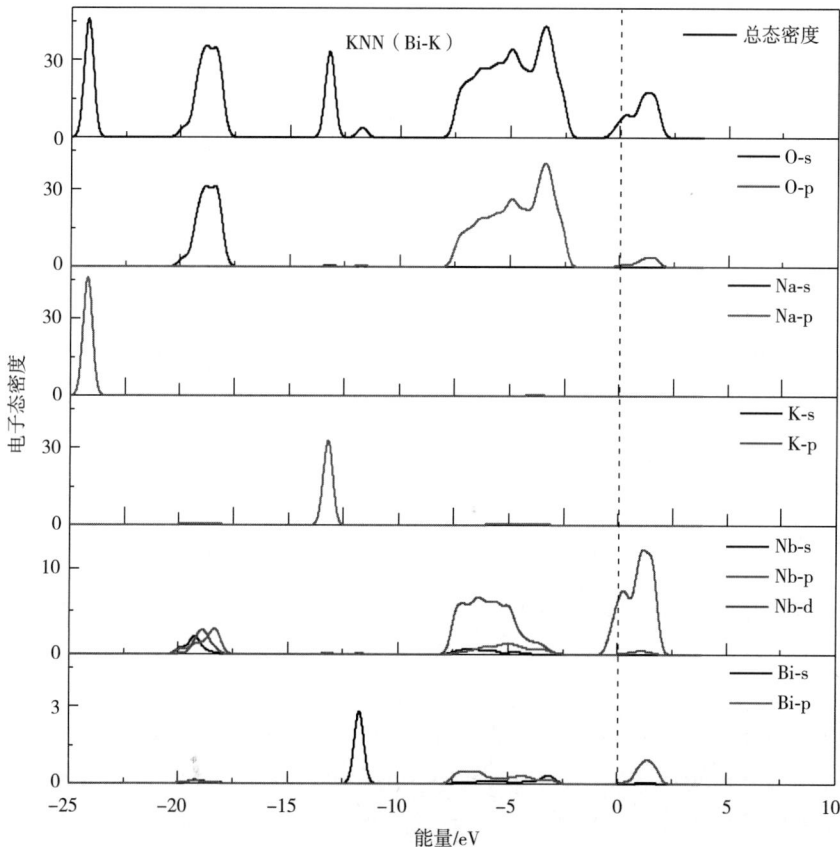

图 4-35　KNN（Bi-K）电子态密度

图 4-36 为 KNN（Ti-Nb）电子态密度，由图可知，总的态密度主要有五个峰，从左往右的第一个峰在 $-21.6eV$ 位置，峰值为 47，由 Na 的 p 轨道做贡献；第二个峰在 $-16eV$，峰值为 40，主要由 O 的 s 轨道提供能量，还有少量 Nb 的 s、p、d 轨道做贡献；第三个峰在 $-10.8eV$ 位置，峰值为 45.7，由 K 的 p 轨道做贡献；第四个峰在 $-1eV$ 的位置，峰值为 47，主要由 O 的 p 轨道做贡献；第五个峰在 $3.6eV$ 位置，峰值为 18。总体来看，第一个峰和第二个峰距离费米能级较远，对费米能级影响小，对费米能级的影响主要由 O 的 s、p 轨道、Nb 的 d 轨道和 Ti 的 d 轨道做贡献。

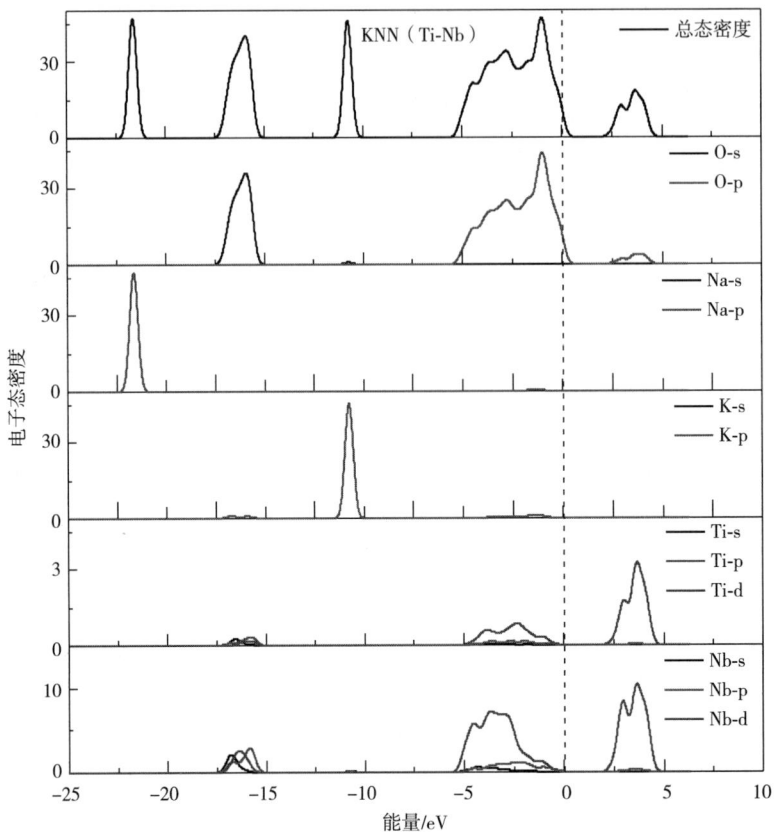

图 4-36　KNN（Ti-Nb）电子态密度

　　图 4-37 为 KNN（Bi-Na，Ti-Nb）的电子态密度，由图可知，总的态密度主要有五个峰，从左往右的第一个峰在-21.6V 位置，峰值为 46.7，由 Na 的 p 轨道做贡献；第二个峰在-16eV，峰值为 40，主要由 O 的 s 轨道提供能量，还有少量 Nb 的 s、p、d 轨道做贡献；第三个峰在-10.8V 位置，峰值为 46，由 K 的 p 轨道做贡献；第四个峰在-1eV 的位置，峰值为 47，主要由 O 的 p 轨道和 Ti、Nb 的 d 轨道做贡献；第五个峰在 3.6eV 位置，峰值为 18。总体来看，第一个峰和第二个峰距离费米能级较远，对费米能级影响小，对费米能级的影响主要由 O 的 s、p 轨道，Ti、Nb 的 d 轨道，Bi 的 p 轨道和 Ti 的 d 轨道做贡献。

　　图 4-38 为 KNN（Bi-K，Ti-Nb）的电子态密度，由图可知，总的态密度主要有五个峰，从左往右的第一个峰在-24V 位置，峰值为 46，由 Na 原子的 p 轨道做贡献；第二个峰在-18.4eV，峰值为 37.7，主要由 O 的 s 轨道提供能量，还有少量 Nb 的 s、p、d 轨道做贡献；第三个峰在-13V 位置，峰值为 33，由 K 的 p 轨道做贡献；第四个峰在-3.3eV 的位置，峰值为 40.5，主要由 O 的 p 轨道和 Ti、Nb 的 d 轨道做贡献；第五个峰在 1.4eV 位置，峰值为 19。总体来看，第一个峰和第二个峰距离费米能级较远，对费米能级影响小，对费米能级的影响主要由 O 的 s、p 轨道，Ti、Nb 的 d 轨道，Bi 的 p 轨道和 Ti 的 d 轨道做贡献。

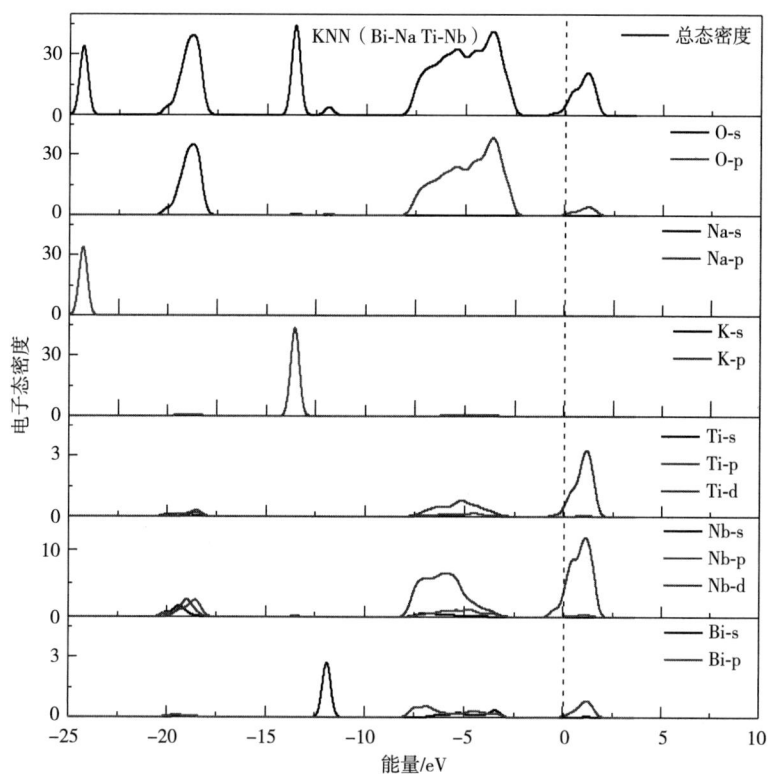

图 4-37　KNN（Bi-Na，Ti-Nb）电子态密度

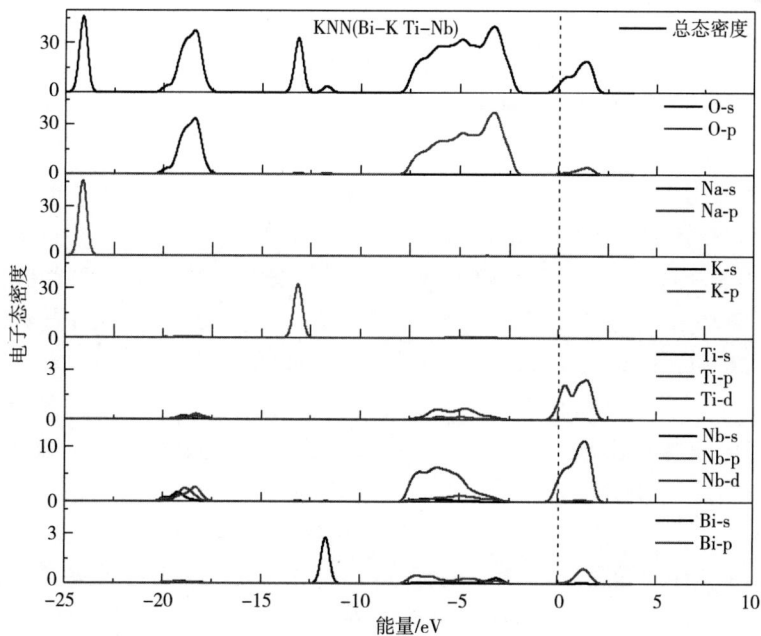

图 4-38　KNN（Bi-K，Ti-Nb）电子态密度

4.2.4.4　光学性质

图 4-39 为 Bi、Ti 掺杂 KNN 的吸收系数，由图可以看出，未掺杂时 KNN 在 0～10eV 位置处存在一个峰，对光的吸收从 2～5.5eV 逐步上升，在 5.5eV 峰顶的位置吸收系数为 150000cm^{-1}，5.5～10eV 位置处对光的吸收逐步下降到 0cm^{-1}。

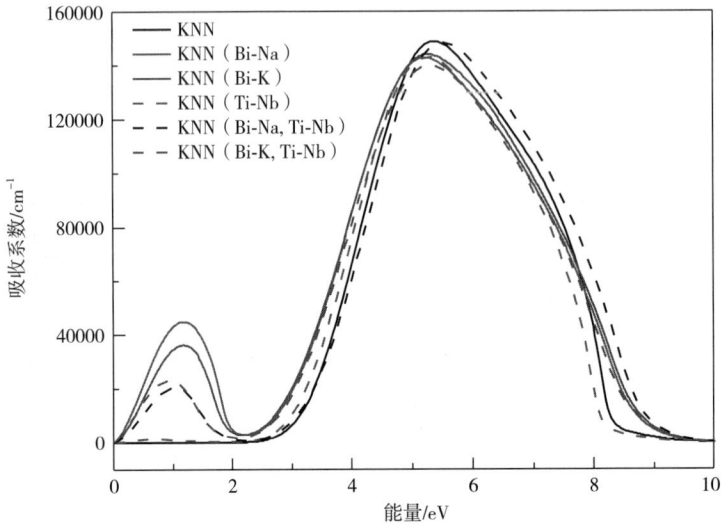

图 4-39　Bi、Ti 掺杂 KNN 的吸收系数图

Bi 替换钠掺杂 KNN 的吸收系数图在 0～10eV 之间出现两个峰，第一个峰在 1.2eV 位置，峰值为 45000cm^{-1}，在 0～1.2eV 对光的吸收逐渐上升，1.2～2.2eV 对光的吸收逐渐下降到 2900cm^{-1}，在 2.2～10eV 到达第二个峰，在 2.2～5.2eV 位置对光的吸收逐渐升高，5.2eV 位置对光的吸收最大，其峰值为 142000cm^{-1}，5.2～10eV 位置对光的吸收逐渐下降到零附近。

Bi 替换 K 掺杂 KNN 的吸收系数图在 0～10eV 之间出现两个峰，第一个峰在 1.2eV 位置，峰值为 36000cm^{-1}，在 0～1.2eV 对光的吸收逐渐上升，1.2～2.2eV 对光的吸收逐渐下降到 2900cm^{-1}，在 2.2～10eV 到达第二个峰，在 2.2～5.3eV 位置对光的吸收逐渐升高，5.3eV 位置对光的吸收最大，其峰值为 144000cm^{-1}，5.3～10eV 位置对光的吸收逐渐下降。

当 Ti 替换 Nb 原子掺杂 KNN 时，在 0～10eV 低能区存在一个峰，在 5.3eV 位置，峰值为 143000cm^{-1}，在 2～5.2eV 对光的吸收逐渐升高，5.2～10eV 对光的吸收逐渐下降。

Bi 替换 Na、Ti 共掺杂 KNN 对光的吸收系数，低能区 0～10eV 有两个峰，第一个峰在 0～2eV，最高峰在 1eV 位置，峰值为 20000cm^{-1}，第二个峰在 2～10eV，在 5.5eV 处有最大峰值为 148000cm^{-1}。

Bi 替换 K、Ti 共掺杂 KNN 对光的吸收系数，低能区 0～10eV 有两个峰，第一个峰在 0～2eV，最高峰在 1eV 位置，峰值为 23000cm^{-1}，第二个峰在 2～10eV，在 5.3eV 处有最大峰值为 139000cm^{-1}。

总体而言，图 4-39 中，未掺杂时 KNN 出现对光的最大吸收，其最大吸收为 150000cm^{-1}，在 5.5eV 的位置。对 KNN 的 A 位（Na、K）掺杂时，KNN 的吸收系数在 0～2eV 位置出现一个峰，Bi 替换 Na 单掺 KNN 出现的峰最大，在 1.2eV 位置处峰值为 45000cm^{-1}，在 2～10eV 位置的吸收系数与本征的相比其存在向左微小的偏移。只对 KNN 的 B 位（Nb）掺杂时，在 0～2eV 位置的吸收系数和本征的一样，没有出现对光的吸收，在 2～10eV 位置的吸收系数存在向右微小的偏移。

图 4-40 为 Bi、Ti 掺杂 KNN 的介电函数。由图 4-40 可以看出，当 Bi 原子替换 Na 原子掺杂铌酸钾钠时，实部在 0eV 位置的函数值为 56.5，0～1.1eV 位置实部的值呈下降趋势，从 56.5 降到-3.75，在 1.1～5.2eV 位置处存在一个峰，在 3.3eV 处达到最大峰值为 4.5，9～10eV 函数值变化很小且趋近于零。虚部在 0～2eV 处的函数值存在一个峰，在 0.4eV 位置处是峰顶，峰值为 21.4，0.4～2eV 位置的函数值随着能量的升高而下降，2～8eV 位置有一个峰，在 4.3eV 处峰值为 5.8，8～10eV 函数值变化很小且趋近于零。

当 Bi 原子替换 K 原子掺杂铌酸钾钠时，实部在 0eV 位置的函数值为 36.2，0～1.2eV 位置实部的值呈下降趋势，从 36.2 降到-1.6，在 1.2～5.4eV 位置处存在一个峰，在 3.2eV 处峰达到最大值 4.8，在 5.2～10eV 位置函数缓慢上升变化，接近 10eV 位置函数趋近于 0。虚部在 0～2.1eV 处的函数值存在一个峰，0～0.47eV 是增区间，在 0.47eV 位置处是峰顶，峰值为 14；0.47～2.1eV 位置为减区间，在 2.1eV 位置函数值为 0.25；2.1～10eV 位置有一个峰，在 4.3eV 处峰值为 6，靠近 10eV 附近函数值趋近于零。

Ti 掺杂 KNN 时，实部在 0eV 位置的函数值为 4.8，0～0.9eV 位置函数下降，在 0.9eV 位置函数值为 2.8；0.9～5.5eV 位置存在一个峰，在 3.4eV 到达峰顶，峰值为 5.5，3.4～5.5eV 位置直线下降，在 5.5eV 位置的函数值为-1.8eV；在 5.5～10eV 函数值逐渐升高，当靠近 10eV 附近函数值趋近于零。虚部在 0～1eV 处的函数逐渐下降，其值从 0.7 下降到 0，在 1～10eV 存在一个峰，在 4.4eV 位置处是峰顶，峰值为 6.1；在 9～10eV 位置变化很小且函数值趋近于零。

图 4-40 中，当 Bi 替换钠、Ti 替换 Nb 原子共掺杂 KNN 发现实部在 0eV 位置的值为 19.7，0～1.2eV 函数逐渐下降，在 1.2eV 函数值为 0.5；在 1.2～5.7eV 位置函数存在一个峰，在 3.6eV 到达峰顶，其峰顶值为 5，在 5.7eV 位置处函数值为-1.8。5.7～10eV 函数逐渐升高，靠近 10eV 附近函数值趋近于零。虚部在 0～10eV 位置存在两个峰，在 0eV 时函数值为 5.1，第一个峰在 0.5eV 处峰值为 7.1，在 2.3eV 达到第一个峰的最低点 0.07。第二个峰在 4.7eV 位置峰值为 5.9，在 9～10eV 位置变化很小且函数值趋近于零。

当 Bi 替换 K、Ti 替换 Nb 原子共掺杂 KNN 时，发现实部在 0eV 位置的值为 35.5，0～1eV 函数逐渐下降，在 1eV 处函数值为-0.09；1～5.4eV 函数存在一个峰，在 3.2eV 处到达峰顶，其峰顶值为 5，在 5.4eV 位置处函数值为-1.7。5.4～10eV 函数逐渐升

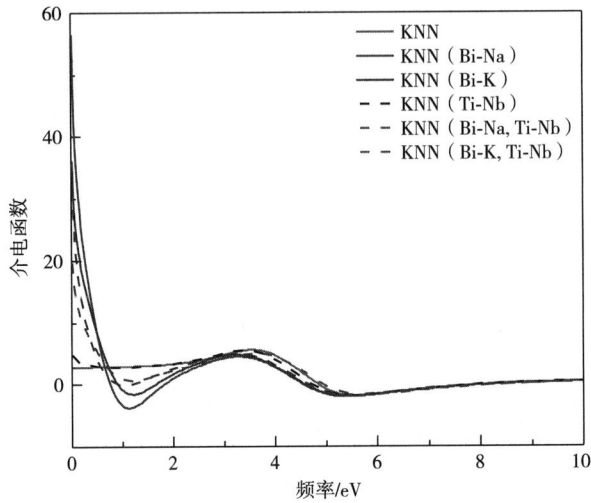

（a）实部介电函数

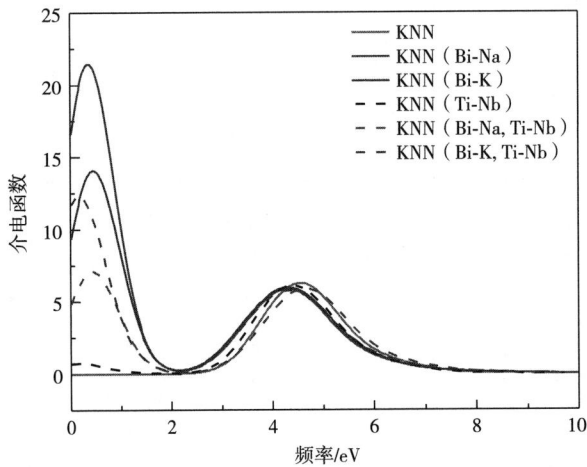

（b）虚部介电函数

图 4-40　Bi、Ti 掺杂 KNN 的介电函数（见文后彩图 4）

高，在 9~10eV 位置变化很小且函数值趋近于零。虚部在 0~10eV 位置存在两个峰，在 0eV 时函数值为 11.7，第一个峰在 0.167eV 处峰值为 12.3，在 2.1eV 处达到第一个峰的最低点 0.17。第二个峰在 4.3eV 位置峰值为 5.8，在 9~10eV 位置变化很小且函数值趋近于零。

　　总体而言，从图 4-40（a）中可以看出，当对 KNN 的 A 位（Na、K）进行替换掺杂时，静电状态下的常数升高，Bi 替换 Na 掺杂 KNN 的静电常数最大，其值为 56.5；在 1eV 位置存在一个峰谷，其谷值最低的是 Bi 替换 Na 掺杂 KNN，在 1.1eV 位置其值为 -3.75，在 1~10eV 位置的函数值与本征的相比其值发生向下偏移。当只对 KNN 的 B 位（Nb）进行替换掺杂时，静电常数变小，在 1~10eV 位置处与本征的图相比发生略微的上移，表明当只存在 KNN 的 B 位掺杂时对其介电函数影响很小。

从图 4-40（b）中可以看出，当对 KNN 的 A 位（Na、K）进行替换掺杂时，KNN 虚部部分在 0~2eV 位置出现一个新的峰，在 0~4.5eV 位置之前函数值与本征的相比都有提升，对虚部影响最大的是 Bi 替换 Na 掺杂的 KNN。

4.2.5　小结

采用基于密度泛函理论的第一性原理方法，平面波截止能量设置为 370eV，能量收敛选择为 10^{-5}eV，计算并分析 Bi、Ti 掺杂 KNN 的能带结构、电子态密度和光学性质。

得出未掺杂时，KNN 的带隙为 2.193eV，其价带顶部和导带底部的高对称点位置相同，KNN 为直接带隙半导体。KNN 的费米能级附近主要由 O 的 2p 轨道做贡献，还有少量由 O 的 s 轨道、Na 的 p 轨道、K 的 p 轨道、Nb 的 s、p、d 轨道和 Bi 的 s、p、轨道电子做贡献，其中 O 的 2p 轨道最大峰值为 44.5 处，在 -1eV 位置；在 5.38eV 处对光的吸收达到最大值 148000。

掺杂 Bi 原子替换 Na 原子单掺杂 KNN 时，禁带宽度变为 2.025eV，费米能级进入导带中 KNN 转变为 N 型半导体，费米能级附近主要由 O 的 2p 轨道做贡献，在 5.2eV 处对光吸收达到最大吸收值 142000。掺杂 Bi 原子替换 K 原子时，KNN 的禁带宽度变为 2.13eV，费米能级靠近导带，是 N 型半导体，价带顶和导带底的高对称点位置不同，是间接带隙半导体，费米能级附近主要是 O 的 2p 轨道做贡献最大，在 5.3eV 位置达到对光最大吸收，为 144000。Ti 替换 Nb 原子时，KNN 的禁带宽度变为 2.192eV，费米能级靠近价带，是 P 型半导体，能带结构的价带顶和导带底高对称点位于相同位置，KNN 为直接带隙半导体，费米能级附近主要是 O 的 2p 轨道做贡献最大，在 0~10eV 低能区存在一个峰，在 5.3eV 位置对光的吸收达到最大，为 143000。

Bi 替换 Na 原子、Ti 替换 Nb 原子共掺杂时，价带顶和导带底的高对称点位置不同，禁带宽度为 0.392eV，费米能级进入导带，KNN 转变为 N 型半导体，在 5.5eV 位置处对光的吸收达到最大，为 148000。Bi 替换 K 原子、Ti 替换 Nb 原子共掺杂 KNN 时，带隙为 2.181eV，价带顶和导带底的高对称点在不同位置，费米能级进入导带，KNN 转变为 N 型半导体，在 5.3eV 处对光的吸收达到最大值，为 139000。掺杂前和掺杂后费米能级附近主要由原子的 s、p 轨道做贡献，其中 O 的 2p 轨道做贡献最大。

当对 KNN 的 A 位（Na、K）进行替换掺杂时，静电状态下的常数升高，Bi 替换 Na 掺杂 KNN 的静电常数最大，其值为 56.5；在 1eV 位置存在一个峰谷，其谷值最低的是 Bi 替换 Na 掺杂 KNN，在 1.1eV 位置其值为 -3.75，在 1~10eV 位置的函数值与本征的相比其值发生向下偏移。当只对 KNN 的 B 位（Nb）进行替换掺杂时，静电常数变小，在 1~10eV 位置处与本征的图相比发生略微的上移，表明当只存在 KNN 的 B 位掺杂时对其介电函数影响很小。

当对 KNN 的 A 位（Na、K）进行替换掺杂时，KNN 虚部部分在 0~2eV 位置出现一个新的峰，峰值最高的是 21.4，在 Bi 替换 Na 掺杂 KNN 的 0.4eV 位置。在 0~4.5eV 位置之前函数值与本征的相比都有提升，对虚部影响最大的是 Bi 替换 Na 掺杂的 KNN。

参考文献

[1] HANSU B, DRAGAN D, NAVA S. Preparation and characterization of (K$_{0.5}$Na$_{0.5}$) NbO$_3$ ceramics [J]. Journal of the European Ceramic Society, 2004, 26 (6): 0955-2219.

[2] DAI Y J, ZHANG X W, CHEN K P. Morphotropic phase boundary and electrical properties of K_ (1-x) Na_ (x) NbO_ (3) lead-free ceramics [J]. Applied physics letters, 2009, 94 (4): 0003-6951.

[3] WANG XIAOPENG, WU JIAGANG, LV XIANG, et al. Phase structure, piezoelectric properties, and stability of new K$_{0.48}$Na$_{0.52}$NbO$_3$ - Bi$_{0.5}$Ag$_{0.5}$ZrO$_3$ lead-free ceramics [J]. Journal of Materials Science: Materials in Electronics, 2014, 25 (7): 0957-4522.

[4] XU K, LI J, LV X, et al. Superior piezoelectric properties in potassium-sodium niobate lead-free ceramics [J]. Advanced materials (Deerfield Beach, Fla.), 2016, 28 (38): 9635-9648.

[5] JEAN F, SCHOENSTEIN F, ZAGHRIOUI M, et al. Composite microstructures and piezoelectric properties in tantalum substituted lead-free K$_{0.5}$Na$_{0.5}$Nb$_{1-x}$Ta$_x$O$_3$ ceramics [J]. Ceramics International, 2018, 44 (8): 0272-8842.

[6] YU H, TAO W, WANG ZHENXING, et al. Polarization switching and rotation in KNN-based lead-free piezoelectric ceramics near the polymorphic phase boundary [J]. Journal of the European Ceramic Society, 2018, 39 (4): 0955-2219.

[7] 郭朋彦, 张瑞珠, 郭雯鹏, 等. W、Zr 共同掺杂对铌酸钾钠基无铅压电陶瓷的影响 [J]. 硅酸盐学报, 2016, 44 (9): 1265-1269.

[8] 周飞. Li$_3$SbCu$_2$O$_6$ 掺杂 KNN 无铅压电陶瓷的结构与电性能研究 [J]. 中国陶瓷, 2016, 52 (10): 73-79.

[9] 刘熠闻, 李腾, 卓浩, 等. Mn 掺杂 K$_{(0.5)}$ Na$_{(0.5)}$ NbO$_3$ 铁电薄膜的制备及性能表征 [J]. 低温物理学报, 2024, 46 (2): 89-95.

[10] 迟文潮, 周学凡, 邹金住, 等. 铌酸钾钠基无铅压电陶瓷烧结及极化工艺优化 [J]. 压电与声光, 2022, 44 (4): 516-520.

[11] 王星程. 铌酸钾钠无铅铁电陶瓷晶体结构与性能的第一性原理研究 [D]. 贵阳: 贵州大学, 2022.

[12] 傅正钱. 铌酸钾钠基无铅压电材料微结构研究 [D]. 上海: 中国科学院大学 (中国科学院上海硅酸盐研究所), 2018.

[13] 王媛玉. 铌酸钾钠基无铅压电陶瓷相界构建及微观形貌调控的研究 [D]. 杭州: 浙江大学, 2016.

［14］ 张辽原. 铌酸锂铁电单晶薄膜异质集成及其电畴调控机理研究［D］. 太原：中北大学，2020.

［15］ CHEN F, SCHAFRANEK R, LI S, et al. Energy band alignment between Pb（Zr, Ti）O_3 and high and low work function conducting oxides—from hole to electron injection［J］. Journal of Physics D：Applied Physics，2010，43（29）295301.

［16］ SHIBNATH S, SANKARANARAYANAN V, SETHUPATHI K. Band gap, piezoelectricity and temperature dependence of differential permittivity and energy storage density of PZT with different Zr/Ti ratios［J］. Vacuum，2018（156）：456-462.

［17］ DENG Y, WANG R Z, XU L C, et al. Theoreticalpredictions of morphotropic phase boundary in（1-x）$Na1/2Bi1/2TiO_{3-x}$$BaTiO_3$ by first-principle calculations［J］. Applied Physics A，2011，104（4）：2085-2089.

［18］ WANG X P, WU J G, XIAO D Q, et al. Giant piezoelectricity in potassium-sodium niobate lead-free ceramics.［J］. Journal of the American Chemical Society，2014，136（7）：2905-2910.

［19］ AMIR U, RIZWAN A M, AMAN U, et al. Electric-field-induced phase transition and large strain in lead-free Nb-doped BNKT-BST ceramics［J］. Journal of the European Ceramic Society，2014，34（1）：29-35.

［20］ CAO W P, LI W L, XU D, et al. Enhanced electrocaloric effect in lead-free NBT-based ceramics［J］. Ceramics International，2014，40（7）：9273-9278.

4.3　应力作用对铌酸钾钠性能的影响

4.3.1　研究背景

随着可持续发展战略的提出和人们对生态环境保护的需要，PZT 陶瓷已经不符合环境友好的需求[1]，人们需要研发出另一种可以取代铅基陶瓷的绿色压电材料，而在新研发的绿色压电材料中，铌酸钾钠基材料因具备压电性能优异、机电耦合系数好等特点，被大家重点关注。

自铌酸钾钠基陶瓷材料问世以来，在研究者们的共同努力下，目前通过掺杂改性的方法，已经成功研制出了一些具有优异压电性能的铌酸钾钠基陶瓷。1959 年，美国学者发现当 $KNbO_3$-$NaNbO_3$ 的钾钠比为 1∶1 时，该类陶瓷具有最佳电学性能。[2] 但纯的 KNN 基陶瓷的压电性能不高，并且在生产时极易挥发碱金属元素，从而造成性能的恶化，于是研究者从生产工艺、材料成分等方向进行研究突破，并且已经取得了一些进展。例如，2004 年，Saito 等[3] 采用织构和相界设计的方法，成功研制出了性能优

异的 KNN 基无铅压电陶瓷（d_{33} = 416pC/N），随后该类陶瓷一跃成为各国材料科学家们的研究热点[4,5]。

2014 年，吴家刚所带领的团队[6] 通过新型相界（三方-四方）的构建，采用传统陶瓷制备工艺成功制备出了 $(1-x)(K_{1-y}Na_y)(Nb_{1-z}Sb_z)O_{3-x}Bi_{0.5}(Na_{1-w}K_w)_{0.5}ZrO_3$ 新型无铅压电陶瓷体系，其压电性能高达 490 pC/N。最近，Zhai 等[7] 利用织构法和相界构建，使 KNN 基无铅压电陶瓷的压电性能进一步提升（d_{33} = 700pC/N）。吕林等人[8] 通过对应力进行调控的方法，对立方相的 Ca_2Ge 在 $-2\sim4$GPa 应力区间下的电子结构和光电特性进行计算分析，得出可以通过施加应力的方式调控光电子能量的损失。闫万珺等人[9] 采用第一性原理赝势平面波方法对应力调制下 β-$FeSi_2$ 的电子结构及光学性质进行了计算，得出结论，施加应力可以调节 β-$FeSi_2$ 的电子结构，是改变和控制 β-$FeSi_2$ 的光电传输性能的有效手段。研究者在这方面展开了深入的研究[10-14]。

通过调研以上文献，证明了通过应力的作用来改变压电材料的光电性质的可行性，因此，提出通过施加不同的压应力和拉应力，来研究铌酸钾钠材料光电性质的变化。

4.3.2　研究内容及结果概述

（1）构建 $KNaNbO_3$ 模型，研究在压应力值分别为 0GPa、5GPa、10GPa、15GPa、20GPa、25GPa 的作用下，$KNaNbO_3$ 材料的能带结构、电子态密度、复介电函数等的变化。

（2）探究在拉应力值分别为 0GPa、5GPa、10GPa、15GPa、20GPa、25GPa 的作用下，$KNaNbO_3$ 材料的能带结构、电子态密度、复介电函数等的变化。

（3）分析在不同压应力和拉应力作用下，$KNaNbO_3$ 材料光电性质变化的可能原因和应力对其产生的影响。

（4）本文通过应力调控的方式，采用第一性原理的方法模拟计算，研究在不同应力作用下，铌酸钾钠材料光电性能的变化。

研究结果显示，在压应力作用下，$KNaNbO_3$ 的带隙宽度从无应力作用时的 2.192eV 减到 1.980eV，随着压应力的增大，带隙宽度逐渐减小。当拉应力值小于 15GPa 时，其带隙宽度从无应力时的 2.192eV 增大到 2.494eV。当拉应力值超过 15GPa 以后，带隙宽度又减小至 0.309eV。价带附近态密度主要由 O 的 p 轨道贡献，而导带附近态密度主要由 Nb 的 d 轨道和 O 的 p 轨道贡献。随着压应力的增大，最大光吸收值略微增大，而在拉应力作用下的结果相反，最大光吸收值发生明显的减小。在压应力作用下，静态介电函数值和虚部变化都不大。而在拉力作用下，随拉应力的增大，对光的吸收和材料的损耗都随之减小。$KNaNbO_3$ 材料能量损失函数共振峰的峰值随着压应力的增大先减小后增大。共振峰峰值出现的位置向高能量方向移动，而在拉应力作用下，其共振峰的峰值有增有减。

4.3.3 计算软件及模型

本实验采用第一性原理的方法，在泛函理论的基础上计算。广义上第一性原理的计算，是指基于量子力学原理的所有计算。第一性原理是通过采用量子力学原理，从实际问题出发，根据原子核与电子相互作用原理及其之间运动的基本规律，求解薛定谔方程的算法；狭义上第一性原理的计算，是在不使用任何经验参数的情况下，仅用一些实验得到的数据进行量子计算，如电子、质子和质量和光速。广义的第一性原理包含两种，一种是基于哈特-福克斯自洽场计算的 Abinitio 从头算[15,16]，另一种是基于密度泛函理论（DFT）的计算[17-20]。

$KNbO_3$ 初始模型的晶体结构是正交相钙钛矿结构，其晶格常数为：$a = 5.82$Å，$b = 5.88$Å，$c = 4.62$Å，空间点群为 Amm2，晶面角 $\alpha = \beta = \gamma = 90°$。在 Materials Studio 软件中，将 $KNbO_3$ 原始模型中任意位置的一个 K 用 Na 进行替换，获得 Na：K = 1：1 的 $KNaNbO_3$ 晶胞，如图 4-41 所示，其晶体结构为正交相结构，晶格常数为：$a = 4.02$Å，$b = 5.82$Å，$c = 5.86$Å，晶面角 $\alpha = \beta = \gamma = 90°$。

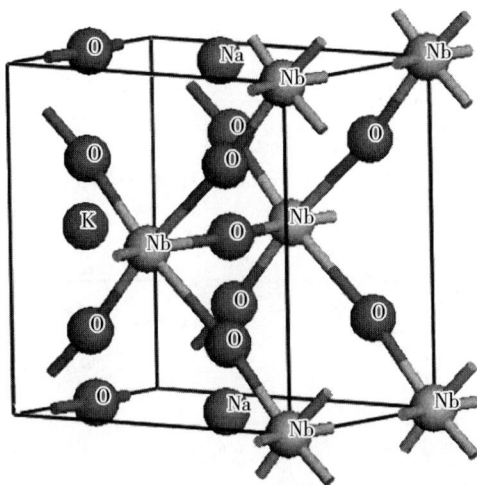

图 4-41　$NaKNbO_3$ 模型

在得到 $KNaNbO_3$ 模型后，运用 BFGS 算法[21] 对模型进行几何结构优化，以获得更稳定的低能模型，保证计算的顺利进行。计算所采用晶胞模型的布里渊区网格为 6×6×4，其中含有 O 原子个数各为 6 个、Na 原子和 K 原子个数各为 1 个、Nb 原子个数为 2 个，设其截断能为 370eV，自洽收敛精度为 1.0×10^{-6}eV/atom。对于电子和离子实之间的交换关联能的处理，采用了广义梯度近似方法（GGA-PWE）和局域密度泛函近似方法（LDA-CA-PZ）[22,23]，主要的计算工作由 Materials Studio 中的 CASTEP[24] 模块来完成。

4.3.4 未施加应力作用 KNN 计算结果与分析

4.3.4.1 几何结构优化

表 4-17 为 KNaNbO$_3$ 理论模型优化后的几何结构参数。优化的结果显示，优化后的 KNaNbO$_3$ 晶体的晶格常数，在 a 方向减小了 1.52%，在 b 方向减小了 1.79%，在 c 方向减小了 1.48%，体积减小了 4.70%。

表 4-17 KNaNbO$_3$ 的几何结构参数

参数	a/nm	b/nm	c/nm	V/nm^3
优化前	0.4018	0.5824	0.5860	0.137095
优化后	0.3957	0.5720	0.5773	0.130648
失配度/%	1.52	1.79	1.48	4.70

4.3.4.2 能带结构

在不施加应力的状态下，KNaNbO$_3$ 的能带结构如图 4-42 所示。其中，KNaNbO$_3$ 的能带结构是沿布里渊区中高对称点 G-Z-T-Y-S-X-O-R 来计算的。其导带底在 G 高对称点上，而价带顶在 Y 高对称点上，KNaNbO$_3$ 表现出间接带隙的半导体，其禁带宽度为 2.192eV。

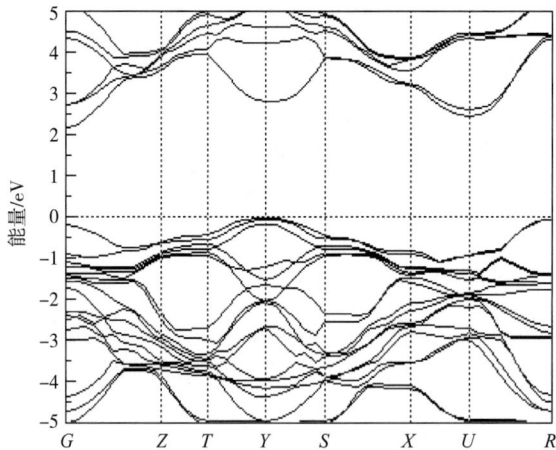

图 4-42 KNaNbO$_3$ 的能带结构

4.3.4.3 电子态密度

图 4-43 为无应力作用下的 KNaNbO$_3$ 的电子态密度。在 K 中是 p 层电子在价带的

−10eV 和导带的 5eV 附近做贡献，p 轨道的最大峰值在−10.79eV 处出现，约为 11.39，而 s 轨道对态密度几乎没有贡献。在 Na 中，价带的 s、p 轨道都无明显的峰值，主要由 s、p 层电子在导带的 6~10eV 能量范围内做贡献。Nb 的 d 层电子在价带的−5~−2eV 能量范围和导带的 2~9eV 能量范围内做贡献，s、p 层电子的贡献不大。O 主要是 p 层电子在贡献，大部分分布在−5~10eV 之间，最大峰值约为 11.13，s 层电子在−17eV 位置附近做次要贡献。从整体上来看，在费米能级附近−5~10eV 的能量范围内，主要被 KNaNbO₃ 中 O 的 p 层电子和 Nb 的 d 层电子占据，对压电性能做主要贡献，其中 K 和 Na 的 s、p 轨道在导带底的 5~10eV 之间做次要贡献，而在远离费米能级的下价带−20~−10eV 之中，主要被 K 的 s、p 轨道和 Na、Nb 的 s 轨道及 O 的 s 轨道占据。

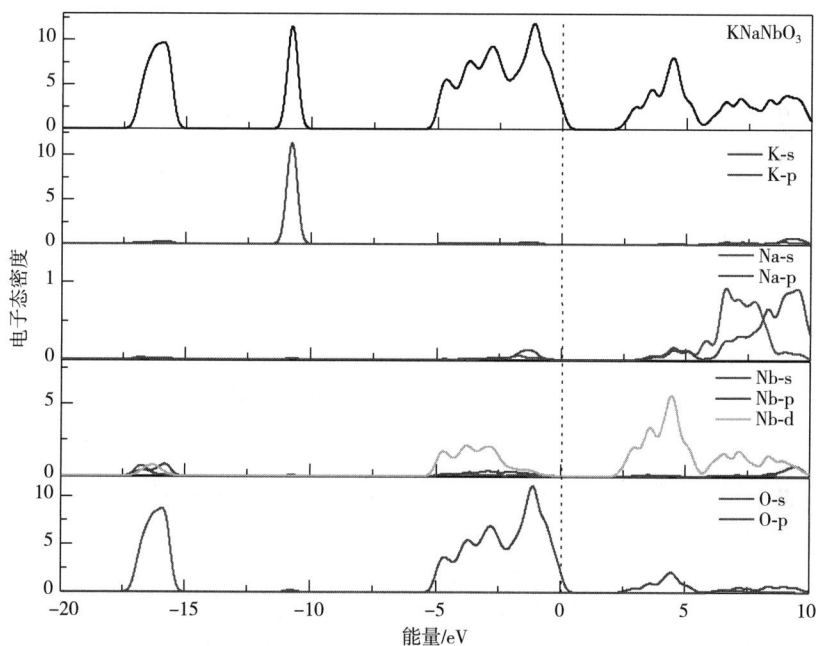

图 4-43　KNaNbO₃ 的电子态密度

4.3.4.4　光学性质

图 4-44（a）为 KNaNbO₃ 的复介电函数，其中 KNaNbO₃ 实部的变化趋势，是由图中 ε_1 代表。而 KNaNbO₃ 虚部的变化趋势，则由 ε_2 代表，其意义是，ε_2 值的高低代表材料损耗的大小。计算结果显示，当能量为 0 时，KNaNbO₃ 的静态介电函数 ε_1(0) 为 4.48，而在输入能量小于 2.17eV 之前，ε_2 的值为 0。实部在能量为 4.88eV 时，出现第一个峰，其峰值为 8.28，是三个峰中最大的，第二个峰在能量为 7.81eV 时出现，其峰值为 3.97，虚部最小峰值约为 0.013，在能量为 18.6eV 的位置。

图 4-44（b）是 KNaNbO₃ 的吸收系数，图中显示主要有三个吸收峰。从 2.56eV

能量位置开始有光吸收，在能量为 5.34eV 的位置，有第一个峰，其值是 159627cm^{-1}。第二峰值是在与第一个峰值相距 4.37 的 9.61eV 能量位置，峰值达到 230183cm^{-1}，比第一个峰大。而第三个峰值在能量为 20.34eV 处，峰值比第一峰小，为 83479cm^{-1}。总体来看，从 2.56~25eV，三个光吸收峰值是先增大后减小，而在这三个吸收峰中，KNaNbO$_3$ 的最大吸收峰值 230183cm^{-1} 在第二峰达到。

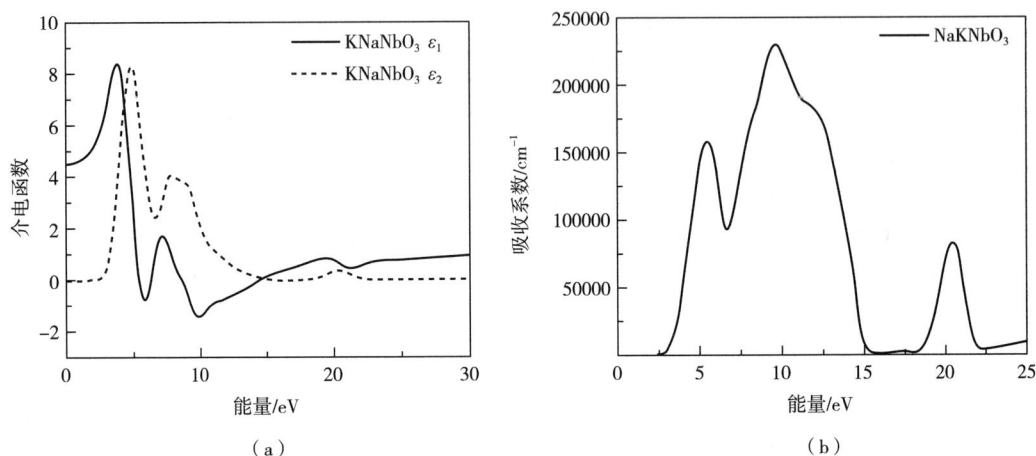

（a）

（b）

图 4-44　KNaNbO$_3$ 的复介电函数和吸收系数

图 4-45 为无应力作用时 KNaNbO$_3$ 的能量损失函数。从图中可以看出，在能量小于 10eV 时，KNaNbO$_3$ 的能量损失函数值都比较稳定且比较小，而在能量大于 10eV 之后，能量损失函数值先是缓慢增大，当能量到达 14eV 时，能量损失函数值急速增大，并在能量为 14.48eV 位置，KNaNbO$_3$ 的能量损失函数值达到最大值，其值为 13.64。之后又开始急剧下降，在能量为大于 15.44eV 之后，能量损失又重新趋于稳定。能量损失函数就是电子通过均匀介质时损失的能量[25]。

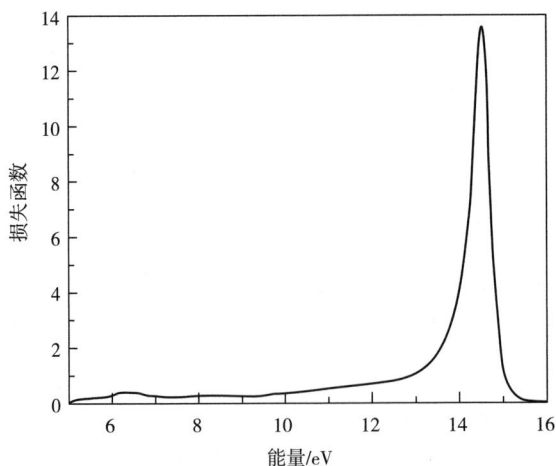

图 4-45　KNaNbO$_3$ 的能量损失函数

4.3.5 应力作用对 KNN 性能的影响计算结果与分析

4.3.5.1 计算模型与计算参数

通过对 4.3.3 中构建的 $KNaNbO_3$ 计算模型施加不同的拉应力和压应力，同一性质和同一个应力值在 $KNaNbO_3$ 晶体模型的 x、y、z 三个方向同时施加，模拟应力对 $KNaNbO_3$ 的作用。

采用赝势平面波方法对 $KNaNbO_3$ 的正交结构进行光电性质的计算过程中，参与计算的外层电子有：K 的 $3s^2 3p^6 4s^1$、Na 的 $2s^2 2p^6 3s^1$、Nb 的 $4s^2 4p^6 4d^4 5s^1$ 及 O 的 $2s^2 2p^4$，剩下的内层电子当成芯态电子来处理。分别研究压应力和拉应力两种参数。设置压应力分别为 5GPa、10GPa、15GPa、20GPa、25GPa。对应的，设拉应力为 -5GPa、-10GPa、-15GPa、-20GPa、-25GPa。计算参数的设置与 4.3.4 参数的设置一致。

4.3.5.2 几何结构优化

表 4-18 为不同压应力作用下 $KNaNbO_3$ 的晶格常数。

表 4-18　不同压应力作用下 $KNaNbO_3$ 的晶格常数

压应力	0GPa	5GPa	10GPa	15GPa	20GPa	25GPa
a/nm	0.3957	0.3934	0.3908	0.3883	0.3853	0.3832
b/nm	0.5720	0.5636	0.5579	0.5532	0.5493	0.5458
c/nm	0.5773	0.5669	0.5599	0.5546	0.5504	0.5467

从优化的结果来看，随着压应力从 0GPa 增大到 25GPa，晶格常数 a、b、c 都是逐渐减小的，a 从 3.957 减小到 3.832，b 从 5.720 减小到 5.458，c 从 5.773 减小到 5.467。a、b、c 分别压缩了 3.2%、4.6%、5.3%。

表 4-19 为不同拉应力作用下 $KNaNbO_3$ 的晶格常数。随着拉应力的增加，a 从 3.957 变到 7.875，b 从 5.720 变到 8.704，c 从 5.773 变到 12.367，a、b、c 分别拉伸了 49.8%、34.3%、53.3%。从以上两个表的数据可以看出，压缩和拉伸都对 $KNaNbO_3$ 的晶格造成明显的影响。

表 4-19　不同拉应力作用下 $KNaNbO_3$ 的晶格常数

拉应力	0GPa	-5GPa	-10GPa	-15GPa	-20GPa	-25GPa
a/nm	0.3957	0.3952	0.3805	0.4673	0.4484	0.7875
b/nm	0.5720	0.5919	0.7637	1.1741	0.7125	0.8704
c/nm	0.5773	0.6052	1.0553	0.9740	0.9902	1.2367

4.3.5.3 能带结构

图 4-46 是在压应力作用下 KNaNbO₃ 能带结构的变化，从图中可以看出，压应力梯度为 5GPa，压应力值从 0GPa 增到 25GPa 的过程中，其带隙宽度变化如图 4-46（a）～图 4-46（f）所示，其值分别为 2.192eV、2.039eV、1.972eV、1.951eV、

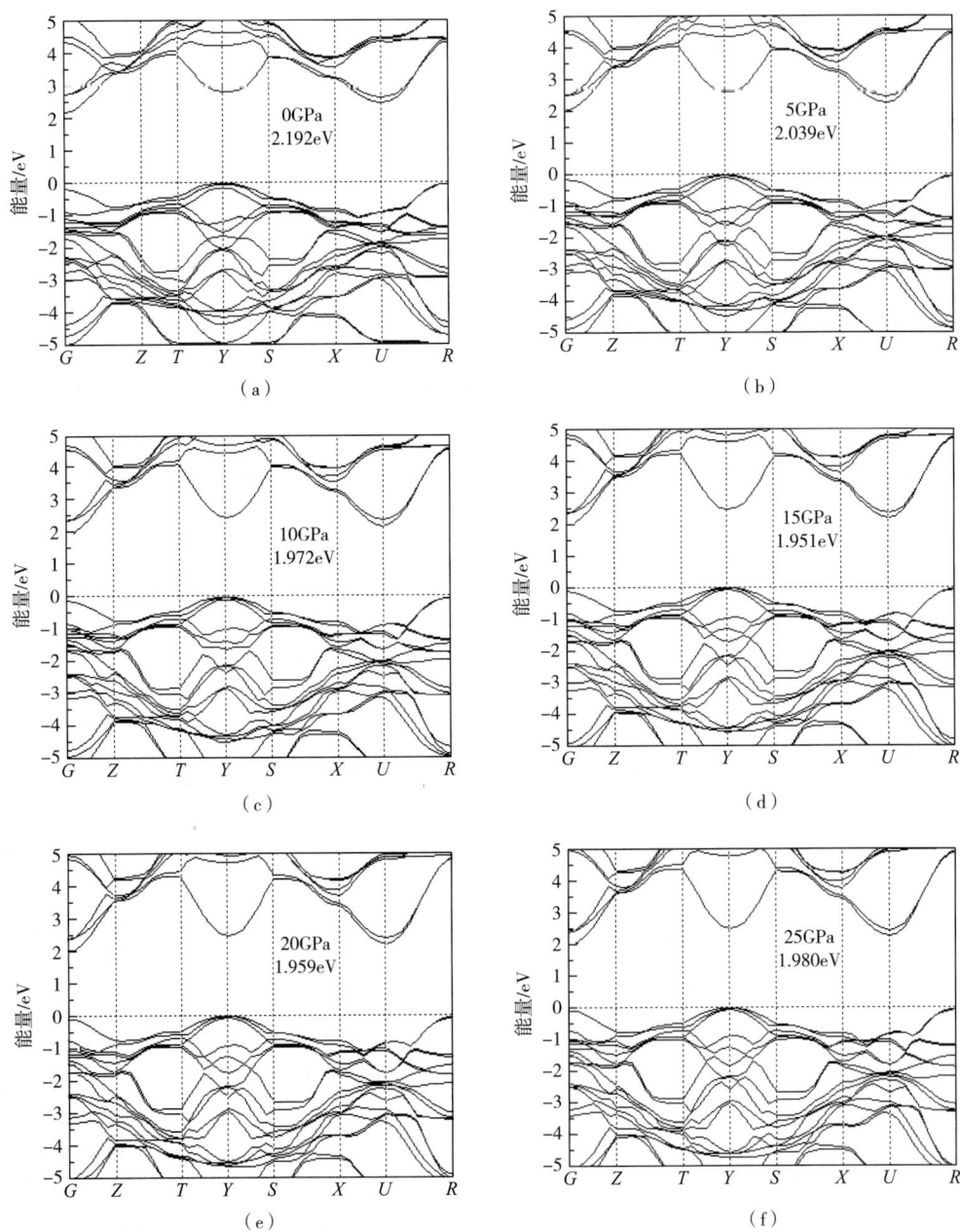

图 4-46 压应力作用下 KNaNbO₃ 的能带结构

1.959eV、1.980eV。从以上数据可以看出，当压应力值小于 15GPa 时，KNaNbO$_3$ 的带隙宽度随着压应力的增加逐渐减小，而当压应力值超过 15GPa 以后，其带隙宽度又随着压应力的增加而增大，但都比无应力时的带隙宽度值小。

可见，KNaNbO$_3$ 的带隙宽度是随着调控压应力的增大先减小后增加，这意味着在价带顶附近的电子跃迁至导带所需要的能量也会产生变化。

图 4-47 为在不同拉应力下的 KNaNbO$_3$ 能带结构。带隙宽度随拉应力的增大先增大，等施加的拉应力值达到 10GPa 时，带隙宽度开始减小。而施加的拉应力值到达 20GPa 时带隙宽度又增大，后又减小，整体相对于无应力作用时其带隙宽度呈先增大后减小的变化规律。在拉应力值从 0 变到 25GPa 的过程中，带隙宽度变化如图 4-47（a）~ 图 4-47（f）所示，其值分别为 2.192eV、2.696eV、2.494eV、0.397eV、1.645eV、0.309eV。从以上数据可以看出，当拉应力值小于 15GPa 时，有应力作用下的 KNaNbO$_3$ 的带隙宽度相对于无应力作用下的带隙宽度是增大的，但 10GPa 作用力下的 KNaNbO$_3$ 带隙宽度小于 5GPa 作用力下的。而当拉应力值达到 15GPa 以后，其在应力作用下的带隙宽度相对于无应力作用下时的带隙宽度是减小的，但在 20GPa 作用力时的带隙宽度比在 15GPa 时大，而在 25GPa 作用力时的带隙宽度又比在 20GPa 作用力时的小。整体表现出随着拉应力的增大，带隙宽度是先增大后减小的情况。

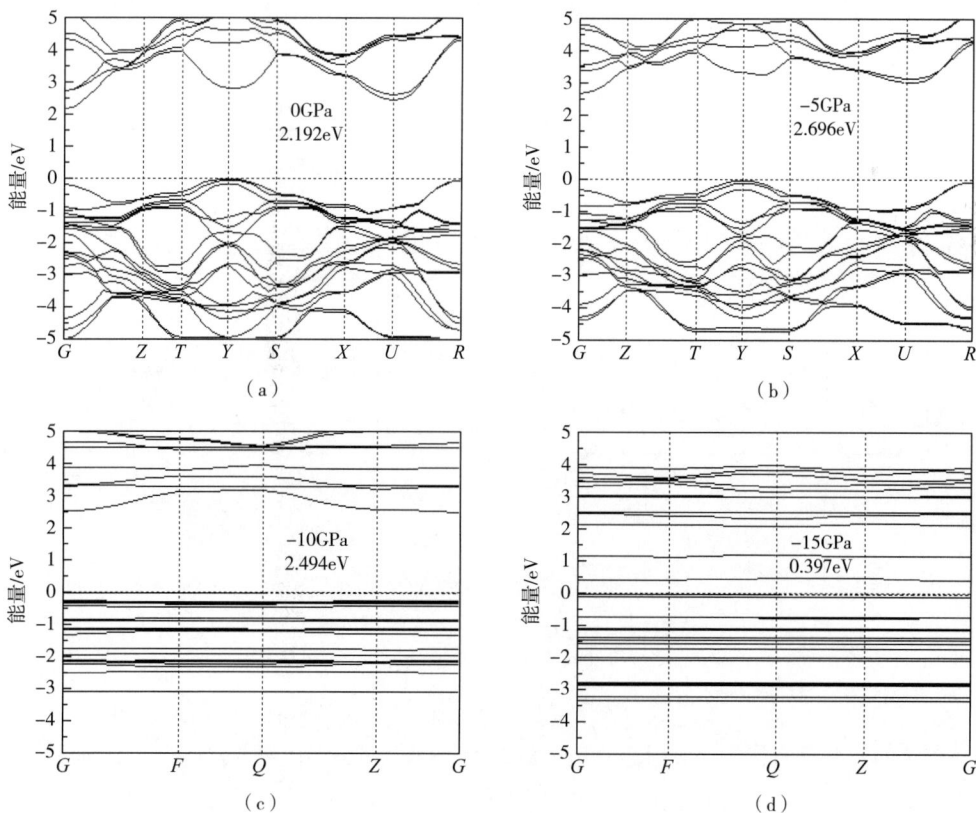

图 4-47

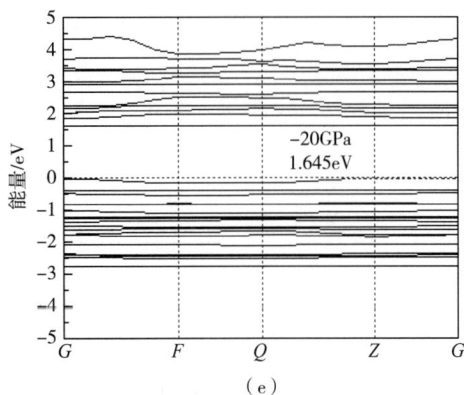

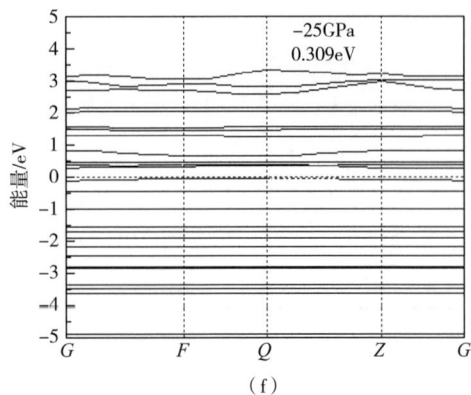

图 4-47　拉应力作用下 KNaNbO$_3$ 的能带结构

图 4-48 为在 0~20GPa 下，KNaNbO$_3$ 带隙变化的情况。其中，图 4-48（a）为在压应力作用下 KNaNbO$_3$ 带隙的变化情况。在压应力值小于 20GPa 时，KNaNbO$_3$ 的带隙随压应力增加而逐渐减少。而在压应力值达到 20GPa 后，随着压应力的增加 KNaNbO$_3$ 的带隙又增大。图 4-48（b）为在拉应力作用下 KNaNbO$_3$ 带隙的变化情况。图中显示，随着拉应力的增加，KNaNbO$_3$ 的带隙先增大后减小，后又增大，当拉应力值超过 20GPa 后，其又减小。

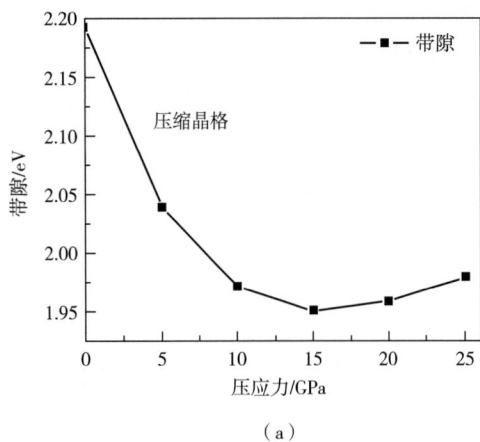

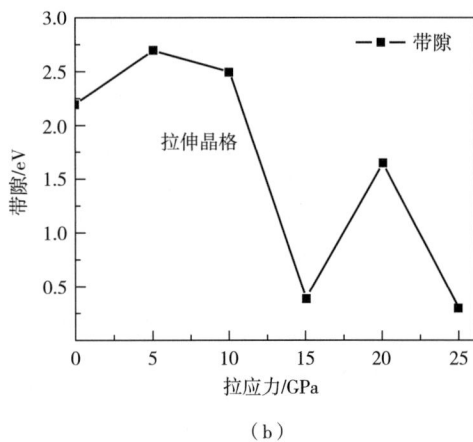

图 4-48　KNaNbO$_3$ 带隙大小随应力的变化情况

4.3.5.4　电子态密度

图 4-49 为应力作用下的 KNaNbO$_3$ 的总态密度。其中图 4-49（a）为不同压应力作用下的 KNaNbO$_3$ 的总态密度，从图中可以看出，价带顶和导带底电子轨道出现的位置都无明显的改变，但导带电子轨道峰值出现的位置略微向高能量方向偏移。在价带

能量为-15.9eV、-10.7eV和导带能量为4.5eV处的电子轨道峰值随着压力的增大而逐渐减小，分别从9.68、11.61和8.19减小到了7.07、11.17和7.16。图4-49（b）为不同拉应力作用下的KNaNbO$_3$的总态密度图。从图中可以看出，随着拉应力的增加，价带顶和导带底的电子轨道在向费米能级靠近。

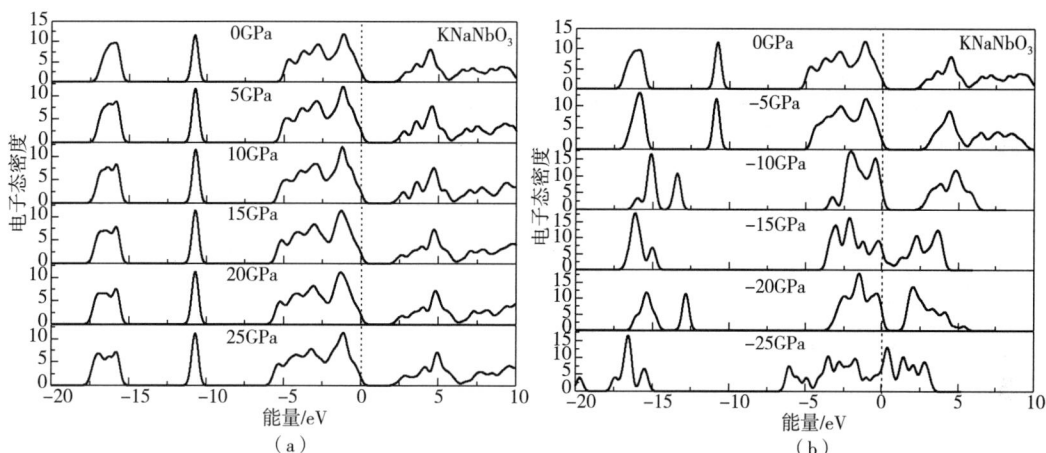

图4-49　应力下KNaNbO$_3$的总态密度

图4-50是KNaNbO$_3$在应力作用下的分波态密度。其中图4-50（a）为K在应力作用下的态密度，从图中可看出，在压应力的作用下，K的s轨道无明显的峰值，贡献不大。主要是p轨道在价带-11eV位置做贡献，其峰值从无应力作用时的11.35降到在25GPa作用力下的10.87。随着压应力的增加，峰值在减小，而在拉应力的作用下，导带的s、p轨道峰值位置向费米能级靠近，价带的p轨道峰值的位置和峰值大小呈现无规律变化。

图4-50（b）为Na在应力作用下的态密度，从图中可以看出，在压应力的作用下，Na的s、p轨道变化都不大，而在拉应力的作用下，峰值出现的位置随着拉应力的增加，价带的峰值出现的位置都在远离费米能级，而导带的峰值出现位置在向费米能级靠近。

图4-50（c）为Nb在应力作用下的态密度，对于Nb来说，主要是由d轨道决定，在压应力作用下无明显变化，而随着拉应力从0增大到25GPa的过程中，p轨道峰值出现的位置，在向高能量方向移动且峰值在减小。d轨道在向费米能级靠近，做主要贡献。

图4-50（d）为O在应力作用下的态密度，对于O来说，p轨道在价带顶和导带底做主要贡献，峰值出现的位置随着拉应力的增加而逐渐向费米能级靠近。s轨道主要分布在远离费米能级的下价带的-20~-15eV位置。

从整体上来看，压应力对KNaNbO$_3$各原子的电子态密度影响都不大，而拉应力则能影响各原子轨道峰值出现的位置，使其表现出远离或靠近费米能级。

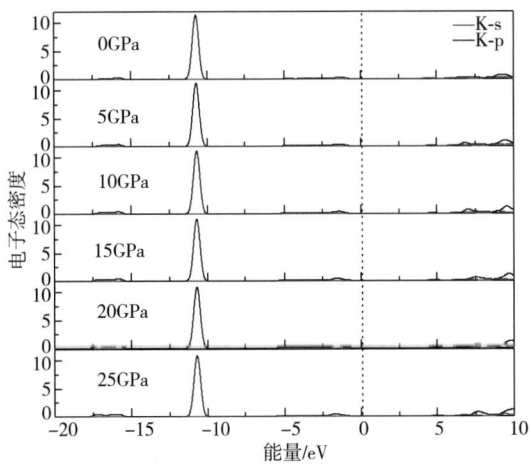
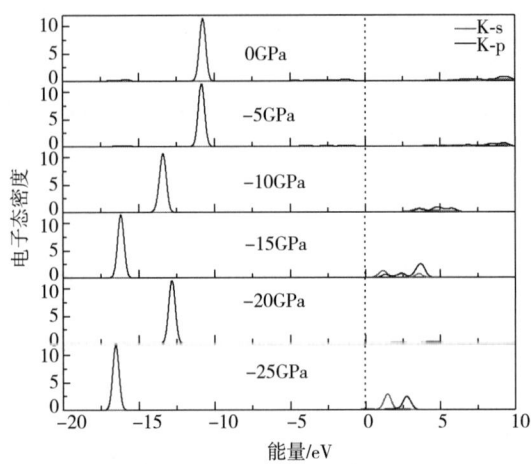

（a）

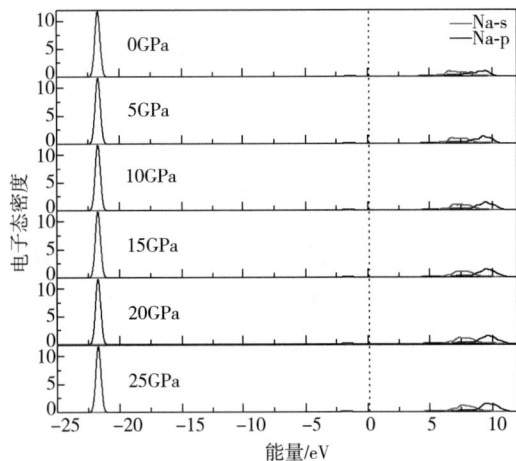
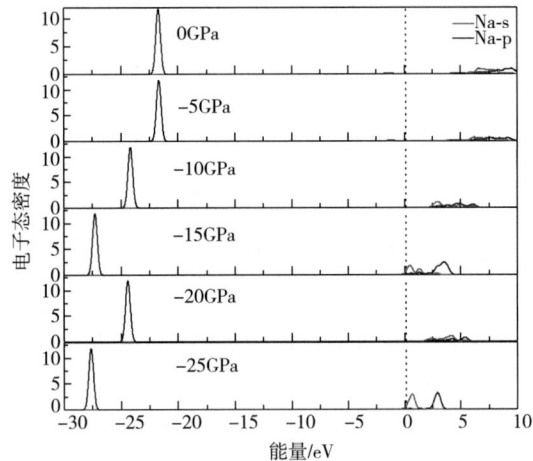

（b）

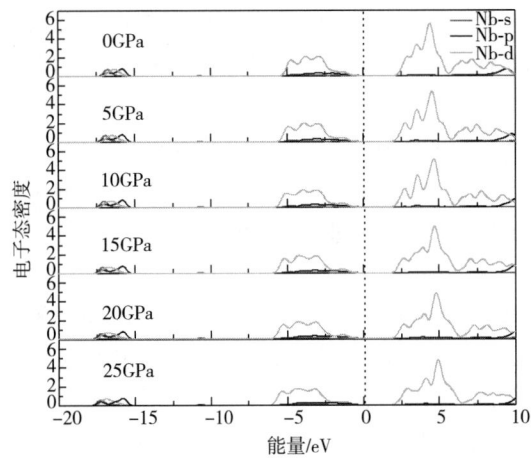
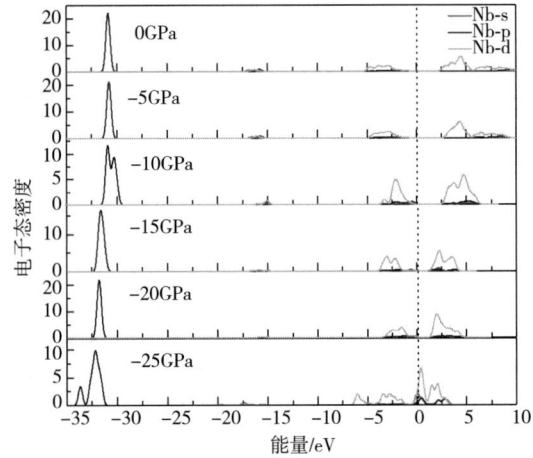

（c）

（d）

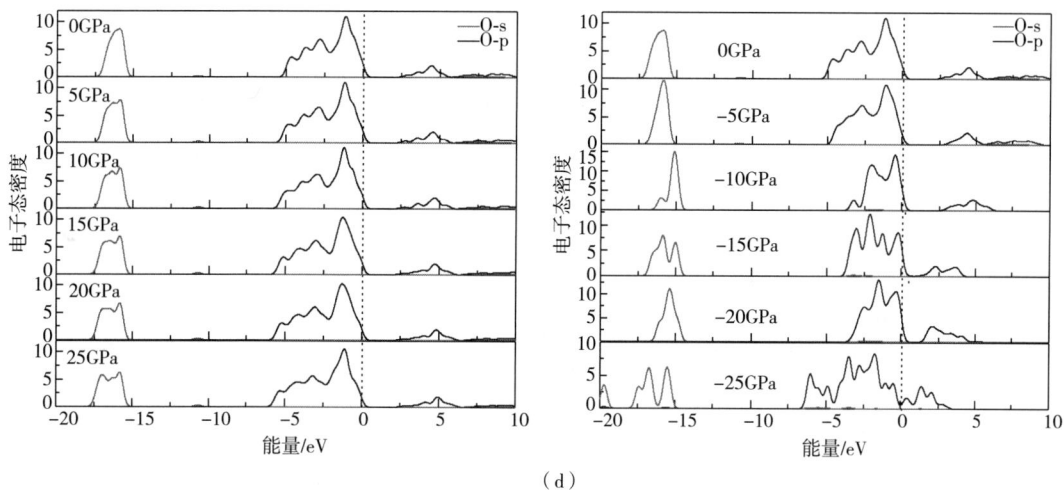

图 4-50　应力下 KNaNbO$_3$ 的分波态密度

4.3.5.5　光学性质

图 4-51 是压应力作用下 KNaNbO$_3$ 的复介电函数，其中图 4-51（a）为压应力作用下 KNaNbO$_3$ 复介电函数的实部。从图中可以看出，在压应力增加时，介电常数开始的位置逐渐略往上移，当压应力从 0GPa 增大到 25GPa 时，静态介电常数 ε_1（0）从 4.52 增大到 4.84。在 3.47eV 处出现介电函数的最大峰值 8.37，随着压应力的增大略有减小，但减小的幅度都不大。图 4-51（b）为在压应力作用下 KNaNbO$_3$ 复介电函数的虚部，图中显示，介电函数在能量为 4.88eV 的位置有最大峰值，其值为 8.23，随着压应力的增加，介电函数最大峰值略有减小，且出现了最大峰值向高能量方向移动的现象。

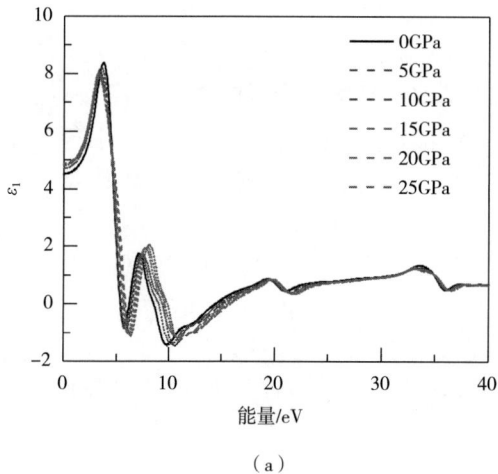

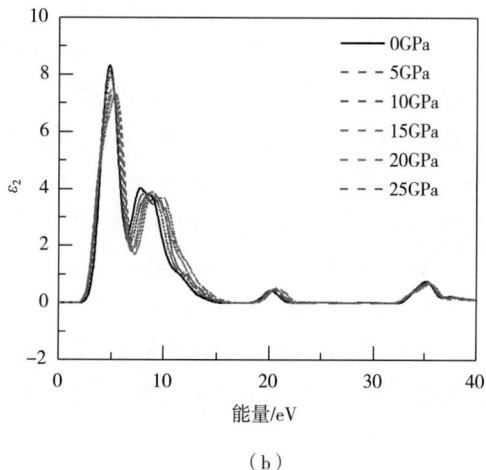

（a）　　　　　　　　　　　　　　　（b）

图 4-51　压应力作用下 KNaNbO$_3$ 的复介电函数（见文后彩图 5）

图 4-52 为拉应力作用下 KNaNbO$_3$ 的复介电函数。当对 KNaNbO$_3$ 施加拉应力时，KNaNbO$_3$ 复介电函数的实部变化如图 4-52（a）所示，实部介电常数开始的位置和介电函数最大峰值都出现了明显的下移，静态介电常数 ε_1（0）从 4.50 减小到 2.24。介电函数最大峰值在 3.69eV 位置出现，其值为 8.35，并且出现介电常数最大峰值向低能量方向移动的现象。图 4-52（b）为在拉应力作用下 KNaNbO$_3$ 复介电函数的虚部，在拉应力作用下，在 2.78eV 位置复介电函数出现最大峰值为 8.28。当拉应力值超过 5GPa 时，介电函数最大峰值发生了明显的减小，而当拉应力值为 5GPa 时，其峰值虽在第一、三峰位置有减小，但第二峰位置却出现了明显的增大，且在第四峰位置也是略有增大。由此可见，适当施加拉应力可以减小材料的损耗，增加 KNaNbO$_3$ 对光的吸收。

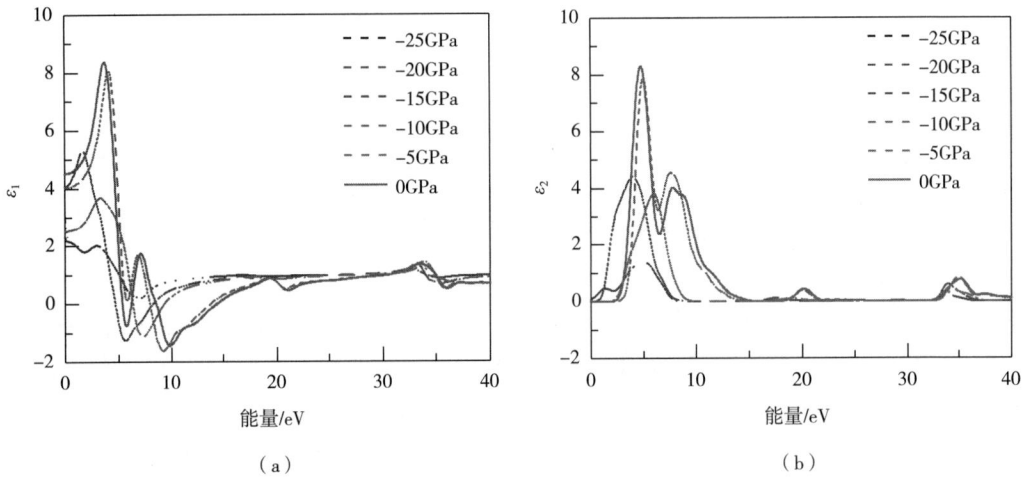

图 4-52　拉应力作用下 KNaNbO$_3$ 的复介电函数（见文后彩图 6）

图 4-53 是压应力作用下 KNaNbO$_3$ 的光吸收系数。其中，图 4-53（a）为压应力作用下 KNaNbO$_3$ 的光吸收系数。从图中可以看出，在能量小于 2.3eV 之前，光吸收系数值在所有应力作用下都为 0，并在能量为 5.5eV 时，有第一个吸收峰。随着压应力从 0GPa 增大到 25GPa 的过程中，第一吸收峰出现的位置在逐渐向右边移动，并且峰值增大，其最大峰值发生在 9~10eV 之间，当压应力为 25GPa 时，光吸收系数值增大到 252849cm^{-1}，由此可见，KNaNbO$_3$ 的光吸收系数随压应力的增大而增大。

图 4-53（b）是拉应力作用下 KNaNbO$_3$ 的光吸收系数。从图中可以看出，在拉应力为 0GPa 时，在 2.5eV 处开始出现光的吸收，这与带隙值相对应。随着拉应力的增大，光吸收的开始位置和出现第一吸收峰的位置向低能量的方向移动，并且峰值减小，最大吸收峰值从 229371cm^{-1} 减小到 30451cm^{-1}，这表明 KNaNbO$_3$ 的光吸收系数随着拉应力的增大而减小。

图 4-54 为应力作用下 KNaNbO$_3$ 的能量损失函数。其中，图 4-54（a）是在不同压应力作用下 KNaNbO$_3$ 的能量损失函数。从图中可以看出，KNaNbO$_3$ 材料能量损失函

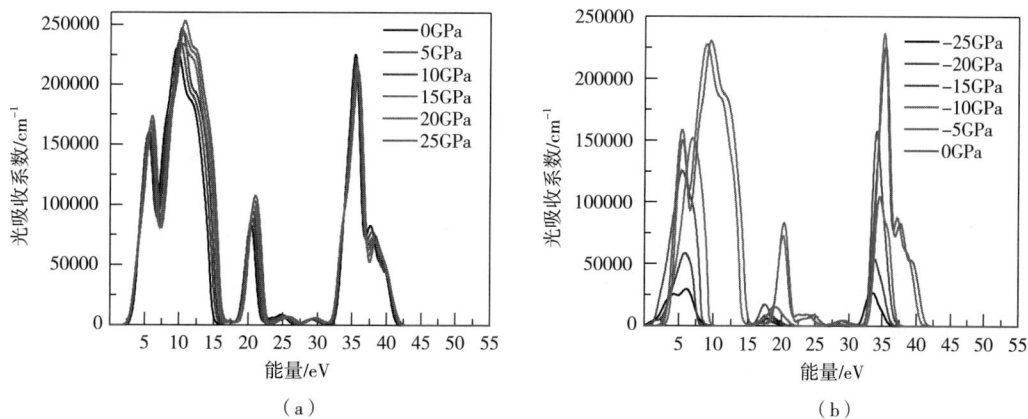

图 4-53 应力下 KNaNbO$_3$ 的光吸收系数（见文后彩图 7）

数共振峰的峰值，随着压应力从 0 增大到 25GPa，其峰值先是减小，后又增大。共振峰峰值出现的位置从开始的 14.48eV 移动到 15.86eV，其在向高能量方向移动，最大峰值为 14.31。

图 4-54（b）为拉应力作用下 KNaNbO$_3$ 的能量损失函数。实验结果显示，在拉应力值为 5GPa、10GPa、20GPa 时，KNaNbO$_3$ 的能量损失函数共振峰峰值分别为 20.53、25.61、20.78，相对于无应力时的 13.64 增大。而在拉应力值为 15GPa、25GPa 时，其共振峰峰值分别为 2.07、0.77，峰值很小，这说明在 15GPa 和 25GPa 的拉应力作用下，KNaNbO$_3$ 材料的能量损失几乎为 0。并且，共振峰峰值相对于无应力时在减小。在拉应力值为 10GPa 时，KNaNbO$_3$ 的能量损失函数共振峰有最大值，为 25.61，在 9.34eV 处出现，并且随着拉应力的增大，共振峰峰值出现的位置逐渐向低能量方向移动。

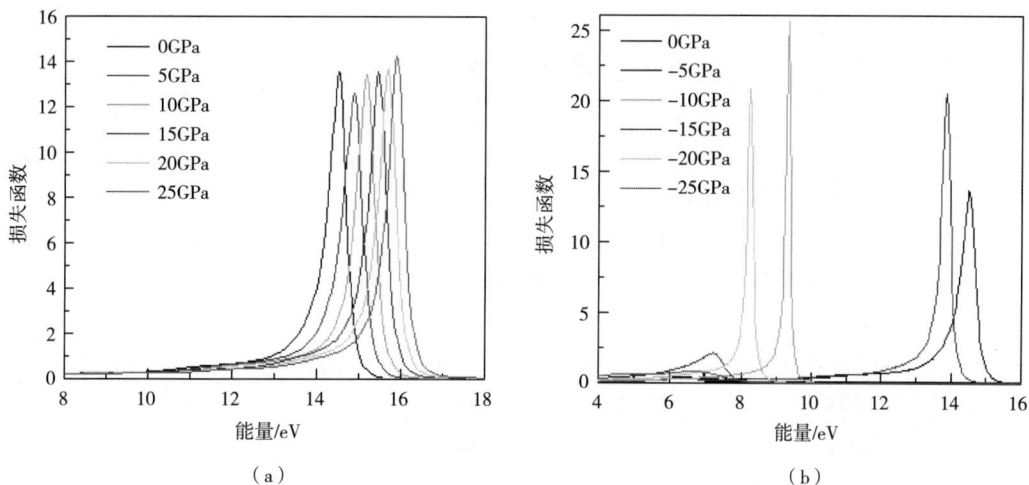

图 4-54 应力下 KNaNbO$_3$ 的能量损失函数（见文后彩图 8）

4.3.6 小结

通过分析不同压应力和拉应力作用下 KNaNbO$_3$ 的电子结构和光电性质，发现正交相钙钛矿结构的压电材料 KNaNbO$_3$ 的价带顶和导带底不在同一布里渊区的高对称点，属于间接带隙半导体。本征时的禁带宽度为 2.192eV，费米能级附近的电子跃迁主要由 KNaNbO$_3$ 的 p 轨道决定，其次是 d 轨道，s 轨道几乎分布在远离费米能级的下价带中，在 9.61eV 位置出现了最大光吸收峰，其峰值为 230183cm^{-1}，在能量为 14.48eV 处，KNaNbO$_3$ 的能量损失函数值达到最大值，其值为 13.64。

在压应力作用下，KNaNbO$_3$ 的带隙随压应力的增大而减小。而在拉应力的作用下，在拉应力值小于 15GPa 时，有应力作用下的 KNaNbO$_3$ 的带隙宽度相对于无应力作用下的带隙宽度是增大的，而当拉应力值达到 15GPa 以后，其在 25GPa 应力作用下的带隙宽度为 0.309eV，相对于无应力作用下的 2.192eV，带隙宽度减小，从而在整体上表现出随着拉应力的增大，带隙宽度先增大而后减小的情况。其电子态密度随应力的增大峰值会有增大，并且出现红移现象，但费米能级附近主要还是 p 轨道做贡献。随着压应力的增大，最大光吸收值略微增大，而拉应力作用下的结果相反，最大光吸收值明显减小。在压应力作用下，介电常数开始的位置略往上移，静态介电函数值和虚部变化不大，而在拉应力的作用下，当应力值为 10GPa 时，静态常数值和最大峰值明显减小，介电函数虚部也明显减小。这表明随压拉力的增大，KNaNbO$_3$ 材料对光的吸收和材料的损耗都随之减小。KNaNbO$_3$ 材料能量损失函数共振峰的峰值，随着压应力的增大先减小后增大，共振峰峰值出现的位置向高能量方向移动。在拉应力值为 5GPa、10GPa、20GPa 时，KNaNbO$_3$ 的能量损失函数共振峰峰值分别为 20.53、25.61、20.78，相对于无应力时的 13.64 增大，而在拉应力值为 15GPa、25GPa 时，KNaNbO$_3$ 材料的能量损失几乎为 0。研究结果表明，通过施加应力可以改变 KNaNbO$_3$ 材料的光电性质。

参考文献

[1] 吴家刚. 铌酸钾钠基无铅压电陶瓷的发展与展望 [J]. 四川师范大学学报（自然科版），2019，42（2）：143-153，140.

[2] JAFFE B, COOK W R, JAFFE H. Piezoelectric Ceramics [M]. New York：Academic Press，1971：562-563.

[3] SATIO Y, TAKAO H, TANI T, et al. Lead-free piezoceramics [J]. Nature，2004，432（7013）：84-87.

[4] WU J G. Advances in Lead-free Piezoelectric Materials [M]. Singapore：Springer Nature，2018：3519-3523.

[5] XU K, LI J, LV X, et al. Superior piezoelectric properties in potassium-sodium niobate

lead-free ceramics ［J］. Adv Mater, 2016, 28 （38）: 8519-8523.

［6］ WANG X P, WU J G, XIAO D Q, et al. Giant piezoelectricity in potassium-sodium niobate lead-free ceramics ［J］. Journal of American Chemical Society, 2014, 136 （7）: 2905-2910.

［7］ LI P, ZHAI J, SHEN B, et al. Ultrahigh piezoelectric properties in textured （K, Na） NbO$_3$-based lead-free ceramics ［J］. Advanced Materials, 2018, 30 （8）: 1705171.

［8］ 吕林, 杨吟野. 应力对立方相 Ca$_2$Ge 光电性能的第一性原理研究 ［J］. 硅酸盐通报, 2019, 15 （12）: 378-379.

［9］ 闫万珺, 张春红. 应力调制下 β-FeSi$_2$ 电子结构及光学性质 ［J］. 半导体学报, 2013, 33 （7）: 0716001.

［10］ 邢洁, 谭智, 郑婷, 等. 铌酸钾钠基无铅压电陶瓷的高压电活性研究进展 ［J］. 物理学报, 2020, 69 （12）: 78-96.

［11］ ORAYECH B, FAIK A, LÓ G A, et al. Mode-crystallography analysis of the crystal structures and the low-and high-temperature phase transitions in Na$_{0.5}$K$_{0.5}$NbO$_3$ ［J］. Journal of Applied Crystallography, 2015, 48 （2）: 1600-5767.

［12］ ALAIN B K, ZHANG S T, JO W, et al. Morphotropic phase boundary in （1-x） Bi$_{0.5}$Na$_{0.5}$TiO$_3$-xK$_{0.5}$Na$_{0.5}$NbO$_3$ lead-free piezoceramics ［J］. Applied Physics Letters, 2008, 92 （22）: 2229-1201.

［13］ GRÖTING M, ALBE K. Theoretical prediction of morphotropic compositions in Na$_{1/2}$Bi$_{1/2}$TiO$_3$-based solid solutions from transition pressures ［J］. Physical Review B, 2014, 89 （5）: 054105.

［14］ 王磊. 铌酸钾钠 （KNN） 无铅压电陶瓷第一性原理研究 ［D］. 西安: 长安大学, 2021.

［15］ 陈念陔, 高坡, 乐征宇. 量子化学理论基础 ［M］. 哈尔滨: 哈尔滨工业大学出版社, 2002.

［16］ DEWAR M J S. Quantum Theory of Molecules ［J］. Nature, 1951 （168）: 970-971.

［17］ HOHENBERG P, KOHN W. Inhomogeneous lelctron gas ［J］. Physical Review Journals Archive, 1964 （136）: 864-871.

［18］ KOHN W, SHAM L J. Self-consistent edlations including exchange and correlation effeets ［J］. Physical Review Journals Archive, 1965 （140）: 1133-1138.

［19］ POPLE J A, GILL P M W, JOHNSON B G. Kohn-Sham density-functional theory within a finite basis set ［J］. Chemical Physics Letters, 1992, 199 （6）: 557-560.

［20］ Johnson B G, Fisch M J. An implementation of analytic second derivatives of the gradient-corrected density functional energy ［J］. The Journal of Chemical Physics, 1994, 100 （10）: 7429-7442.

［21］ 青维. 钙钛矿光电性能及铑合金力学性能的第一性原理计算 ［D］. 湘潭: 湘潭大学, 2018.

［22］ VANDERBILT D. Soft self-consistent pseudopotentials in a generalized eigenvalue formalism [J]. Physical Review B, 1990, 41 (11): 0163-1829.

[23] PERDEW J P, CHEVARY J A, VOSKO S H, et al. Atoms, molecules, solids, and surfaces: Applications of the generalized gradient approximation for exchange and correlation [J]. Physical Review B, 1992, 46 (11): 6671.

[24] 吴玉辉. 简述第一性原理计算软件 CASTEP 在材料物理教学中的应用 [J]. 信息记录材料, 2019, 20 (9): 119-120.

[25] 马松山, 徐慧, 夏庆林. ZnRh$_2$O$_4$ 电子结构与光学性质的第一性原理计算 [J]. 中国有色金属学报, 2010, 20 (8): 1623-1628.

4.4　退火工艺对铌酸钾钠陶瓷性能的影响

4.4.1　研究背景

铌酸钾钠 (KNN) 因其压电性能好, 环境友好等热点, 受到人们的广泛重视[1]。近年来国内外学者对其进行了大量的研究[2-7], 以改善其压电特性。刘熠闻等[8] 研究了外延生长 Mn 掺杂的 K$_{0.5}$Na$_{0.5}$NbO$_3$ 无铅铁电薄膜, 结果表明室温下具有较高介电常数 (717.56) 和较低介电损耗 (0.146)。Ge^{4+} 离子掺杂也可以降低 KNLNT 陶瓷的烧结温度、抑制碱金属元素的挥发, 提高材料压电性能[9]。氧化铌种子层对铌酸钾钠薄膜性能产生影响[10], 有种子层且掺 10% (摩尔分数) Mn 的 KNN 薄膜, 其最大极化值和剩余极化值分别为 20.33μC/cm^2 和 2.94μC/cm^2。共掺杂对铌酸钾钠有显著的影响, 张钊伟等[11] 研究 Ta、Mn 共掺铌酸钾钠, 所得晶体具有较高的剩余极化强度 P_r 和压电常数 d_{33}, 分别为 26.96μC/cm^2 和 227pC/N。研究者们还研究了锆酸钡、氧化镧、Zr 和 Ca 共掺杂铌酸钾钠[12-14], 得到了丰富的研究结果。

研究者们在对铌酸钾钠进行掺杂改性的同时, 也在进行制备工艺优化的研究。王孟丽等[15] 研究了煅烧温度对铌酸钾钠基铁电陶瓷压电性能的影响, 煅烧温度为 950℃时, 陶瓷在 40kV/cm 电场下其双极应变达到 0.3%。任梓江等研究发现[16] 高能球磨法制备的陶瓷在 1kHz 下的最大介电常数增加了约 470, 剩余极化强度增加了约 20.9μC/cm^2, 矫顽电场提高了约 19.7kV/cm。郭壮壮[17] 等采用二步熔盐法合成了柱状铌酸钾钠粉体, 具有较高的烧结活性。李德东等[18] 研究了降温速率对无籽固相法生长铌酸钾钠性能的影响, 当降温速率为 2.0℃/min 时, 所制备的铌酸钾钠基压电单晶表现出优异的压电性能。徐鑫等[19] 研究了烧结工艺对 0.95 (K$_{0.5}$Na$_{0.5}$) NbO$_3$-0.05Ba (Zr$_{0.05}$Ti$_{0.95}$) O$_3$ 无铅陶瓷组织和电性能的影响, 延长第二步的保温时间可以改善 0.95KNN-0.05BZT 陶瓷的密度、压电性能和介电性能。王文蕊等[20] 研究发现, 当烧结条件为 1130℃,

保温 4h，升温速率 2℃/min 时，0.97KNN-0.03BZN-1.0CeO₂ 陶瓷试样较致密，表现出较优异的介电、铁电性能。

在充分调研的基础上，笔者提出通过优化退火工艺进行制备铌酸钾钠陶瓷，并分析退火工艺对铌酸钾钠陶瓷性能的影响。

4.4.2 研究内容及结果概述

以 Na_2CO_3、K_2CO_3、Nb_2O_5 为原料，采用固相烧结法制备铌酸钾钠（KNN）无铅压电陶瓷材料，通过改变退火时的保温温度和保温时间，探讨不同退火工艺对铌酸钾钠（KNN）压电陶瓷显微组织及电学特性的影响。

4.4.2.1 样品的制备

运用电热鼓风干燥箱和行星球磨机烘干、细化 Na_2CO_3、K_2CO_3、Nb_2O_5 粉末，然后把粉末用手动压片机压制成圆片，最后将圆片放入高温烧结炉烧制成铌酸钾钠（KNN）压电陶瓷样品，而在烧制的退火过程中，改变保温温度和保温时间，共设置五组变量参数：800℃/1h、800℃/2h、700℃/1h、700℃/2h、500℃/2h。

4.4.2.2 性能的测试

分别使用 X 射线衍射（XRD）仪、扫描电子显微镜（SEM）、TH2826 阻抗分析仪、ZJ-6A 型准静态测试仪检测陶瓷样品的微观结构表面形貌、压电常数 d_{33}、相对介电常数、介电损耗和电容。

研究结果表明：样品的 XRD 图谱与 PDF 标准卡对比，样品呈现出典型的钙钛矿结构。退火阶段不同的保温温度和保温时间对 KNN 陶瓷性能的影响有很大的差异，温度低于 800℃、保温时间 1h 时，KNN 陶瓷的表面气孔增多，表面孔隙变大，晶粒杂乱，电容和相对介电常数都会降低，压电常数降低，介电损耗增加；温度高于 800℃、保温时间超过 2h 时，KNN 陶瓷表面的气孔变少，分散性好，颗粒间没有明显的团聚，晶粒分布均匀，晶粒连接紧密，同时也改善 KNN 陶瓷的电学性能。最佳退火工艺为保温温度 800℃，保温时长 2h，其性能为：$d_{33}=47pc/N$、$\varepsilon_r=107$、$\tan\delta=0.18$、$C_p=171pF$。

4.4.3 不同退火工艺 KNN 陶瓷的制备

4.4.3.1 实验药品

配料是陶瓷制备的关键，$K_{0.5}Na_{0.5}NbO_3$ 的各种原料必须精准的称量。按照 K、Na、Nb 元素化学计量摩尔比 1:1:2 进行称量。称取 K_2CO_3、Na_2CO_3、Nb_2O_5 分别为 27.6g、21.2g、106.4g，实验所用的药品如表 4-20 所示。

表 4-20　KNN 药品称取表

药品	化学式	相对分子质量	称取质量
碳酸钾	K_2CO_3	138. 21	27. 6g
碳酸钠	Na_2CO_3	105. 99	21. 2g
五氧化二铌	Nb_2O_5	265. 8098	106. 4g

4.4.3.2　KNN 退火工艺设计

为了研究退火工艺对 KNN 压电陶瓷性能的影响，设计了五组退火工艺进行材料制备。五组工艺的升温阶段工艺一致，退火段不同。退火工艺曲线如图 4-55 所示。

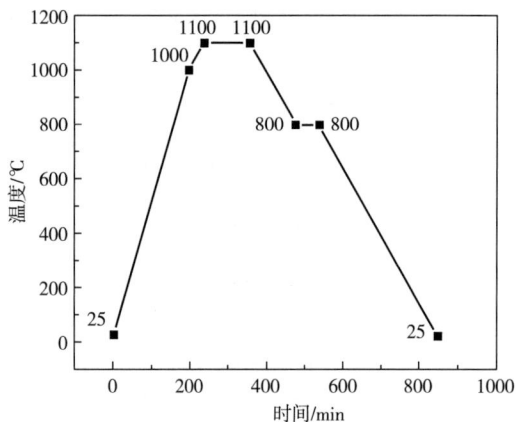

（a）

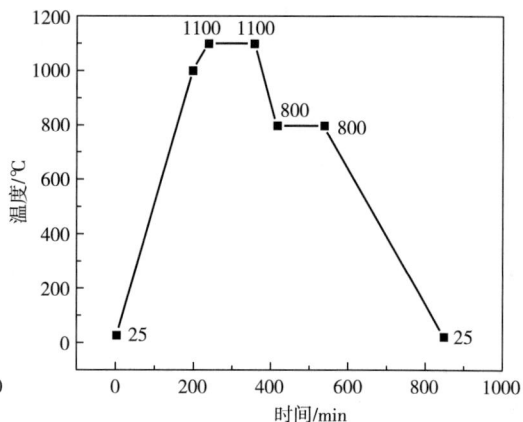

（b）

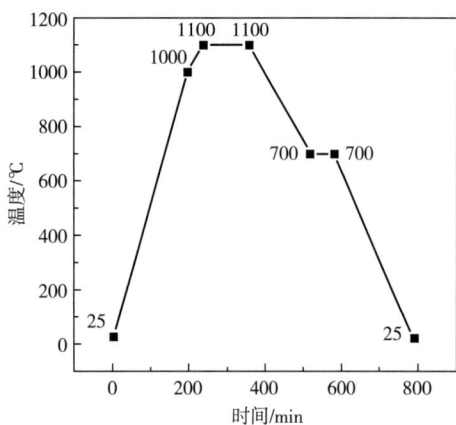

（c）

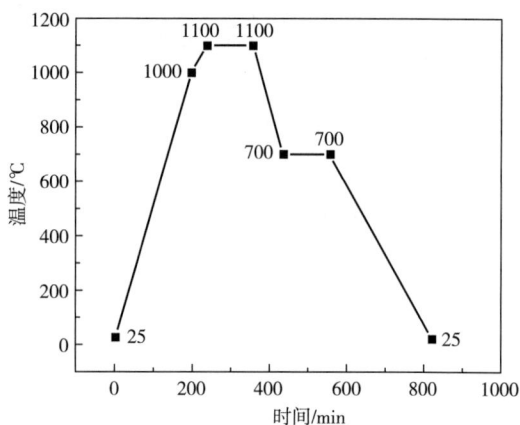

（d）

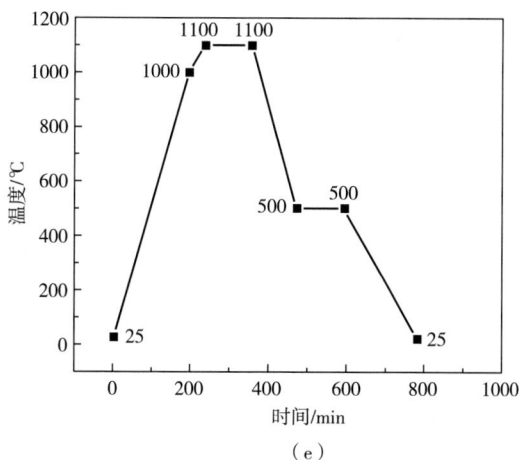

图 4-55　KNN 退火工艺曲线

在退火阶段选取不同的保温时间和保温温度，烧结升温过程分为两个阶段进行：在 1000℃以下阶段使用快速升温，升温速率调节为 5℃/min；1000℃以上阶段采用慢速升温，以 2.5/min 升温至到达烧结温度 1100℃，烧结温度保温 2h。退火保温温度和保温时间分别选取为 800℃保温 1h、800℃保温 2h、700℃保温 1h、700℃保温 2h、500℃保温 2h，一共设置五组退火工艺，烧结后用测试仪器检测五个样品的介电性能和微观结构，整理得到的数据，总结出最佳的退火工艺。

4.4.3.3　实验步骤

样品的制备流程如图 4-56 所示。

（1）烘干。把称取好的 K_2CO_3、Na_2CO_3、Nb_2O_5 粉末 27.6g、21.2g、106.4g 分别放入不同的烧杯，再将烧杯一起放入干燥箱内，调节干燥的温度为 60℃，进行 2h 的干燥。

（2）球磨。取出烘干后的 K_2CO_3、Na_2CO_3、Nb_2O_5 粉末混合到一起，倒入行星球磨机罐内，并在罐内加入 5 个 $\phi=10mm$ 和 4 个 $\phi=20mm$ 的氧化锆珠子，以便细化粉末药品，设置行星球磨机转速为 350r/min，并每隔 1h 切换正反转转向，连续球磨 20h。把经过球磨处理后的 K_2CO_3、Na_2CO_3、Nb_2O_5 混合粉末置于 60 目的分样筛中，进行筛分。

（3）称量。将实验室里的称量纸放在电

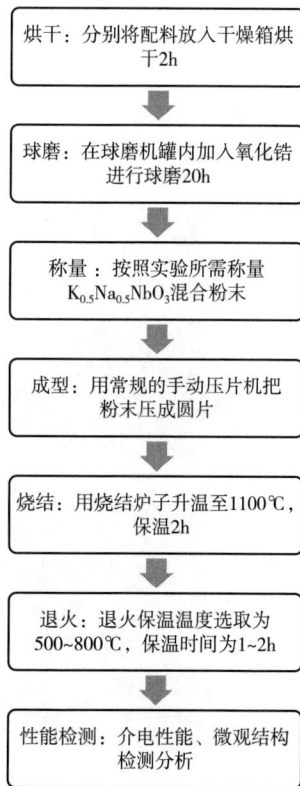

烘干：分别将配料放入干燥箱烘干 2h

↓

球磨：在球磨机罐内加入氧化锆进行球磨 20h

↓

称量：按照实验所需称量 $K_{0.5}Na_{0.5}NbO_3$ 混合粉末

↓

成型：用常规的手动压片机把粉末压成圆片

↓

烧结：用烧结炉子升温至 1100℃，保温 2h

↓

退火：退火保温温度选取为 500~800℃，保温时间为 1~2h

↓

性能检测：介电性能、微观结构检测分析

图 4-56　实验流程图

子天平秤上，调置电子天平去皮，然后把经过筛分好的 K_2CO_3、Na_2CO_3、Nb_2O_5 混合粉末用药匙舀到电子天平秤上，称取 5g 的混合粉末，因为电子天平秤是精密仪器，所以在称取的时候要很仔细。

（4）压片成型。用常规的手动压片机，以 5N 的压力压制，保压时间 15s，压制得到 5g 的小圆片，每次压制之后都要使用酒精轻轻地擦拭压制模具内壁，等模具内壁酒精挥发后，进行下一个样品的压制成型，这样反复操作压制 5 个小圆片样品。

（5）烧结。将压制成型的圆片放进高温坩埚中，然后把高温坩埚放入烧结炉中，烧结升温过程分为两个阶段进行：在 1000℃ 以下阶段使用快速升温，升温速率调节为 5℃/min；1000℃ 以上阶段采用慢速升温，以 2.5/min 升温至烧结温度 1100℃，烧结温度保温 2h。

（6）退火。退火保温温度和保温时间分别选取为 800℃ 保温 1h、800℃ 保温 2h、700℃ 保温 1h、700℃ 保温 2h、500℃ 保温 1h，一共五组实验数据。退火完成后，等到自然冷却，将得到的样品取出来，贴上标签并装入袋子中，注意袋子密封性必须好，防止样品受潮影响测试性能。

4.4.4 不同退火工艺 KNN 陶瓷的性能

4.4.4.1 铌酸钾钠陶瓷的微观形貌

采用扫描电子显微镜（SEM）测试样品的表面形貌，样品在 800℃ 保温 1h、2h 的 KNN 陶瓷 SEM 显微图片，如图 4-57 所示。

（a）　　　　　　　　　（b）

（c）　　　　　　　　　（d）

图 4-57　800℃ 1h、2h 退火工艺

图 4-57（a）~ 图 4-57（d）的退火保温温度都是 800℃，但是图 4-57（a）、图 4-57（b）保温时间分别为 1h，图 4-57（c）、图 4-57（d）保温时间为 2h。在图 4-57（b）与图 4-57（d）的 SEM 显微图片中可以清晰地看出图 4-57（b）的晶粒形状类似正方形，而图 4-57（d）晶粒呈现出圆形。图 4-57（a）的表面形貌有较大的孔隙，晶粒大小差异很大，分布也不均匀，小晶粒附着在大晶粒上使表面很不平整，而图 4-57（c）晶粒分布较为均匀，晶粒饱满粗大，基本没有气孔产生，孔隙也几乎没有，这是因为在退火期间的保温时长多 1h，晶粒有足够长的时间增长。

样品在 700℃保温 1h、2h 的 KNN 陶瓷 SEM 显微图片，如图 4-58 所示。图 4-58（a）~ 图 4-58（d）的退火保温温度都是 700℃，图 4-58（a）、图 4-58（b）保温时间为 1h，图 4-58（c）、图 4-58（d）保温时间为 2h。由图 4-58（b）、图 4-58（d）的 SEM 显微图片可以看出，样品微观形貌呈现出正方形和圆的形状。随着保温温度的降低图 4-58（a）的晶粒显得均匀，有较少气孔产生，孔隙也有少量的产生，图 4-58（c）晶粒尺寸均匀，但出现许多大大小小的气孔。

图 4-58　700℃ 1h、2h 退火工艺

样品在 500℃保温 2h 的 KNN 陶瓷 SEM 显微图片，如图 4-59 所示。

随着退火保温温度的降低，可以看到微观形貌的样子，晶粒都是相似的形状，大小均匀，明显比 800℃和 700℃的晶粒小，气孔随着温度的下降明显变多，且都为细小的气孔。

通过对五组 KNN 陶瓷样品不同退火工艺的 SEM 显微图片对比得出，退火保温温度在 800℃的样品与退火保温温度为 700℃的样品，它们都呈现出两种不同形状的晶粒。保温温度在 800℃时有少量的气孔，晶粒比较细小，随着保温时长增加到 2h 时，晶粒得以均匀地长大，气孔几乎没有。保温温度降低到 700℃时，样品的气孔明显增多，孔

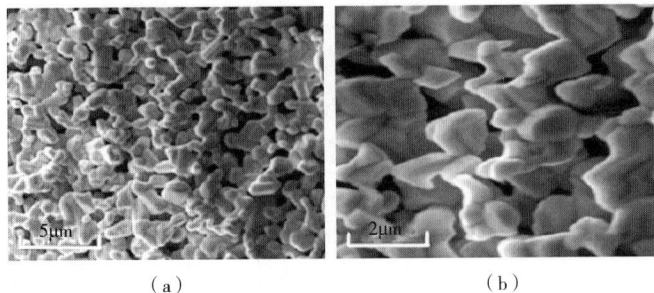

（a）　　　　　　　　　（b）

图 4-59　500℃ 2h 退火工艺

隙小，晶粒尺寸变小，当保温温度从 700℃继续降低至 500℃后，样品的晶粒又慢慢变小，气孔再次增多。

4.4.4.2　铌酸钾钠陶瓷物相结构

图 4-60 为将所制备的铌酸钾钠陶瓷进行研磨后样品的 XRD 图谱。

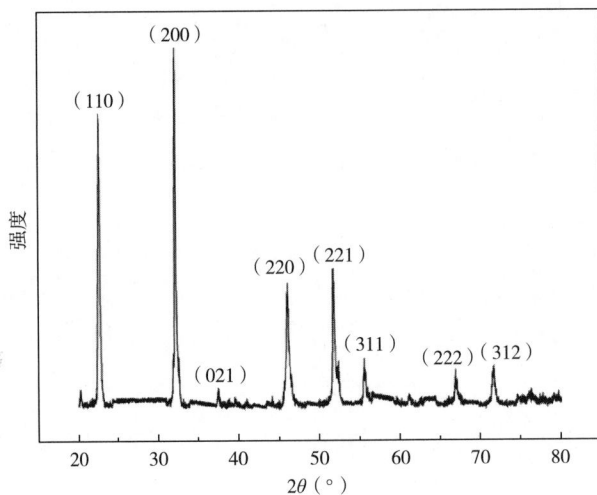

图 4-60　KNN XRD

由图 4-60 可看出铌酸钾钠陶瓷（110）、（200）、（220）等特征峰，通过与 PDF 标准卡对比，样品呈现出典型的钙钛矿结构。由于（220）衍射峰左强峰（200）的强度大于右强峰（221），因此制备的样品为正交相。[21]

4.4.4.3　不同退火工艺 KNN 压电性能

压电常数 d_{33} 是衡量铌酸钾钠（KNN）压电陶瓷压电性能的一个重要的参数，可以直观地表示出铌酸钾钠（KNN）压电陶瓷样品的压电性能。压电常数 d_{33} 反映了给铌酸钾钠（KNN）压电陶瓷施加的压力与铌酸钾钠（KNN）压电陶瓷产生的电荷之间的关系。实验利用 ZJ-6A 型准静压测试仪测量出铌酸钾钠（KNN）压电陶瓷样品的压电常数 d_{33}。不同的退火工艺样品压电常数 d_{33}，如图 4-61 所示。

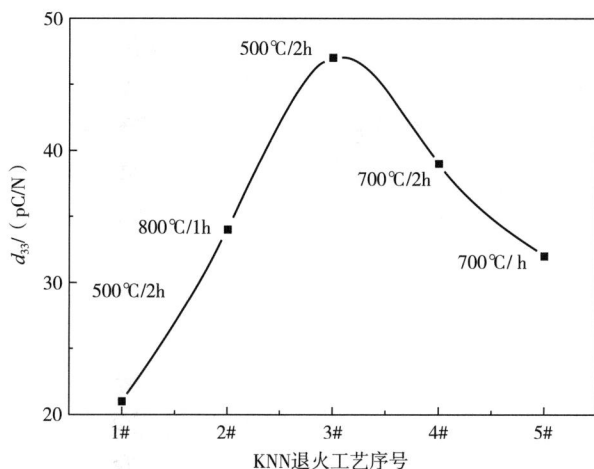

图 4-61　压电常数 d_{33}

从图 4-61 可以看出，3#退火工艺（800℃/2h）所得样品的 d_{33} 最高为 47pC/N。随着退火保温温度和保温时间的增加，样品的晶粒发育变完善，孔隙减小，晶粒更为均匀。晶体取向更为有序，有序的晶粒取向有利于电畴的偏析从而使 KNN 压电陶瓷电压常数 d_{33} 增加。当保温温度和保温时间增加到一定程度时，晶粒异常长大，影响了电畴的转向，压电常数 d_{33} 减小。

4.4.4.4　不同退火工艺 KNN 相对介电常数

相对介电常数是指介电常数与真空介电常数之比，同时也是表征电介质束缚电荷的特性。不同的退火工艺 KNN 相对介电常数，如图 4-62 所示。

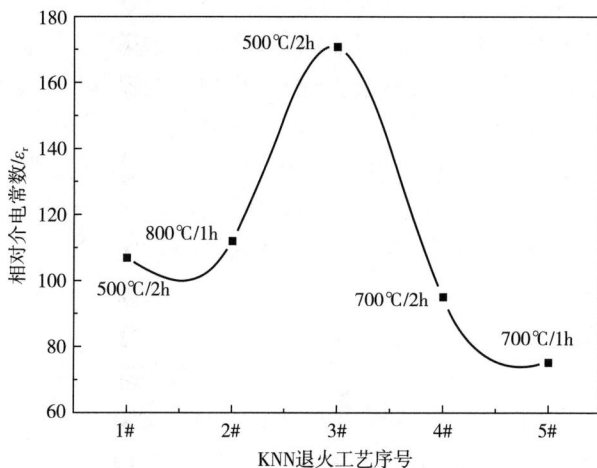

图 4-62　相对介电常数

从图可看出，退火温度800℃，保温时间2h时，相对介电常数最大为171。说明在此退火工艺的晶粒均匀，气孔少，有利于样品束缚电荷。

4.4.4.5 不同退火工艺KNN介电损耗

介电损耗是指电介质在单位时间内，由于交流电压的影响，介电材料在加热过程中所消耗的能量。介电损耗与物质组成、工作频率、极化损耗、结构损耗有关。不同的退火工艺KNN介电损耗，如图4-63所示。

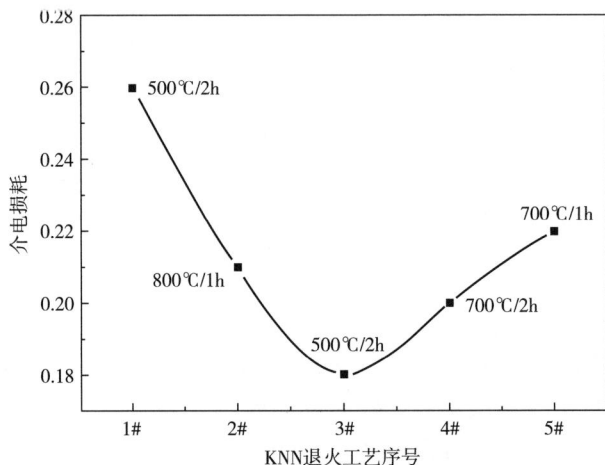

图4-63 介电损耗

在保温温度800℃、保温时间2h条件下，样品的介电损耗最低。此时，样品的结晶程度较好，有利于电荷的极化。从表面形貌图片可以发现退火保温温度和保温时间较低时，体系结晶程度不利于极化，因此介电损耗较大。

4.4.4.6 不同退火工艺KNN电容

电容是指电荷在电场中由于受到压力而运动，在导电体与导电体之间形成一个媒介后，电荷的运动会受到阻碍，从而导致电荷的蓄积，造成电荷的累积储存。不同的退火工艺KNN电容，如图4-64所示。

结合前文分析可知，保温800℃比保温700℃、500℃的电容小，当KNN体系结晶有利于电畴的转向时，KNN电介质的绝缘性降低，同时电容值增大。体系结晶度不利于电畴的转向时，电介质对电荷的束缚弱，电容减小。

4.4.5 小结

通过实验对陶瓷样品微观形貌和介电性能的检测分析表明：SEM显微图片中保温温度800℃，保温时间2h的晶粒发育比较好，几乎没有气孔，分散性好，颗粒间没有明显的团聚，晶粒分布均匀，晶粒连接紧密。保温温度在700℃和500℃的样品晶粒显

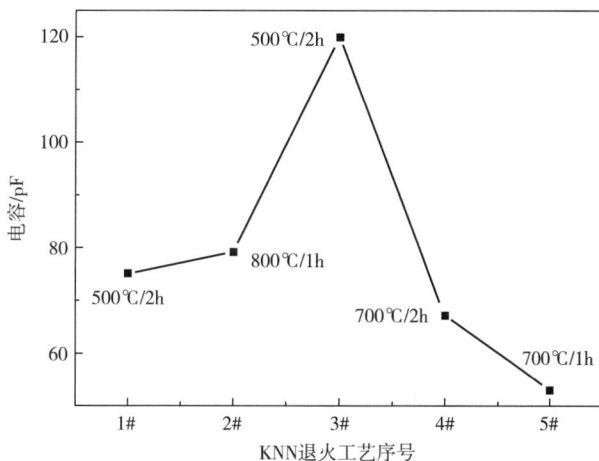

图 4-64　电容 C_p

得杂乱，出现许多大大小小的气孔，可能是随着时间的延长，使晶粒再次发生改变。样品的 XRD 图谱与 PDF 标准卡对比，样品呈现出典型的钙钛矿结构。在介电性能检测中发现，保温温度与时间增加到一定时，晶粒发育变完善，孔隙减小，晶体取向有序，利于电畴的偏转，体系结晶程度变好，压电常数 d_{33} 最高，相对介电常数最高，介电损耗最低，电容最大的退火工艺为 800℃/2h，其值 $d_{33} = 47\text{pC/N}$，$\varepsilon_r = 107$，$\tan\delta = 0.18$，$C_p = 171\text{pF}$。

参考文献

[1] JAFFE B, ROTH R S, MARZULLO S. Piezoelectric properties of lead zirconate Head titanate solid-solution ceramics [J]. Journal of Applied Physics, 1954, 25 (6)：809-810.

[2] LIU Y C, CHANG Y F, LI F, et al. Exceptionally High Piezoelectric Coefficient and Low Strain Hysteresis in Grain-Oriented (Ba, Ca) (Ti, Zr) O_3 through Integrating Crystallographic Texture and Domain Engineering [J]. ACS Applied Materials & Interfaces, 2017, 9 (35)：29863-29871.

[3] YIN H M, XU W J, ZHOU H W, et al. Effects of phase composition and grain size on the piezoelectric properties of HfO_2 doped barium titanate ceramics [J]. Journal of Materials Science, 2019, 54 (19)：12392-12400.

[4] RAWAT S, AGARWAL S, SINGH K C. Lead-free (Ba$_{0.88}$ Ca$_{0.12}$) (Ti$_{0.94}$ Sn$_{0.06}$) O_3 piezoceramics：a comprehensive analysis of the phase evolution and enhancement of electrical properties induced by high energy ball milling [J]. Materials Chemistry and

Physics, 2022 (279): 125735.

[5] ZHANG Y M, YU Y G, ZHANG N, et al. Simultaneous realization of good piezoelectric and strain temperature stability via the synergic contribution from multilayer design and rare earth doping [J]. Advanced Functional Materials, 2023, 33 (11): 2211439.

[6] WU J G. Perovskite lead-free piezoelectric ceramics [J]. Journal of Applied Physics, 2020, 127 (19): 190901.

[7] WANG X J, HUAN Y, ZHU Y X, et al. Defect engineering of BCZT-based piezoelectric ceramics with high piezoelectric properties [J]. Journal of Advanced Ceramics, 2022, 11 (1): 184195.

[8] 刘熠闻, 李腾, 卓浩, 等 . Mn 掺杂 $K_{0.5}Na_{0.5}NbO_3$ 铁电薄膜的制备及性能表征 [J]. 低温物理学报, 2024, 46 (2): 89-95.

[9] 何强, 聂京凯, 韩钰, 等 . Ge^{4+} 离子掺杂对铌酸钾钠基无铅压电陶瓷烧结和电性能的影响 [J]. 陶瓷学报, 2022, 43 (6): 1023-1029.

[10] 朱海勇, 张伟 . 锰掺杂和氧化铌种子层对铌酸钾钠薄膜电性能的影响 [J]. 材料研究学报, 2022, 36 (12): 945-950.

[11] 张钊伟, 江民红, 李林, 等 . Ta、Mn 共掺铌酸钾钠基压电单晶的无籽晶固相生长、结构和电学性能 [J]. 硅酸盐学报, 2022, 50 (9): 2358-2365.

[12] 张源, 吴波, 李美亚, 等 . 锆酸钡掺杂铌酸钾钠基无铅压电陶瓷的相结构及电学性能 [J]. 武汉大学学报 (理学版), 2022, 68 (2): 195-202.

[13] 肖舒琳, 戴中华, 李定妍, 等 . 氧化镧掺杂铌酸钾钠陶瓷的电、光性能研究 [J]. 无机材料学报, 2022, 37 (5): 520-526.

[14] 江民红, 王维, 宋嘉庚, 等 . Mn、Zr 和 Ca 共掺杂 KNN 基单晶的无籽晶固相法生长、结构和压电性能研究 [J]. 陕西师范大学学报 (自然科学版), 2021, 49 (4): 61-68.

[15] 王孟丽, 桑秀杰, 周静, 等 . 煅烧温度对铌酸钾钠基铁电陶瓷压电性能的影响 [J]. 硅酸盐学报, 2024, 52 (6): 1935-1941.

[16] 任梓江, 陈碧, 徐俊卓, 等 . 高能球磨法制备铌酸钾钠基陶瓷及其性能研究 [J]. 陶瓷学报, 2024, 45 (3): 595-600.

[17] 郭壮壮, 刘亮亮, 郁军, 等 . 熔盐法制备柱状铌酸钾钠粉体及其陶瓷 [J]. 压电与声光, 2019, 41 (4): 509-512.

[18] 李德东, 江民红, 李林, 等 . 降温速率对无籽固相法生长铌酸钾钠基单晶结构和性能的影响 [J]. 硅酸盐学报, 2020, 48 (9): 1446-1454.

[19] 徐鑫, 李晨薇, 吕振林 . 烧结工艺对 $0.95(K_{0.5}Na_{0.5})NbO_3-0.05Ba(Zr_{0.05}Ti_{0.95})O_3$ 无铅陶瓷组织和电性能的影响 [J]. 铸造技术, 2019, 40 (4): 331-335.

[20] 王文蕊, 程花蕾, 周万城 . 烧结工艺参数对 KNN 基陶瓷性能的影响 [J]. 压电与声光, 2017, 39 (2): 252-255.

光电功能材料的制备与性能研究

4.5.1　研究背景

锆钛酸铅（PZT）基陶瓷由于具有优异的压电性能[1]近几十年来一直被人们应用于传感器、制动器和驱动器等器件领域。在生产和使用 PZT 陶瓷时，其中的铅元素会对环境和人体健康造成危害[2]。因此，寻找环境友好的压电陶瓷材料成为人们研究的热点。[3-5] 在众多的压电陶瓷材料中，铌酸钾钠 [（Na，K）NbO₃，KNN] 由于具有高居里温度、较大压电常数、对环境无污染且价格低等优点备受人们的关注。材料的结构、制备工艺、元素掺杂等都对 KNN 陶瓷的性能产生重要影响。[6-10]

铌酸钾钠是 ABO₃ 钙钛矿结构，通过对 A 位和 B 位掺杂，在一定的组分范围内可以形成稳定的固溶体，进而提升铌酸钾钠压电材料的电学性能及机械品质因数[11-12]，研究者们围绕元素掺杂进行了深入的研究。[13-18]

KNN 烧结制备过程中，温度控制较为关键。温度较高会导致陶瓷样品过烧，温度过低则陶瓷晶粒发育不充分，陶瓷材料致密度差。保温时间同样影响晶粒发育，对 KNN 陶瓷的性能产生重要影响。王孟丽等[19-21] 研究了烧结温度对 KNN 基压电陶瓷物性的影响，取得了丰富的研究成果。

此处采用固相烧结法制备 KNN 陶瓷样品，研究保温时间对 KNN 陶瓷性能的影响。

4.5.2　研究内容及结果概述

采用固相烧结法，以无水碳酸钾、无水碳酸钠、五氧化二铌为原料制备铌酸钾钠压电陶瓷材料，研究保温时间对铌酸钾钠压电陶瓷性能的影响。结果表明，随着保温时间增加，铌酸钾钠陶瓷的晶粒逐渐趋向均匀，孔隙减少，致密度变好。保温时间过长时，陶瓷结晶质量变差，霍尔电压等电性能变差。保温时间为 2.5h 时，所制备样品性能最优，晶粒最均匀，致密度好，平均晶粒尺寸为 2μm，载流子浓度为 $2.3×10^7$ 个/cm³，载流子迁移率为 30.2cm²/（V·s），霍尔电压为 24.8mV，吸光度为 4.78。

4.5.3　不同保温时间工艺 KNN 的制备

使用的实验药品为分析纯 K_2CO_3（99.9%）、Na_2CO_3（99.8%）、Nb_2O_5（99.9%），按照 K、Na、Nb 元素化学计量摩尔比 1∶1∶2 进行称量。将称量好的药品分别放入烧杯中，将盛有药品的烧杯放进电热鼓风干燥箱在 80℃ 下干燥 4h。除去水分后，以无水乙醇为介质将以上药品放入星型球磨机中球磨 12h。将球磨后的粉料倒入玛瑙研磨罐内进行细磨，细磨后将粉体倒入 60 目的筛子上进行过筛，最后得到细致的粉体。将粉体加入 3% 的 PVA 黏合剂，在粉末压片机上以 7MPa 压制成直径 10mm、厚度 2mm 的样品。将样品在 700℃下排胶 2h 后进行烧结，烧结温度为 1100℃。保温时间设置为 1~4h，升温速率为 3℃/min。

采用 VEGA3SBU 扫描电镜对烧结后的 KNN 样品进行表面形貌观测，采用 CH-50 霍尔效应测试系统测量样品的载流子浓度、载流子迁移率、霍尔电压，给定电流强度为 2mA、磁场强度为 100mT，采用紫外-可见分光光度计测试样品吸光度。

4.5.4 不同保温时间工艺 KNN 陶瓷的性能

4.5.4.1 不同保温时间样品表面形貌

图 4-65 为 KNN 样品 SEM 照片。图 4-65（a）为保温时间 2h 样品 SEM 照片，由图可见晶粒分布不均匀、孔隙较多，致密度差，平均晶粒尺寸为 1μm。图 4-65（b）为保温时间 2.5h 样品 SEM 照片，由图可以看到晶粒大小分布较为均匀，孔隙减少，致密度变好，晶粒平均尺寸为 2μm。图 4-65（c）为保温时间 3h 样品 SEM 照片，由图可以看到规则方形晶粒减少，致密度变差。这可能是由于长时间保温导致 K、Na 元素在烧结炉中挥发，晶格受到破坏[9]。图 4-65（d）为保温时间 3.5h 样品 SEM 照片，由图可以看到 KNN 晶粒变小，白色箭头的部分区域晶粒呈岛状生长。这可能是由于随保温时间的增加，K、Na 元素的挥发加强，离子的扩散作用增强，在自由能低的区域沉积生长所致。随保温时间的增加，KNN 晶粒间发生固溶强化，晶粒逐渐长大，样品表面

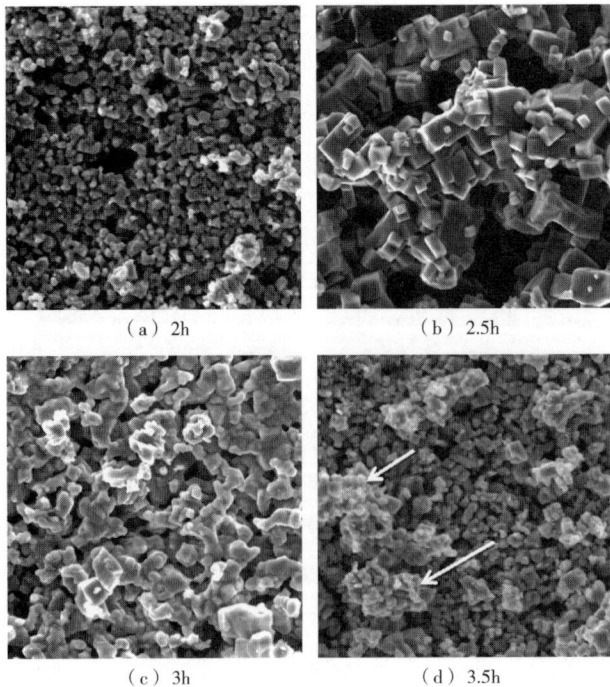

（a）2h   （b）2.5h

（c）3h   （d）3.5h

图 4-65　不同保温时间 KNN 样品表面形貌

孔隙逐渐减少，致密度变好，当保温时间超过 2.5h 后，由于 K、Na 元素易挥发，晶粒规则性破坏，晶粒在原来的生长平面上成岛状生长。

4.5.4.2 不同保温时间 KNN 样品载流子浓度

由图 4-66 可知，KNN 陶瓷的载流子浓度数量级约为 10^7 个/cm^3，随着保温时间增加，载流子浓度逐渐降低并在保温时间为 2.5h 时达到波谷 $2.3×10^7$ 个/cm^3，随后呈上升趋势。随保温时间增加，KNN 晶粒逐渐均匀，孔隙减少，致密度变好，结晶质量变好，K、Na 等元素进入晶格，不利于产生自由移动的载流子，因此载流子浓度随保温时间呈降低趋势。当保温时间大于 2.5h 后，K、Na 元素的挥发增强，规则的晶粒减少，样品结晶质量变差，样品结构有利于产生载流子，因此载流子浓度升高。KNN 压电陶瓷材料本质上属于介质材料，载流子主要为自由移动的粒子。当样品结晶质量好时 K、Na 元素进入 KNN 晶格，陶瓷样品悬挂键减少，不利于产生载流子。当 K、Na 元素挥发较多时，由于晶格畸变产生大量悬挂键，有利于产生载流子。

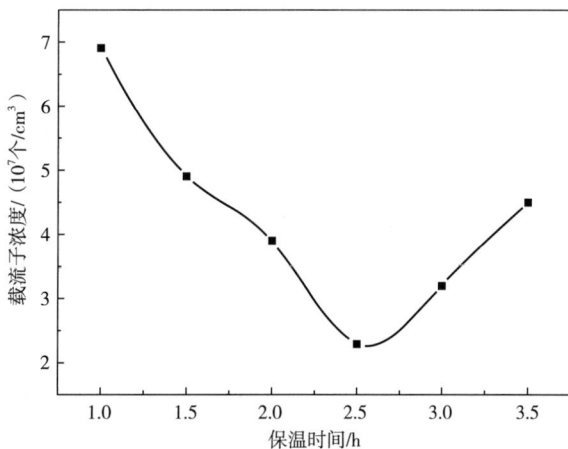

图 4-66　不同保温时间 KNN 样品载流子浓度

4.5.4.3 不同保温时间 KNN 样品载流子迁移率

图 4-67 为不同保温时间 KNN 样品载流子迁移率，由图可知随着保温时间增加，载流子迁移率逐渐增大，当保温时间为 2.5h 时载流子迁移率达到峰值，为 30.2cm²/（V·s），随后呈下降趋势。随保温时间的增加，KNN 陶瓷孔隙减少，致密度变好，晶格对载流子的散射作用减小，KNN 体系内有利于载流子的迁移，因此载流子迁移率增大。当保温时间超过 2.5h 后规则晶粒减少，K、Na 元素挥发增强，结晶质量变差，晶格对载流子的散射作用增强，因此载流子迁移率呈下降趋势。

4.5.4.4 不同保温时间 KNN 样品霍尔电压

图 4-68 为不同保温时间 KNN 样品霍尔电压。可以看到随保温时间的增加，KNN

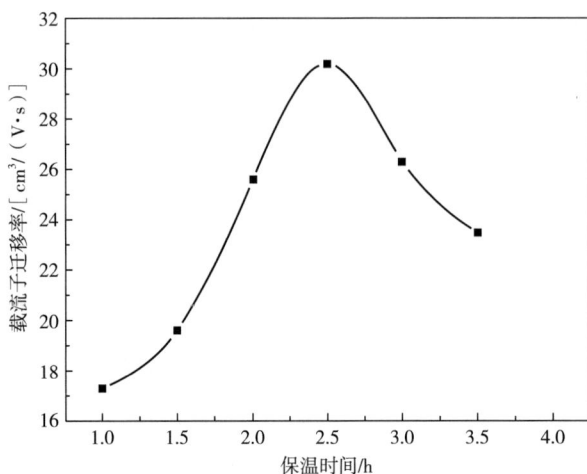

图 4-67　不同保温时间 KNN 样品载流子迁移率

样品霍尔电压呈增大趋势，在保温时间为 2.5h 时霍尔电压达到峰值，为 24.8mV。本实验制备的 KNN 样品未掺杂，因此极化电荷成为霍尔电压的主要贡献。保温时间为 2.5h 时，KNN 样品的晶粒均匀、晶体学缺陷少、致密度好，样品结构有利于电荷极化，因此霍尔电压随保温时间呈增加趋势。保温时间大于 2.5h 后，K、Na 元素挥发增强，部分晶粒呈岛状生长，此时样品结构不利于电荷极化，所以霍尔电压随保温时间呈下降趋势。

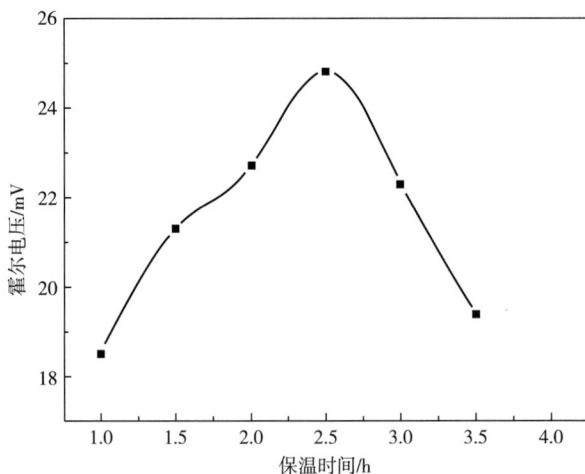

图 4-68　不同保温时间 KNN 样品霍尔电压

4.5.4.5　不同保温时间 KNN 样品吸光度

由图 4-69 可以看出，随保温时间的增加，KNN 样品吸光度逐渐增大，在保温时间为 2.5h 时吸光度达到峰值，为 4.78。此时样品晶粒更均匀，致密度好，结晶学缺陷少，KNN 样品对光的散射作用减弱，此时的结构有利于光的吸收，在此保温时间下样品对光的吸收较好。继续增加保温时间，晶粒异常长大，此时结构不利于光吸收，使光吸收度减小。材料对光吸收具有选择性，保温时间过长时 K、Na 挥发较多，破坏 KNN 晶体能带，使 KNN 陶瓷材料对光吸收度减少。

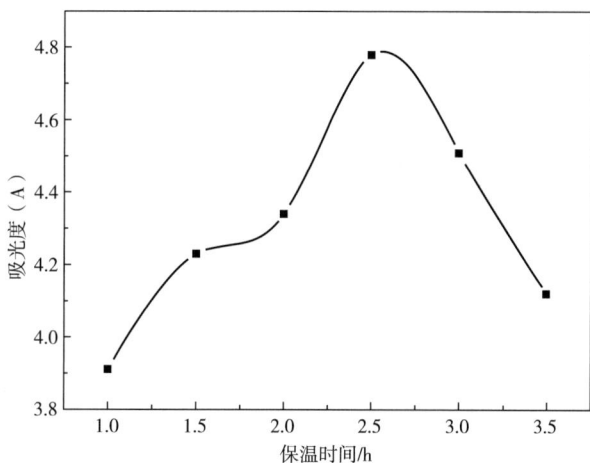

图 4-69　同保温时间 KNN 样品吸光度

4.5.5　小结

采用固相烧结法制备 KNN 陶瓷材料，研究保温时间对 KNN 压电陶瓷性能的影响。当保温时间为 2.5h 时，所制备的 KNN 压电陶瓷晶粒最为均匀，结晶质量好。当保温时间增加后，KNN 样品规则性晶粒减少，结晶质量变差。KNN 陶瓷载流子浓度随保温时间增加呈现出先降低后增加的趋势；载流子迁移率随保温时间呈现出先增加后降低的趋势；保温时间为 2.5h 时，载流子迁移率最高，为 30.2cm²/(V·s)；霍尔电压随保温时间呈现出先增加后降低的趋势，霍尔电压最大值为 24.8mV；保温时间为 2.5h 时，KNN 对光的吸收较好，为 4.83。

参考文献

[1] WANG K, YAO F Z, JO W, et al. Temperature-insensitive (K, Na) NbO₃-based lead-free piezoactuator ceramics [J]. Advanced Functional Materials, 2013, 23 (33)：4079-4086.

[2] 李海涛，李冉，王广欣，等. 钙-硼共掺铌酸钾钠基无铅压电陶瓷的微波制备及性

能［J］. 硅酸盐学报, 2020, 48（9）: 1396-1404.

[3] WU J G, FAN Z, XIAO D Q, et al. Multiferroic bismuth ferrite-based materials for multifunctional applications: Ceramic bulks, thin films and nanostructures［J］. Progress in Materials Science, 2016（84）: 335-402.

[4] SAITO Y, TAKKAO H, TANI T, et al. Lead-free piezoceramics［J］. Nature, 2004（432）: 84-87.

[5] GUO Y P, HITOHI O. Phase transitional behavior and piezoelectric properties of $Na_{0.5}K_{0.5}NbO_3$-$LiNbO_3$ ceramics［J］. Applied Physics Letters, 2004, 85（18）: 4121-4123.

[6] 褚祥诚, 高仁龙, 郇宇, 等. Li、Sb、Ta 共掺杂对铌酸钾钠基无铅压电陶瓷相结构和压电性能的影响［J］. 稀有金属材料与工程, 2013, 42（S1）: 130-134.

[7] 徐泽, 娄路遥, 赵纯林, 等. Mn 掺杂对 $KNbO_3$ 和 $K_{0.5}Na_{0.5}NbO_3$ 无铅钙钛矿陶瓷铁电压电性能的影响［J］. 物理学报, 2020, 69（12）: 173-181.

[8] 肖定全, 吴文娟, 梁文峰, 等. 钙钛矿型铌酸盐系无铅压电陶瓷材料与器件的研究进展［J］. 材料导报, 2010, 24（15）: 1-12.

[9] 王文蕊, 程花蕾, 周万城. 烧结工艺参数对 KNN 基陶瓷性能的影响［J］. 压电与声光, 2017, 39（2）: 252-255.

[10] WANG K, LI J F, LIU N. Piezoelectric properties of low-temperature sintered Li-modified（Na, K）NbO_3 lead-free ceramics［J］. Applied Physics Letters, 2008（93）: 092904.

[11] POLITOVA E D, KALEVA G M, et al. Influence of A-site doping on properties of lead-free KNN-based perovskite ceramics［J］. Ferroelectrics, 2021, 575（1）: 158-166.

[12] WANG Y Y, ZHU W J, SUN Q, et al. Effects of A/B-site dopants on microstructure and domain configuration of potassium sodium niobate lead-free piezoelectric ceramics［J］. Journal of Alloys and Compounds, 2019（787）: 407-413.

[13] 张钊伟, 江民红, 李林, 等. Ta、Mn 共掺铌酸钾钠基压电单晶的无籽晶固相生长、结构和电学性能［J］. 硅酸盐学报, 2022, 50（9）: 2358-2365.

[14] 张源, 吴波, 李美亚, 等. 锆酸钡掺杂铌酸钾钠基无铅压电陶瓷的相结构及电学性能［J］. 武汉大学学报（理学版）, 2022, 68（2）: 195-202.

[15] 肖舒琳, 戴中华, 李定妍, 等. 氧化镧掺杂铌酸钾钠陶瓷的电、光性能研究［J］. 无机材料学报, 2022, 37（5）: 520-526.

[16] 江民红, 王维, 宋嘉庚, 等. Mn、Zr 和 Ca 共掺杂 KNN 基单晶的无籽晶固相法生长、结构和压电性能研究［J］. 陕西师范大学学报（自然科学版）, 2021, 49（4）: 61-68.

[17] 何强, 聂京凯, 韩钰, 等. Ge^{4+} 离子掺杂对铌酸钾钠基无铅压电陶瓷烧结和电性能的影响［J］. 陶瓷学报, 2022, 43（6）: 1023-1029.

[18] 朱海勇, 张伟. 锰掺杂和氧化铌种子层对铌酸钾钠薄膜电性能的影响［J］. 材料

研究学报，2022，36（12）：945-950.

［19］王孟丽，桑秀杰，周静，等．煅烧温度对铌酸钾钠基铁电陶瓷压电性能的影响［J］．硅酸盐学报，2024，52（6）：1935-1941.

［20］邵斌．烧结温度对 CuO 掺杂 KNN 基压电陶瓷物性的影响［J］．山西冶金，2024，47（5）：3-6，24.

［21］王文蕊，程花蕾，周万城．烧结温度对 CeO₂ 掺杂 KNN 基陶瓷性能的影响［J］．压电与声光，2017，39（1）：32-35.

第 5 章

红荧烯光电薄膜的生长研究

红荧烯（Rubrene），分子式为 $C_{42}H_{28}$，是一种重要的有机半导体材料，以其独特的物理和化学性质在光电领域得到了广泛关注和应用。气相红荧烯单分子具有三维几何结构，中间是扭曲的并四苯脊骨，两边各连接一对苯基。在红荧烯结晶相中，并四苯脊骨基本是展平的。红荧烯晶体存在三种晶系：单斜晶系、三斜晶系和正交晶系，其中正交晶系能使四并苯环更为平面化并使分子更容易堆积在一起，这种堆积模式使红荧烯具有极高的载流子迁移率。

红荧烯作为一种小分子有机半导体材料，具有高电子迁移率和高荧光效率，这些特性决定了它在光电领域的广泛应用。红荧烯的荧光效率高，是一种高效的荧光材料，能够通过未占据态到占据态电子的跃迁而发出可见黄光。同时，红荧烯还具有非定域 π-电子，使分子的稳定性加强并使分子具有相对较小的能带宽度，进一步增强了其光学和电学性质。

红荧烯因其高载流子迁移率和强单重态激子分裂能力，被广泛应用于有机发光二极管（OLED）。例如，红荧烯掺杂的 OLEDs 可以实现半带隙开启电压（约 1.1V）发光，利用红荧烯的单重态分裂过程产生的三重态激子能够实现近红外电致发光 OLEDs 中近乎 100% 的总激子产率。红荧烯单晶制备的有机场效应晶体管（OFET）器件表现出了优越的 P-型半导体特性，载流子迁移率高达 $40cm^2/(V \cdot s)$，是目前有机材料载流子迁移率研究中的最佳表现之一。红荧烯因其独特的光电特性，如较窄的能隙和高载流子迁移率，也被应用于太阳能电池的研究中。通过与其他材料如富勒烯（C_{60}）混合，形成异质结构，促进光生激子的分离和传输。红荧烯在化学发光中用作发黄光的光敏化剂，能够增强化学发光反应的信号强度。

本章介绍作者采用超高真空-低温扫描隧道显微镜研究红荧烯的相关内容。

5.1 红荧烯薄膜研究背景

红荧烯（$C_{42}H_{28}$）是一种典型的有机半导体分子，具有较高的发光效率和载流子迁移率[1]。然而，红荧烯基薄膜器件却很难做成令人满意的电子器件，因为通过有机分子束沉积很难制备出高质量的红荧稀薄膜[2]，大大限制了其应用[3-5]。这表明分子的结构对高质量红荧稀薄膜产生重要的影响[6]。

Kathryn 等合成了一系列红荧烯分子的衍生物，由于受到电子密度和静电力的影响，部分衍生物的骨架为扭曲状[7]。张玉婷等[8] 研究发现随着退火温度的升高和空气中放置时间的延长，红荧烯分子会自发地进行质量传输，发生纵向转移，转变为团粒状岛。H P Ma 等[9] 研究发现将—CF_3 基团引入红荧烯从而导致相邻单体之间的紧密排列和电子耦合的增加，得到的衍生物的空穴迁移比红荧烯分子高。张蔓蔓等[10] 发现在红荧烯分子上引入供电子基团—CH_3 和—OCH_3，分子的电离势、电子亲和能和抽取能均减小，这利于分子中空穴的传输。研究者们在红荧烯器件方面展开了深入的研究，马彩虹等[11] 研究发现当主体激基复合物的三重态激子（EX_3）能量低于 Rubrene 客体的第二级三重态激子（$T_{2,Rub}$）能量时，器件的 MEL 曲线表现为主体极化子对间的系间窜越（intersystem crossing，ISC）过程。王辉耀等研究发现[12] 室温下 PP 态的 ISC 和 $T_{2,Rub}$ 激子的 HL-RISC 产生的 MEL 正好完全相互抵消，这是采用 MEL 在纯 Rubrene 作为发光层的 OLEDs 中同时观察不到 ISC 和 HL-RISC 的物理原因。汤仙童等研究表明[13] 电场对三重激发态的解离作用抑制了激基复合物中反向系间窜越过程（reverse ISC，RISC）和红荧烯激子中的高能态 RISC 过程，从而增强了 ISC 过程。

过去几十年间，红荧烯二维体系下的公度-非公度相变是人们实验和理论研究的热门课题。[14-19] 覆盖层的结构受控于横向作用力与衬底起伏势之间的竞争。当衬底的起伏势大于横向相互作用力时，就容易形成公度相；反之则易形成非公度相。通过改变覆盖度或者衬底温度，吸附层可以经历一种从公度到非公度的相变，在畴壁的形成体系中，已经从理论上解释了这种相变。弱的非公度相是一种公度相的畴壁和非公度相的畴相间分布的混合相。而这些畴壁因为它们之间的相互作用力可以形成条状的或者六角形的网状结构。首先提出畴壁模型的是 Frenkel 和 Kontorova[20]，然后是 Frank 和 Van der Merwe[21]。基于朗道理论，Bak，Mukamel，Villain 和 Wentowska（BMVW）提出：畴壁耦合能（λ）决定着畴壁的对称性和公度-非公度相变的性质。[22] 这种理论模型被很多实验证实，如 Xe 在 Pt（111）上的生长[23]。

相对于原子层吸附，很少有实验研究有机分子薄膜中公度-非公度相变和畴壁的形成。由于分子和衬底界面处存在范德瓦尔斯相互作用力，有机分子束沉积会呈现出新的特性：①由于应变的响应很微弱，大量的应力聚集在有机覆盖层中。[24,25] ②分子层和衬底间对称性的失配通常会形成一种高阶公度相，在这种相中覆盖层的部分格点并没有对准衬底的格点。[26] 尤其是在两种不同的晶格体系中，如 bcc（110）晶面在 fcc（111）衬底上的生长，在两种晶格之间可能存在一种首选的取向生长关系。锁定能与应变能之间的竞争，导致在一个方向上形成畴壁，在另一个方向上形成不均匀的应变，从而导致非外延生长。[27] 因此，可以期望在有机薄膜中会存在弱的非公度相，以及公度-非公度相变。

此处在 Bi（0001）表面生长红荧烯薄膜，研究红荧烯分子从高阶公度相到弱的非公度相转变以及畴壁的形成过程。首先在 Si（111）-7×7 表面制备平整光滑的 Bi 薄膜。然后在此薄膜上沉积红荧烯分子。通过改变沉底温度和分子覆盖度研究红荧烯晶态膜的生长状况。在非公度畴的正交晶系结构中，存在着很大的各向异性应变力，而这种结构非常类似于红荧烯晶体相中的 a-b 面。通过改变衬底温度，发现在室温下畴壁呈现出"之"字形网状结构；而在高温下转变为条形结构。这些畴壁的不同形状是由于在 Bi（0001）衬底上弱的非公度相中应力释放和晶格转动的相互作用造成的。

将红荧烯制成薄膜是连接红荧烯与有机光电器件之间的桥梁。薄膜制备加工方法对红荧烯薄膜的质量有着决定性的影响，这在一定程度上决定了基于红荧烯晶体薄膜的有机光电器件的性能[28]。薄膜制备方法主要为物理气相沉积和化学气相沉积，物理气相沉积只发生物理变化，而化学气相沉积包含了化学反应过程。红荧烯薄膜常用物理气相沉积方法进行制备。

5.2.1　磁控溅射法

磁控溅射法[29-31]早在20世纪20年代就被提出来，利用磁场和电场互相垂直布置的圆柱形磁控管，首先在真空测量和微波振荡管中得到应用，后来在溅射离子泵中也得到成功的应用。其中圆形磁控管的中央为阴极，阳极与阴极同轴，利用磁场线圈加上$3×10^{-2}$T左右的磁场，磁场方向与电场方向相垂直。磁控溅射的工作原理是：电子在加速状态下飞向基片过程中与中性气体原子发生碰撞，使其电离产生出自持辉光放电所需的离子；新电子飞向基片，中性离子在电场作用下加速飞向阴极靶，并以高能量轰击靶材表面，使靶材发生溅射。在溅射粒子中，中性的靶原子或分子沉积在基片上形成薄膜，而产生的二次电子受到电场和磁场作用，产生E（电场）×B（磁场）所指的方向漂移，简称E×B漂移，运动轨迹类似于一条摆线。若磁场为环形磁场，则电子就以近似摆线形式在靶表面做圆周运动，它们的运动路径不仅很长，而且被束缚在靠近靶表面的等离子体区域内，并且在该区域中电离出大量的中性离子来轰击靶材，从而实现了高的沉积速率。随着碰撞次数的增加，二次电子的能量消耗结束后，逐渐远离靶表面，并在电场E的作用下最终沉积到基片上。由于该电子的能量很低，传递给基片的能量很小，致使基片温升较低。

磁控溅射的优点是：①溅射工艺可重复性较好，膜厚可控制。②可以在大面积基片上获得厚度均匀的薄膜。③对于任何材料，只要能做成靶材，就可实现溅射。④溅射所获得的薄膜与基片结合较好，溅射所获得的薄膜纯度较高，致密性好。

5.2.2　真空蒸发沉积法

人们最常用的薄膜制备方法为常规真空蒸发沉积，此方法操作简单、经济。常规的真空蒸发沉积一般在高真空镀膜机内进行，试料直接由电阻加热丝或舟蒸发到衬底上，蒸发速率一般很快。在普通真空下，气体分子的平均自由程达到500cm，远远大于蒸发源到衬底的距离，因此气体分子在真空中做直线运动。在此条件下，可根据蒸发原料的质量、衬底离蒸发源的距离、衬底的倾角计算薄膜的厚度。一般地将需要蒸发沉积的物质放在蒸发源上[32]，加热使温度达到蒸发物质的熔点，这样蒸发物质就会从蒸发源中以气态的形式蒸发出来，沉积到衬底冷却后就形成薄膜。常用的蒸发源有高纯度耐高温三氧化二铝坩埚、钼坩埚、钽或钨蒸发舟等。由于真空蒸发沉积用的是电阻加热，因此也存在一些局限性，如：①难熔金属蒸气压低，很难制成薄膜。②有些元素容易和加热丝形成合金。③不易得到成分均匀的合金膜。

5.2.3 分子束外延法

分子束外延[33]（molecular beam epitaxy，MBE）是新发展的外延薄膜制备方法。MBE 是在 10^{-8}Pa 超高真空下，将薄膜各组分元素的分子束流，在严格监控之下，直接喷射到衬底表面。其中，未被基片捕获的分子及时被真空系统抽走，保证到达衬底的表面的分子总是新分子束。这样，到达衬底的元素分子不受环境气氛的影响，仅由蒸发系统的几何形状和蒸发源温度决定。所以可以精确控制晶体生长速率、杂质浓度、多元化合物成分比等。分子束外延的装置如图 5-1 所示，其中有几个蒸发源，蒸发料一般放在 BN 坩埚（耐温 14000℃）中。

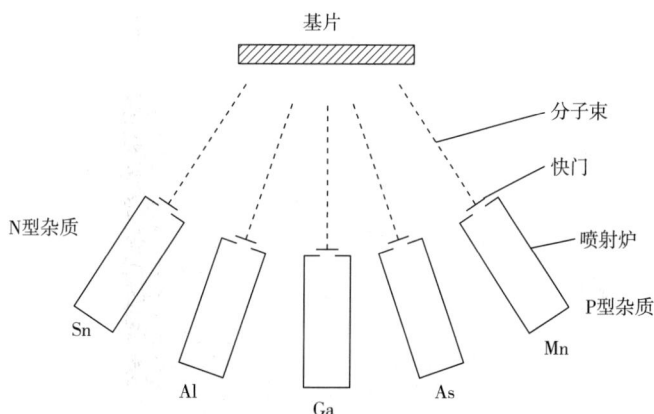

图 5-1 分子束外延装置示意图

分别用钽丝电阻加热法控制蒸发率（蒸发源精度达到 1000℃±0.1℃），以获得成分均匀的合金膜，每个蒸发源又称克努曾（Kundson）箱，只有一个小口供分子束出射，箱内保持准平衡态，使分子束组分和流量不变。箱前均有挡板用以控制蒸发时间。利用挡板可以周期地改变膜的成分制备超晶格材料。不同的箱分别蒸发不同的元素，Ⅲ-Ⅴ族化合物还可以通过改变衬底温度调节其化学比，如Ⅴ族元素略高于化学比时，可以改变衬底温度使它从衬底再蒸发的量增加，使沉积并反应的化合物中Ⅲ、Ⅴ族原子比为 1∶1。分子束外延的特点是：①可获得原子尺度的平整的薄膜。②在超高真空条件下生长，气体杂质较少，表面清洁。③可以获得很慢的生长速率，从而获得品质优良、结构复杂的薄膜。④成膜衬底温度低，可降低界面上由于热膨胀引起的晶格失配效应和衬底杂质对外延层自掺杂扩散的影响。⑤可严格控制组元成分和杂质浓度，因此可制备出具有急剧变化的杂质浓度和组成的器件。

5.2.4 其他薄膜制备方法

薄膜制备方法除了以上几种外还有[34] 化学气相沉积（chemical vapor deposition, CVD）、金属有机化学气相沉积（metal-organic chemical vapor deposition, MOCVD）、脉冲激光沉积（pulsed laser deposition, PLD）、溶胶-凝胶法、离子团束生长、原子层外延、液相外延、固相外延、自组装单层膜等。

5.3 红荧烯薄膜表征手段

研究薄膜材料经常涉及的一个问题就是薄膜的表征，为了实现薄膜的特殊功能（如光学、磁学、电学、超导、铁电等）需要检测评价与这些功能相关的特性。薄膜表征包括组分、表面状态、组织形态、晶体结构、缺陷等。

5.3.1 X射线衍射分析

X射线衍射（XRD）方法可以用于薄膜研究，它利用电磁波（或物质波）和周期结构的衍射效应。常规X射线衍射方法[35] 是鉴定物质晶相的有效手段，包括广角X射线（WAXS）和小角X射线散射（SAXS），根据X射线可确定晶胞的原子位置、晶胞参数以及晶胞中的原子数。高分辨XRD用于晶体结构的研究，得到比普通XRD更为可靠的信息，以及获取有关晶胞内相关物质的元素组成、尺寸与键长等精细信息。X射线衍射仪由X射线发生器、衍射仪测角台和探测器等组成。进行常规X射线衍射时，装在测角台上的试样一般以θ角转动、探测器以2θ角转动。大多数仪器的转动轴沿水平线时，起始的试样也水平放置。探测器得到的是一般的X射线衍射谱，从一系列谱峰可以得到一系列衍射晶面间距（d值），如果衍射图上各个峰对应的晶面间距（d值）和某晶体的PDF卡上的d值一致，就可以由衍射谱把晶体结构确定下来。

5.3.2 X射线光电子能谱分析

X射线光电子能谱分析（X-ray photoelectron spectroscopy, XPS）的原理为[36]：当具有一定能量的光照射物质时，入射光子会把全部能量转移给该物质构成原子中的某一个束缚电子。如果此能量足以使该束缚电子克服结合能，就会逸出原子成为光电子，而剩余的能量则是该电子的动能，这个过程就是光电效应。XPS就是利用光电效应来进行表面分析的。XPS的基本方程如式（5-1）所示：

$$E_B = h\nu - E_K - \phi \tag{5-1}$$

式中，E_B 为固体中电子的结合能，eV；$h\nu$ 为激发光子能量，eV；E_K 为光电子能量，eV；ϕ 为逸出功，eV。XPS 就是根据上式的关系，以一束具有特定能量的 X 射线照射样品表面，测定从样品表面放出的光电子能量及数量，从而得到近表面的元素种类、数量及元素的化学结合状态的一种表面分析手段。

XPS 的优点：

（1）可对除了 H 和 He 外的所有元素进行定性定量分析；

（2）所检测到的绝大部分信号来自材料最表面不到 10nm 的薄层，对导体和非导体均可进行分析；

（3）与用带电粒子作为探针的技术相比，对材料的损坏程度较低。

5.3.3　拉曼光谱分析

拉曼散射是光照射到物质上的一种非弹性光散射现象，由分子振动能态间的跃迁形成。当一束频率为 V_0 的单色光与分子或晶体相互作用时，大部分只是改变方向发生弹性散射，光子和分子间没有能量交换，光的频率与入射光频率相同，这种散射称为瑞利散射，约为入射光总强度的 10^{-3} 倍；少部分光子与分子之间还发生了能量交换，光子的一部分能量传递给分子，或者分子的振动和转动能量传递给光子，散射光的频率改变为 $V_0 \pm \Delta V$，这种散射过程称为拉曼散射。[37] 固体中散射的产生是光子吸收或发射声子，声子的能量很小，因此，由此引起的入射光的波数改变值在 2000cm^{-1} 以下。晶体的晶格振动、状态与其结构密切相关，因此通过研究拉曼光谱就可以研究晶体的声子谱，以及引起声子谱变化的结构相变等。

5.3.4　扫描电子显微术

扫描电子显微镜（SEM）由电子枪、聚光镜、物镜等组成，聚光镜、物镜将电子枪发射的电子汇聚到试样上，经过试样内的多次弹性散射和非弹性散射后，在样品表面外形成多种信号，这些信号经过探测器送到显像管即可成像。图像的分辨率主要由汇聚到试样的电子束决定。SEM 中入射电子的能量为 20~30keV，目前电子显微镜的空间分辨率[38] 优于 0.2nm。其特点是分析快速、直观明了，主要用于观察纳米颗粒的表面形貌，测定粒子的平均大小和纳米颗粒在基体中的分布情况等。

5.3.5　透射电子显微镜

透射电子显微镜[39]（Transmission electron microscope，TEM），简称透射电镜，是把经加速和聚集的电子束投射到非常薄的样品上，电子与样品中的原子碰撞而改变方向，从而产生立体角散射。散射角的大小与样品的密度、厚度相关，因此可以形成明暗不同的影像。利用透射电镜的电子衍射能够较准确地分析纳米材料的晶体结构，配合 XRD、SAXS，特别是 EXAFS 等技术能更有效地表征纳米材料。可结合电子显微镜和能谱两种方法共同对某一微区域的情况进行分析。而且，微区分析还能够用于研究材料夹杂物、析出相、晶界偏析等微观现象。

通常，透射电子显微镜的分辨率为 0.1~0.2nm，放大倍数为几万倍至百万倍，用于观察超微结构，即光学显微镜下无法看清的结构，又称"亚显微结构"。透射电子显微技术可直接观察纳米材料的结晶情况、表面形貌，测定粒子的平均大小和粒度分布，观察并解释样品图像中的形貌反差特征，尤其是高分辨率的 TEM 为界面原子结构的研究提供了有效的手段。

5.3.6　其他表征手段

薄膜材料的表征手段除了上述几种外，还有其他表征手段，如俄歇电子能谱、高分辨电子能量损失谱、离子中和谱、离子散射谱、二次离子质谱、低能电子衍射、原子力显微镜、扫描隧道显微镜等。

5.3.7　扫描隧道显微镜（STM）在材料研究中的优势

相对于扫描电子显微镜、透射电子显微镜和原子力显微镜，扫描隧道显微镜具有诸多优势[40]：

（1）可以实现原子分辨。STM 的横向和纵向分辨率分别为 1Å 和 0.1Å，因此可分辨出单个原子。

（2）可实时地得到空间三维图像，可研究具有周期性和非周期性的表面。

（3）可观察单个原子层的局部表面结构，而不是体相或整个表面的平均性质。因而可直接观察到表面缺陷、表面重构、表面吸附体的形态和位置，以及由吸附体引起的表面重构等。

（4）可在真空、大气常温、低温、变温等环境工作，甚至可将样品浸在水和其他溶液中而不需要特别的制样技术。

（5）配合扫描隧道谱 STS，可以得到表面电子结构信息，如表面不同层次的态密度、表面电子阱、电荷密度波、表面势垒的变化和能隙等。同时 STM 还可以进行纳米加工、原子操纵等，基于以上优点扫描隧道显微镜在材料研究中占据越来越重要的位置。

5.4　红荧烯薄膜制备仪器及原理

5.4.1　仪器设备介绍

红荧烯光电薄膜制备采用的仪器是一台超高真空-低温扫描隧道显微镜（UHV-

LT-STM），如图 5-2 所示。本底真空为 1.2×10^{-11} mbar。主要构造包括真空-低温系统、样品制备系统、探针扫描系统和外围控制电路系统。

图 5-2　扫描隧道显微镜整机系统

5.4.1.1　真空-低温-减震系统

扫描隧道显微镜是在超高真空环境下工作的，由机械泵、分子泵、离子泵和钛升华泵共同对腔体抽真空，正常工作时腔体的真空度优于 1.0×10^{-10} torr。

机械泵设置在工作平台以外，防止工作时的震动和噪声对扫描图像的影响。其独立最大抽空能力为 1.0×10^{-3} torr。机械泵主要配合分子泵对快速进样室进行抽真空，属于第一级真空泵。在机械泵的协同工作下分子泵的最大抽空能力为 1.0×10^{-8} torr。当需要在样品制备室和快速进样室之间传样或烘烤仪器时才需要机械泵和分子泵工作。而离子泵却要一直不停地工作，以维持整个腔体的超高真空，离子泵的最大抽空能力约为 10^{-11} torr。钛泵只在腔体真空度比较差时启动以恢复超高真空。例如，样品除气结束后，腔体里残留很多游离的气体物质，则需要启动钛泵以尽快恢复真空。钛泵的工作电流为 45A，因此启动时间也相对较短，一般启动 1min 即可满足要求。

STM 的低温系统是通过在低温杜瓦里灌注液氮或液氦获得的。将探针扫描头放入液氮冷却的低温杜瓦里，并用弹簧悬挂以减少外界的扰动。整个低温杜瓦连同所有腔体都连接在同一工作平台上，平台的四个角充有氮气使整个仪器悬浮在空中，以最大限度减少外界的震动和噪声干扰。当低温杜瓦加注液氮时，杜瓦腔体和探针扫描头的温度达到 77K，若加注液氦时温度可降至 2.5K。

STM 工作的电流信号达到几十 pA，图像起伏幅度约为 0.1Å，如此小的信号很容易受到外界的干扰，因此震动隔离显得尤为重要。震动隔离的方法是提高仪器的固有震动频率，以及使用震动阻尼系统。固有频率越低，震动隔离效果越好。常用的震动隔离方法有：①悬挂弹簧，如图 5-3 所示。将探针扫描系统悬挂于充气平台上减少震动，如果 STM 单元的刚性不够，或者在超高真空和低温下环境下工作，则可采用二级悬簧并有涡流阻尼的震动隔离系统。②减震坑。在安装隧道显微镜的位置下方挖掘尺寸合适的土坑，周围填埋细沙、木屑、橡胶等物质。③充气平台。在工作平台的四个角充以氮气等气体使平台悬浮在空中。经过以上震动隔离措施后，固有频率处在 $1 \sim 2\text{Hz}$，大大降低了外界扰动。同时仪器在工作时保持周边环境的安静或将仪器安放在地下室将获得意想不到的效果。

图 5-3 减震弹簧及 STM 扫描头

5.4.1.2 样品制备系统

样品制备系统包括，样品制备室、样品传输通道和样品生长源。样品制备室最主要的部件为样品安放平台，如图 5-4 所示。

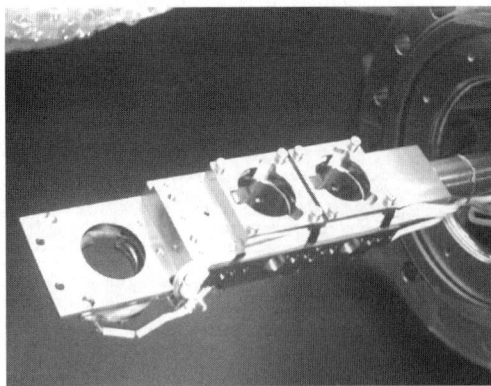

图 5-4 样品针尖安放平台

在平台上分别留有样品架、针尖架和加热台等位置，平台承载着样品针尖的装、取。加热台上有加热电极，可进行闪硅、退火、生长等操作。从快速进样室到样品制备室或从样品制备室到 STM 探针扫描头之间的传样都用到样品安放平台。由于样品制备室处于超高真空环境中，对平台的旋转和推拉等操作是通过安装在其外部的磁力杆进行的。在样品制备时，先将样品架安放在加热台上，然后将加热台对准生长源即可。

样品传输通道与样品制备室之间用闸板阀隔离，目的在于传样时真空不被破坏。传样时由于样品制备室真空优于快速进样室，先将快速进样室抽到极限真空（约为 10^{-8} torr），然后打开闸板阀进行操作，否则制备室的真空将受到很大程度破坏。

STM 样品的生长方式多种多样，如分子束外延（MBE）、电子束和真空蒸发沉积等。MBE 也是在真空中使从蒸发室飞来的分子在基板上附着，但有两点极为关键：一为高真空中采用的是分子束，二为分子束置于液氮冷却槽中，从而避免了分子束对生长室的污染。同时，MBE 法可精确地控制分子的束流，从而方便地生长出所需的膜厚。此次实验采用真空蒸发沉积法，蒸发源用的钽舟，易于制取且价格适中，装取方便。

5.4.1.3 探针扫描系统

扫描隧道显微镜的核心在于它具有极高的空间定位精度（优于 1Å 量级），因而分辨率高，具有极高的操纵和加工精度。目前实现针尖在样品表面上精确扫描的装置主要是管型压电陶瓷针尖架和压电陶瓷样品架，如图 5-5 所示。

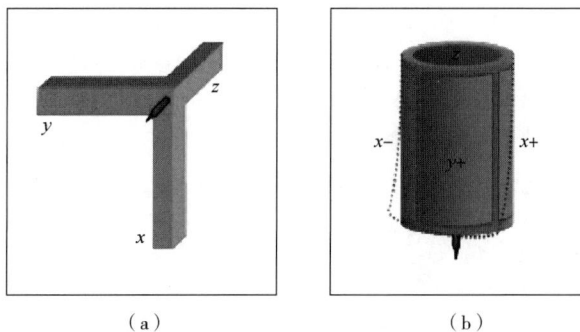

（a）　　　　　　　　　　（b）

图 5-5　压电陶瓷示意图

将针尖安装在管型压电陶瓷上，压电陶瓷外部沿轴线平行方向被分为四个电极。当在每个电极施加电压时，压电陶瓷就会弯曲，针尖就沿该方向扫描即 X、Y 方向扫描。而在内部电极两端施加电压时，压电陶瓷就在垂直方向伸缩，针尖就会靠近或远离样品表面。STM 用的压电陶瓷材料为各种锆钛酸铅陶瓷（PZT），这些陶瓷在电场作用下产生的形变是自身的千万分之一，可将 $1\text{mV} \sim 1000\text{mV}$ 的电压信号转换成十几分之一纳米到几微米的机械位移，完全满足 STM 扫描精度要求。

5.4.1.4 外围控制电路系统

扫描隧道显微镜能检测 pA 量级电流信号，除了得益于精密定位的压电陶瓷外，还与精确反馈控制系统息息相关。STM 外围控制电路系统最主要的组成部分即为 RHK 控制系统和针尖自动逼近系统，如图 5-6 所示。

当针尖在高低起伏的样品表面来回扫描时，为了保持隧道电流的恒定，反馈信号驱使压电陶瓷在垂直方向不停地伸缩，即通过反馈控制，流过针尖和样品之间的电流

图 5-6　RHK 扫描控制系统

包含了样品表面高低起伏的信息。针尖与样品之间的隧道电流经过放大后，输入计算机与检测电流进行比较。将输出结果反馈到压电陶瓷上调整针尖与样品之间的距离。当隧道电流大于设定比较电流时，反馈信号调节压电陶瓷两端的电压使其缩短即减小针尖与样品间距。反之则调节压电陶瓷两端电压使其伸长。在面板上可调节的参数有样品偏压、偏压极性、增益、电流大小、扫描范围等。在扫描图像时只有合理的设置参数，隧道电流才能真实地反映出样品表面的信息。

针尖自动逼近系统把针尖相对样品的距离带入遂穿范围之内即 1nm[41]。把样品固定起来，针尖按照电路程序的设置首先粗动地向样品靠近，同时检测隧道电流的大小。当针尖与样品之间的距离大于遂穿距离时，逼近的步幅略大。而当两者的距离处于遂穿范围后，逼近幅度减小，直到系统检测到隧道电流与设定值相同时针尖停止前进，之后即可进行图像扫描实验。

5.4.2　STM 工作原理

5.4.2.1　量子隧道效应

扫描隧道显微镜的成功研制直接得益于量子力学中的隧道效应。在量子力学中，隧道效应是粒子波动性的直接结果。当一个粒子进入势垒中，且势垒的势能比粒子的动能大时，根据经典力学粒子越过势垒出现在势垒另一边的概率为零。而根据量子力学原理，粒子出现在势垒另一边的概率不为零，即粒子可以穿越比它自身能量大的势垒。用公式描述如式（5-2）所示：

$$\frac{P^z}{2m} + U(z) = E \tag{5-2}$$

式中，m 为电子质量，kg；P^z 为电子动量，$kg \cdot m/s^2$；$U(z)$ 为势场能量，J；E 为电子能量，J。根据量子力学原理，上式满足薛定谔方程 [式（5-3）]：

$$-\frac{\hbar^2}{2m}\frac{d^2}{dz^2}\psi(z) + U(z) = E\psi(z) \tag{5-3}$$

通过解薛定谔方程得出解如式（5-4）所示：

$$\psi(z) = \psi(0)e^{\pm \tau KZ}[E > U(z)] \text{ 和 } \psi(z) = \psi(0)e^{\pm KZ} \qquad (5\text{-}4)$$

5.4.2.2 隧道成像原理

由量子力学中的隧道效应原理，将一根极细的金属针尖与要研究的导电样品作为两根电极。将两者互相靠近，当针尖和样品之间距离小于 1nm 时，针尖表面电子云和样品表面电子云就会部分重叠。此时若在针尖和样品之间加上偏压 U，则在电场的作用下，电子就会克服两电极之间的势垒在电子云的通道中从针尖电极流向样品电极或者从样品流向针尖形成隧道电流 I。

根据前人的实验和理论总结，隧道电流可表示为[42]式（5-5）：

$$I = KUe^{-(kd)} \qquad (5\text{-}5)$$

式中，I 为隧道电流，A；U 为针尖和样品之间的电压，V；d 为针尖和样品之间的距离，nm；K 和 k 为常数。

从隧道电流的表达式中可以看出，隧道电流 I 的大小极其依赖于针尖与样品间距 d。若隧道电流增加一个数量级，只需将 d 减小 0.1nm 即可。当压电陶瓷驱使针尖在样品表面来回扫描时，由于样品表面的高低起伏，隧道电流 I 也随着针尖与样品间距 d 在不断地变化。这样流过针尖与样品间的隧道电流通过前置放大输入计算机控制系统，再由专业图像处理软件处理即可得到反映样品表面形貌的图像，STM 工作原理如图 5-7 所示。

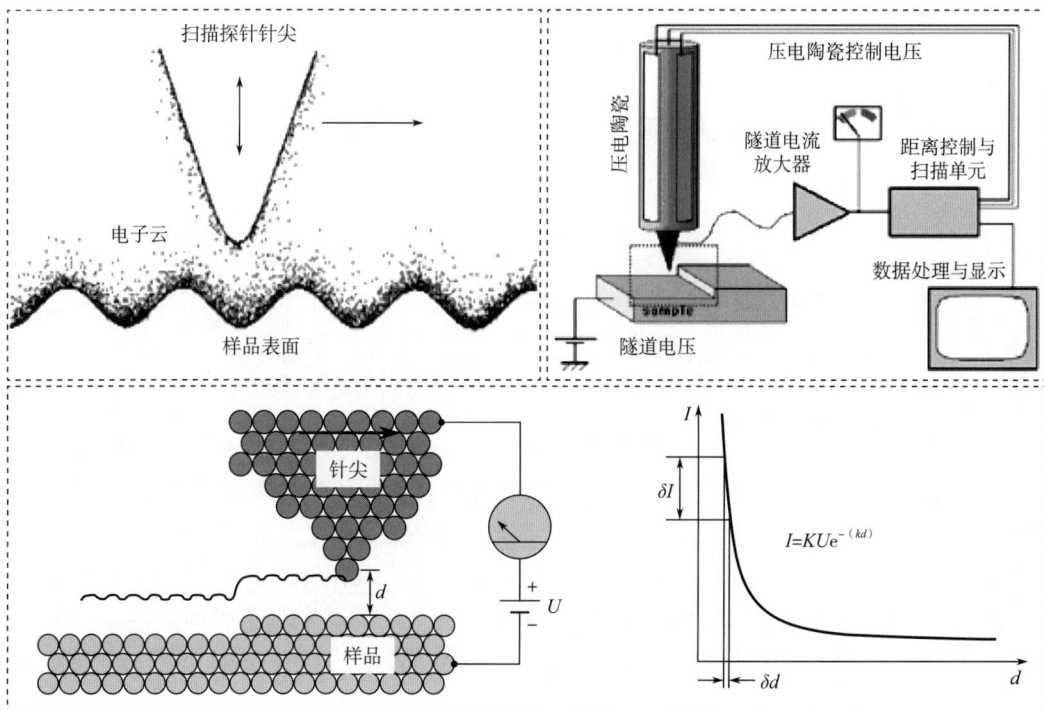

图 5-7　STM 工作原理示意图

可以将 STM 的工作原理总结如下：

（1）金属探针与样品表面之间的隧道效应使针尖可以检测的样品表面微小地起伏变化。

（2）精密的压电陶瓷控制系统，可使针尖在样品表面精确定位和扫描，并能"感知"样品表面埃米数量级的起伏从而获得原子分辨。

5.4.2.3　STM 基本工作模式

扫描隧道显微镜有两种最基本的工作模式[43,44]：恒流模式和恒高模式。通常情况下 STM 在恒流模式下工作。

如图 5-8 所示为恒流模式，在此模式下，电流保持不变，探针随着样品表面高低起伏而起伏，由此获得的是样品表面形貌图。预先设定一个固定的电流值，再将隧道电流与此电流值做比较，将比较结果输出给反馈回路，由反馈回路控制压电陶瓷的伸缩。当探针在样品表面扫描时，为了保持隧道电流的恒定即保持局域高度恒定，探针也随着样品表面的高低起伏而变化。当探针扫过起伏高的表面时，隧道电流大于比较电流，反馈系统驱使压电陶瓷在垂直方向后退；而探针扫过起伏低的表面时，隧道电流小于比较电流，反馈系统驱使探针在垂直方向上前进。这样样品表面高低起伏的形貌信息通过隧道电流的记录输入计算机系统即可显示出来。

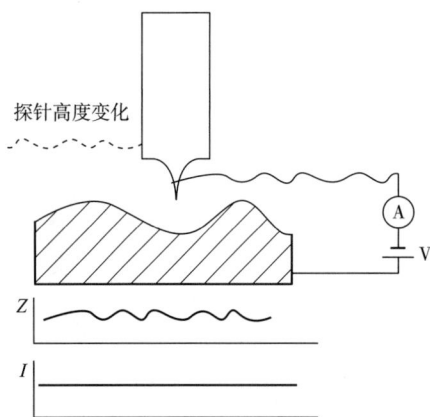

图 5-8　STM 恒流模式

恒高模式如图 5-9 所示。当研究样品表面电子结构、态密度、势阱、带隙等信息时，需配合锁相放大器作扫描隧道谱（STS），此时就要求 STM 工作在恒高模式下。在恒高模式下，探针高度保持不变，隧道电流随着样品表面高低起伏而变化。关闭反馈回路，将探针和样品表面之间的距离固定在某一定值。即使样品表面的起伏只有原子级别，隧道电流也会显著地变化，通过直接测量电流的大小来获取表面的信息。根据 Bardeen 积分公式，隧道电流表达式可表示为[45] 式（5-6）：

$$I \propto \int_0^{eV} \rho_s(E_F - eU + \varepsilon)\rho_T(E_F + \varepsilon)\mathrm{d}\varepsilon \tag{5-6}$$

式中，U 为样品偏压，V；ρ_s 为样品态密度，eV/cm^3；ρ_T 为针尖态密度，eV/cm^3；E_F 为费米分布函数，eV；ε 为能量变量，eV。

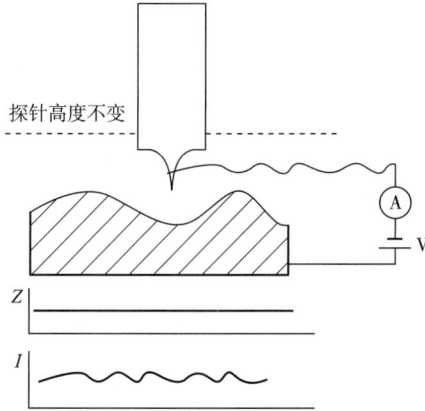

图 5-9 STMS 恒高模式

在恒高模式下，将隧道电流取出输入锁相放大器，经过一系列的数学运算可得到不同类型的隧道谱。如 I-t 谱，I-Z 谱，I-V 谱，典型的隧道谱如 $\dfrac{\mathrm{d}I}{\mathrm{d}V} \propto \rho_s(E_F - eV)$。通过不同类别的隧道谱，可以研究原位受限运动或局域的化学反应过程、隧道结势垒宽度功函数的测量和电子态密度信息等。

5.4.2.4 STM 扫描参数

要获得清晰、稳定、高质量的扫描图像，除了有高质量的针尖作保障外还要对各种参数进行优化设置。

（1）真空系统要求。快速进样室真空度优于 1.0×10^{-8} torr，样品制备室真空度优于 1.0×10^{-10} torr，STM 探针扫描腔体真空度优于 1.0×10^{-10} torr。

扫描隧道显微镜的真空系统在工作时一直维持超高真空，若真空度达不到要求，则不仅影响样品制备的纯度而且影响扫描的稳定性。真空度由离子规测量，若达不到要求则启动钛升华泵将真空抽到实验需求水平。

（2）低温系统要求。低温杜瓦加注液氮时温度优于 77K，低温杜瓦加注液氦时可将温度降至 2.5K，实验时可在恒温或变温环境下进行。变温实验时，温度可在 ±0.1K 幅度内变化，液氮在低温杜瓦里可维持一周，之后就要加注新鲜的液氮；若为液氦则只能维持约 3 天的低温。当温度高于正常值或波动较大时，在扫描图像过程中由于热漂移的影响，扫描图像失真。因此要经常查看温度，加注液氮或液氦。

（3）扫描范围。室温时 XY 方向的扫描范围为：$4\mu m \times 4\mu m$，Z 方向为 $>0.5\mu m$，液氮温度时 XY 方向为：$>1\mu m \times 1\mu m$，Z 方向为 $>0.1\mu m$，XY 可运动范围：XY 方向 $\pm 0.5mm$，Z 方向 3mm，隧道电流范围：$2pA < I < 100nA$，扫描速度：大于 8 万像素/秒。当扫描图像时应尽量将扫描参数控制在以上范围之内，一般先扫描 500nm×500nm 左右

的大图，通过调节样品偏压、电流、增益等得到清晰稳定的大图后再将扫描范围缩小，直到获得所需的图像为止。

（4）探针逼近系统。第一次进针时一般先手动将探针粗动进到 4mm 左右，再通过自动逼近系统将探针带到遂穿范围。进针时，Gain 为 8，Time Constant 为 2，Setpoint 略大于 1，Bias 偏压大于 7V。当针尖逼近结束后，立即将 Gain 和 TC 调为 6，同时将偏压调回 5V 左右。在进针过程中，应保持外界环境的安静，避免人员在仪器旁边走动。因为任何微小的干扰信号都将影响反馈回路的信号从而产生撞针的后果。

（5）仪器烘烤。STM 仪器在使用 2~3 个月就要烘烤一次。原因在于长期使用会使真空腔体内残留很多杂质，真空度下降。需要对其进行烘烤将腔体的污物排出以便获得超高真空。烘烤前先用铝箔将整个仪器包起来，在铝箔外面缠上耐高温加热带，待检查完毕后给加热带通电源进行烘烤。一般烘烤 72h 后即可停止，需要注意的是在停止烘烤前要对各种源除气，以免在样品制备时有杂质影响。烘烤结束，取下铝箔后立即启动钛升华泵恢复真空，为以后的实验做铺垫，一般烘烤后需要 2 天时间才能把真空恢复到正常水平。

5.5　红荧烯薄膜制备用 STM 探针

高质量红荧烯薄膜制备需要高质量的探针用于扫描隧道显微镜，扫描隧道显微镜能够实现红荧烯薄膜实空间原子分辨，除了精密的压电陶瓷材料、精确的反馈控制系统及超高真空系统外，一个最基本的因素就是扫描探针的质量。理想的制备结果是针尖尖端只有一个原子，且尖部长度不能超过 3mm[46]。这种极其苛刻的做法只有通过场离子显微镜（fielt ion microscopy，FIM）来实现，先把制得的针尖放入 FIM 腔体中，利用可控的场蒸发（field-evaporotion）对针尖尖端进行原子级修饰，一边调制电压一边观察原子像，这样即可制得尖端只有一个原子的针尖。传统的探针制备方法有研磨、剪切、受控爆裂、场致（静电）发射、离子铣削、断裂和电化学腐蚀[47,48]。而发展最为成熟、稳定和廉价的方法是电化学腐蚀法。大多数电化学腐蚀法采用的是直接在探针金属丝电极和溶液电极两端通直流或交流电源进行腐蚀，这种腐蚀方法具有尖部易被残余电流再次腐蚀变钝、不易改变腐蚀电压、制备效率低等缺点。

笔者在总结其他研究者经验的基础上设计了一套自动切断控制电路，可任意设置腐蚀电压、切断时间、插入深度等影响探针制备的关键条件。相对于传统的探针制备方法，本装置大大提高了制备效率，且尖部锐度、长度均达到实验要求。据此做出的纳米级针尖用于 Unisoku-STM 仪器扫描得到清晰稳定的 Bi（0001）原子分辨图像。

5.5.1　STM 探针电化学腐蚀原理

一般用作探针的金属为钨丝、铂依丝、镍丝或金丝等。金属丝直径一般选为

0.25~0.5mm。将金属丝作为阳极，NaOH 溶液或 KOH 溶液作为电解池阴极。当金属丝进入电解池溶液时，由于电解质溶液中极性分子的作用，金属表面的离子将进入电解质溶液中，同时溶液中的阳离子在金属表面还原沉积。这两种过程达到平衡时金属就会带有一定量的电荷，所以在金属丝和溶液的界面处就形成双电层[49,50]，如图 5-10 所示。

另外，金属丝进入溶液中，在界面接触处将产生界面张力，张力的作用使接触面积减少。同时双电层溶液一侧由于同性电荷相斥，导致金属丝和溶液接触面积增大，由界面张力和双电层共同作用的弯液面形状如图 5-10 所示。

此处所选取的金属丝为钨丝，溶液为 NaOH 溶液。将钨丝作为阳极接正电源，铂丝圈作为阴极插入 NaOH 溶液中接负极电源。通电后，钨被氧化成 WO_4^{2-}，并在腐蚀过程中向钨丝下部分流动且吸附在其周围，对下半部分起到保护作用。随着腐蚀的进行，弯液面变得越来越细，形成一个细长的颈部，最后与液面接触的颈部因承受不住被 WO_4^{2-} 包裹的钨丝下半部的拉力而断裂，这样与溶液接触的钨丝上半部分就形成一个完整的针尖。在电化学腐蚀过程中，钨丝为阳极，铂丝圈为阴极。其电化学反应方程式如式（5-7）~式（5-9）所示[48]：

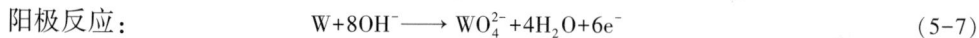

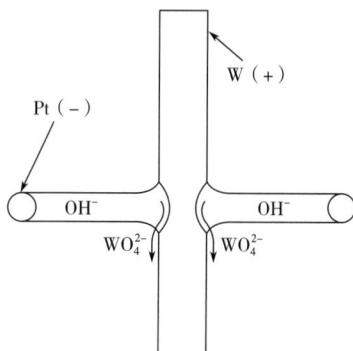

图 5-10　电化学腐蚀原理

阳极反应：$\qquad W+8OH^- \longrightarrow WO_4^{2-}+4H_2O+6e^-$ $\qquad$ (5-7)

阴极反应：$\qquad 6H_2O+6e^- \longrightarrow 3H_2(g)+6OH^-$ $\qquad$ (5-8)

总反应：$\qquad W(g)+2OH^-+2H_2O \longrightarrow WO_4^{2-}+3H_2(g)$ $\qquad$ (5-9)

5.5.2　自动切断电路设计

STM 探针的制备关键在针尖形成的瞬间快速切断电解池的电流，并迅速地把针尖快速地往上提起。图 5-11 为针尖形成的瞬间，在针尖形成瞬间，下半部分钨丝的重力大于金属丝的拉力时发生掉落，而上半部分则形成尖部只有少量原子的针

图 5-11　针尖形成瞬间弯液面

尖。此时若不及时断电或将针尖往上提，则针尖尖部容易被残余电流再次腐蚀而变钝，达不到纳米量级。

基于以上分析，笔者设计了一套自动切断电路，让电路监测腐蚀电压的变化，当针尖形成瞬间腐蚀电压突变为零时，电路检测到这一信号并输入比较单元，让输出端控制电子开关切断电源。通过实验监测，研制的电路在针尖形成瞬间切断电解池电流的响

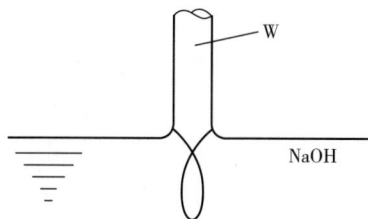

应时间优于 500ns，这一指标完全符合针尖制备要求。如图 5-12 所示为电子线路图。

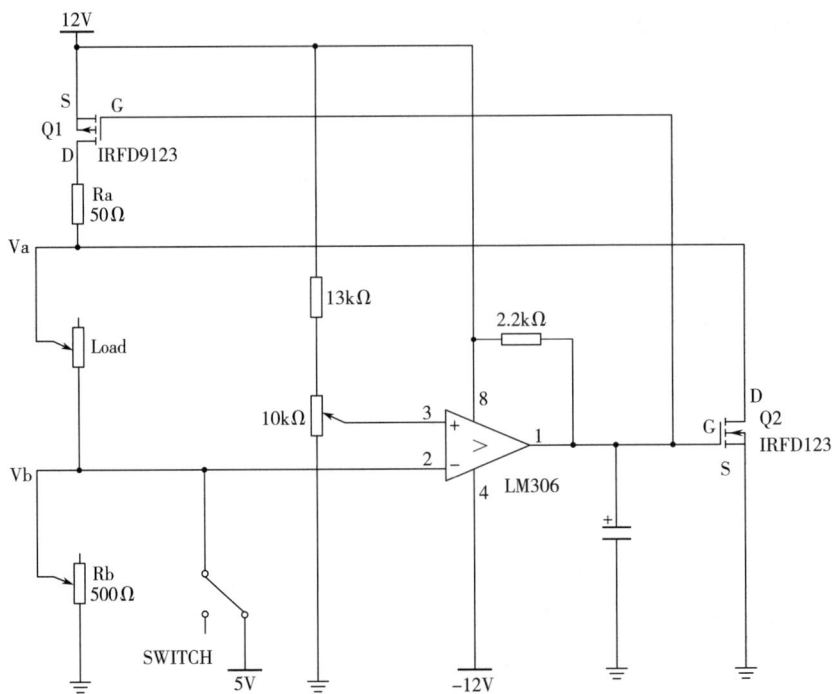

图 5-12 自动切断电子线路

5.5.3 直流液膜法制备 STM 探针

利用自制的针尖制备系统制备 STM 探针。选用直径 0.5mm 的钨丝截断成几根约 5cm 长的小段，经过砂布打磨光滑去除表面氧化层。然后将这些小段钨丝放在烧杯里用丙酮和酒精分别超声清洗 10min，得到清洁的钨丝。其次配制 NaOH 溶液：将块状 NaOH 放入 100mL 的烧杯中，慢慢往烧杯中倒入去离子水，随后用清洁的玻璃棒缓慢地搅拌直到 NaOH 充分溶解于去离子水中且溶液颜色变得清亮透明为止。在搅拌过程中，NaOH 释放出大量的热量，烧杯表面有刺激的"烟雾"产生，因此操作时要戴上口罩防止中毒。

钨丝和 NaOH 溶液配制好后，用铝箔将钨丝部分包裹住，只露出大约 2~3cm 长度，目的在于保护钨丝不被污染。将包裹好的钨丝固定在实验装置的铁架台上，如图 5-13 所示。

其中，铂丝圈先放在 NaOH 溶液里浸泡，使圈的周围形成一层薄薄的液膜，再将钨丝固定到螺旋微调上，通过微调将钨丝缓慢插入 NaOH 液膜中。一般情况下，钨丝插入液膜以下 2cm 即可，并调整钨丝使其处于液膜中央。在铂丝圈下放一个装有海绵的烧杯，用于收集液膜下端形成的针尖。一切工作准备完成后，在自动切断电路箱上

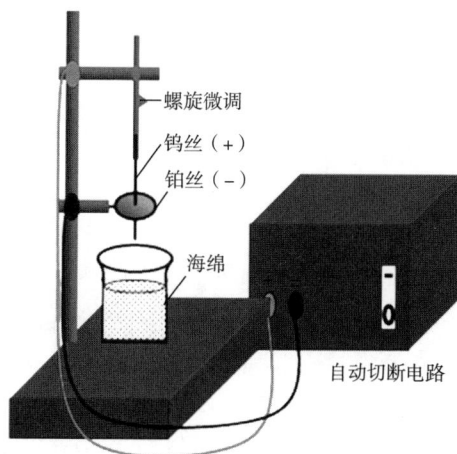

图 5-13　电化学液膜腐蚀法实验装置

触发+5V 开关，电路开始工作，腐蚀立即进行。针尖制备完成后，立即用镊子夹住，在丙酮、酒精和超纯水里清洗，同时应避免碰到针尖，哪怕有一点点的碰撞都会将制备好的针尖损坏。针尖清洗完毕后放到光学显微镜下观察，主要检查尖端大小、长度和形貌。

影响探针质量的因素主要有腐蚀电压、溶液浓度、切断时间等[48]。下面分别就上述三种因素进行对比和讨论。

（1）腐蚀电压对针尖质量的影响。为了作为对比，分别在交流电和直流电下进行实验。在交流腐蚀中，如果电压很小，腐蚀过程很缓慢，液膜容易破裂，导致形成多针尖使针尖质量不好。电压过大，则反应剧烈在液膜上产生很多小泡，使液膜也易破裂，只有电压在 7V 时可以制备高质量针尖。为了精确地控制切断电压，在直流腐蚀中，把经过多次实验测量的针尖断裂瞬间的腐蚀电压作为参考电压，然后其余参量不变，通过调节腐蚀电压的值，得出其对不同质量的针尖的影响。在探针制备过程中，腐蚀电压直接影响腐蚀溶液中离子的活动。当腐蚀电压较大时，溶液中聚集在钨丝周围的离子更多，反应更为剧烈，产生的气泡也较多，容易使液膜破裂。而腐蚀电压较小，反应速度较慢，时间太长，增大了液膜破裂的偶然因素。通过对针尖的腐蚀充分程度和减少液膜破裂次数得出交流下的腐蚀电压为 7V，直流下的开始腐蚀电压为 5~7V 时制备出的针尖质量较好。

（2）溶液浓度的影响。交流腐蚀法的溶液浓度大于 1.3mol/L 时的针尖尖端直径较大，这是因为当浓度较大时，钨丝腐蚀速度很快，产生的钨酸根增加了钨丝的重量，使其未腐蚀充分而断裂。腐蚀溶液的改变直接影响钨丝周围 OH^- 的浓度。浓度较大时，钨和 OH^- 反应较剧烈，反应速度较快，从而产生的气泡较多，速度快，容易使液膜破裂，腐蚀时间短，腐蚀不充分，进而影响针尖的形貌。浓度较小时，腐蚀速度慢，针尖与液膜接触时间较长，致使针尖曲率半径很大，纵横比很大，得不到好的针尖形貌。通过实验可知，交流条件下的腐蚀溶液浓度为 1.2mol/L，直流条件下的腐蚀溶液浓度在 3mol/L 为宜。

（3）切断时间对针尖的影响。所有因素中切断时间对针尖质量的影响最为重要。我们在自动切断电路图中的输出端加了一个极性电容形成滤波回路。由于电容对电路存在延迟，因此增大了切断时间。在增加极性电容后，无论腐蚀电压、溶液浓度等其他条件怎么变化，在光学显微镜下观察到的针尖直径都大于 $0.3\mu m$，而撤掉电容后得到直径小于 $0.3\mu m$ 的针尖的比例为 80%，切断时间越短，针尖直径越小。

此外，我们在实验过程中发现，当钨丝在溶液中腐蚀时，针尖的尖部常伴有一个"小球"或出现弯曲现象，从而影响针尖的质量。文献[48] 解释为：钨丝颈部因承受不住下端重力而断裂，同时释放了大量的能量，如此高的能量瞬间把细尖的尖部"融化"而形成一个"小球"。而且在断裂时，针尖末端粘住少许气泡，增加了溶液中钨丝的浮力，使针尖在断裂瞬间有向上"浮"的趋势，从而导致尖端弯曲。

为了解决这一问题，我们在实验设计当初就考虑让针尖下端与电解池溶液分离，从而得出使用液膜代替电解池溶液的想法。改用液膜代替电解池溶液后，通过统计，上述现象发生的频率小于 1%，而且此时钨丝的下部所受作用力（重力）较在电解池中的作用力（重力和浮力的合力）大，断裂时更迅速，这同时也证实了采用液膜法的合理性。

把制备好的探针放到扫描电子显微镜（SEM）下观察，如图 5-14 所示。

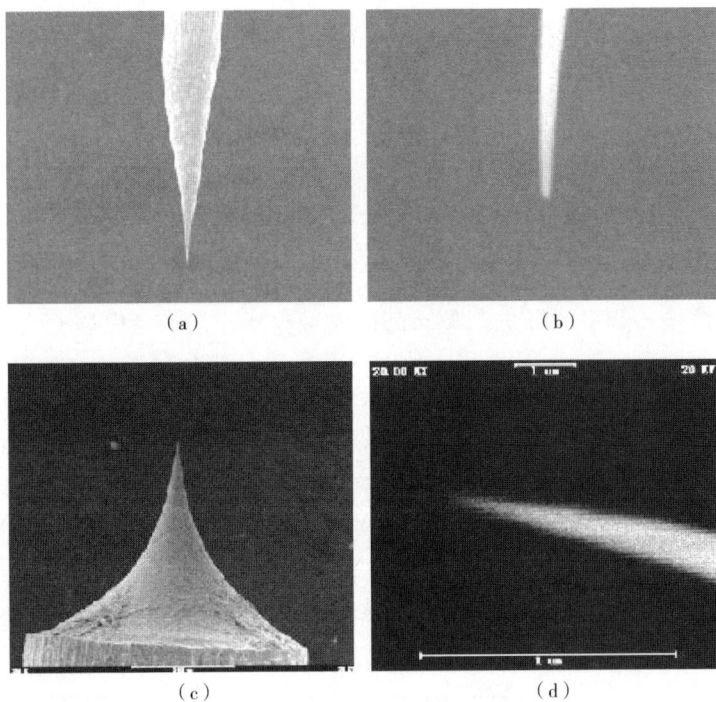

图 5-14　探针的 SEM 扫描图

图 5-14（a）、图 5-14（b）为交流法制备的针尖形貌，图 5-14（c）、图 5-14（d）是直流液膜法制备的探针。从图中可清楚地看出，用自行设计的装置制备的探针比用传统手段制备的探针针尖直径要小很多，这直接证明了实验设计的科学性。在直

流液膜法中，所制备的液膜上段针尖呈双曲线形状，纵横比较好，比较对称，针尖形貌很好。液膜下段针尖很尖，但曲率半径较大，主要原因是在腐蚀过程中产生的 WO_4^{2-} 在重力作用下向下，对下半部钨丝起保护作用，防止进一步溶解。用直流法制备时，针尖直径最好在 50nm 之内。用交流液膜法制备时，针尖直径最好可达到 100nm，纵横比很大，形状呈圆锥状，不适用于 STM 高分辨成像。

将制备的探针用于 STM 仪器扫描，得到清晰、稳定的 Bi（0001）原子分辨，如图 5-15 所示。

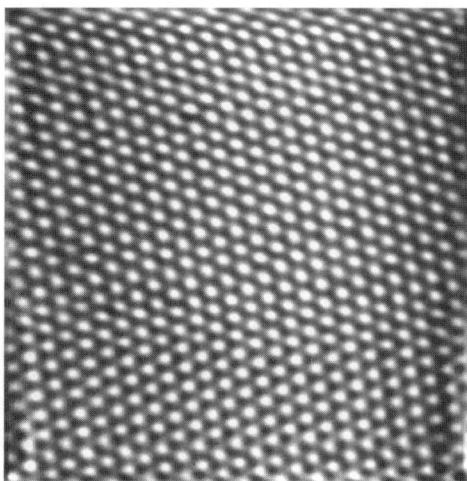

图 5-15　Bi（0001）原子分辨

通过对制备针尖各种主要因素的研究和分析，总结出制备针尖的最佳综合条件，即在直流条件下，参考电压 1.0V，开始腐蚀的电压较适合的范围是 4.00 ~ 6.00V，NaOH 浓度 3.0mol/L。在交流条件下，腐蚀电压 7V，NaOH 浓度 1.2mol/L。这样制备出来的 STM 探针可达到纳米级（50nm）且针尖形貌好，满足扫描隧道显微镜的要求。直流法相对于交流法可以得到更为尖锐的针尖，并且针尖整体形貌更好，直流法取下端为针尖，比取上端的针尖更为尖锐。利用所制备的 STM 探针进行 Bi 的 STM 扫描，图像的分辨率达到了原子级别，清晰且没有噪声，表明针尖状态良好、稳定，本实验制备的 STM 针尖，可用于有关扫描隧道显微镜的科学研究。

5.6　红荧烯薄膜在 Bi（0001）表面生长

随着社会的进步和发展，功能单一的材料和器件越来越难以满足应用领域的各种需求，一批具有半导体特性的有机功能材料如塑料和高分子聚合物等陆续被开发出来，并在不断的取代 Si 和 GaAs 等传统半导体材料。特别是 20 世纪 70 年代，美国物理学家 Alan J Heeger、化学家 Alan G MacDiarmid 和日本化学家 Hideki Sbirakawa 共同发现对聚乙炔分子进行掺杂可以使其薄膜电导率达到原来的 10^9 倍，从而拉开了有机半导体技术研究的序幕，他们也因这一重大发现而获得了 2000 年诺贝尔化学奖[51,52]。

相比无机半导体，有机半导体具有很大的优势，这主要表现在以下几个方面[53-60]：

（1）有机半导体的成膜技术更多、更新，如溶胶-凝胶法、真空蒸发沉积法、磁控溅射法、分子束外延法等。这使制备有机半导体薄膜的工艺简单、多样、价廉，可以大面积的制备。

（2）有机半导体器件能做到分子尺度的尺寸，集成度高。提高了运算速度，降低了功耗。

（3）容易获得分子有机物，有机场效应器件的制作工艺也较为简单，不要求苛刻的气氛和纯度，可大大降低器件的成本。

（4）有机半导体器件具有柔韧性好、质量轻的特性，因此便于携带。

（5）通过对有机分子进行改性和修饰，可以得到不同电学、光学性能的材料，使有机半导体器件类型呈现丰富多彩的景象。

有机半导体的研究应用范围已经扩展到很多方面[61-68]，如：

（1）有机场效应晶体管（OFET）。这是一种在沟道内采用有机半导体分子材料的器件。其在大面积、柔性化和低成本有源矩阵显示、射频标签等方面的潜在应用而倍受关注。

（2）有机太阳能电池。这属于第三代太阳能电池，具有生产工艺简单、可降解和环境污染小等特点而得到人们的关注。与第一、二代太阳能电池相比，有机太阳能电池更轻、更薄。

（3）有机发光二极管（OLED）。与液晶显示器（LCD）比较，OLED 具有可视度更佳、更薄、图像质量更好等优点，而且可弯曲折叠，随身携带。主要用在移动电话、掌上电脑及数码相机等。

（4）射频集成标签、有机传感器及智能集成系统。射频集成标签（RFID）被称为 21 世纪十大技术之一，作为一个低成本的选择方案，有机 RFID 将在世界范围内开辟一个新市场，与 Si 片 RFID 互补来满足市场的需求。智能集成系统（ISS）可以将很多种不同的功能集成在一块芯片上，从而开辟了很多全新的领域。其应用范围包括大面积传感器、诊断系统、智能包装系统和智能光源与光系统等。

在众多的有机半导体分子中，红荧烯分子由于具有较高的发光效率和载流子迁移率而倍受人们的关注，其荧光量子效率几乎达到 100%，抗浓度淬熄可维持到高达 7% 的掺杂浓度和双偶极性[49]。正是具有这些优良特性，很多研究者都通过掺杂红荧烯来实现高效、高稳定和长寿命的 OLED[69-71]。

基于以上研究状况，笔者选择在惰性的半金属 Bi 上生长红荧烯薄膜，通过改变衬底温度和覆盖度，用 STM 研究红荧烯晶态薄膜的生长状况，发现在 Bi（0001）表面红荧烯分子从高阶公度相到弱的非公度相转变以及畴壁的形成。在非公度畴的正交晶系结构中，存在着很大的各向异性应变力，而这种结构非常类似于红荧稀晶体相中的 a-b

面。通过改变衬底温度，发现在室温下畴壁呈现出"之"字形网状结构，而在高温下转变为条形结构。这些畴壁的不同形状是由于在 Bi（0001）衬底上弱的非公度相中应力释放和晶格转动的相互作用造成的。

5.6.1 红荧烯薄膜生长实验

红荧烯薄膜的生长包括以下步骤：首先在 Si（111）-7×7 衬底上沉积一层半金属 Bi 膜，然后在 Bi 膜上生长红荧烯薄膜。在薄膜沉积前 Si（111）-7×7 衬底先进行特殊的处理。

5.6.1.1 Si（111）-7×7 衬底处理

此次所使用的设备是一台超高真空-低温扫描隧道显微镜，本底真空为 $1.2×10^{-11}$ mbar。选择 Si（111）-7×7 作为衬底，原因在于其表面是一种良好的天然模板[72,73]，它是 Si（111）表面中最稳定的重构。此外，外来原子由于受到（7×7）结构中悬挂键、二聚体链和堆错的影响，具有选择性吸附的特点。因此在实验前先处理硅片，过程如下：①将长 20mm、宽 3mm、厚 0.3mm 的硅片放在烧杯里用丙酮和酒精各超声清洗 10min，之后将其传到样品制备室背烘模式加热除气 6h，除气最高温度 600℃。②闪硅。将经过除气的硅片放在直流加热台上，慢慢升高电流使温度达到 900℃，然后快速地退火到 1200℃持续 20s，再缓慢地降温到 900℃，最后缓慢降到室温。重复以上步骤几次就可得到完整的 Si（111）-7×7 表面重构。为了验证制备的硅片质量，将其传到 STM 扫描头进行扫描，得到 Si（111）-7×7 原子分辨，如图 5-16 所示。

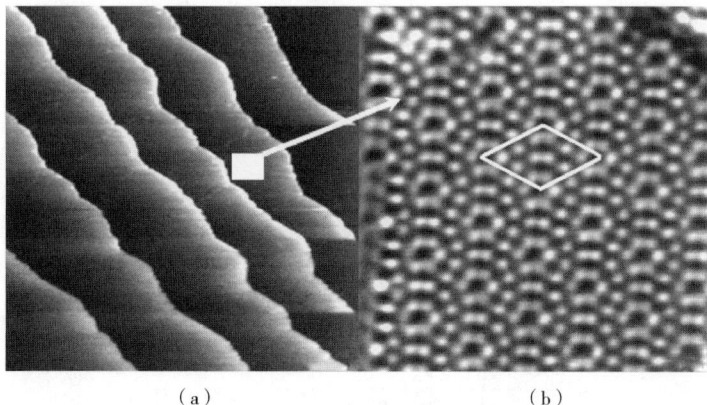

（a）　　　　　　　　　　　　　（b）

图 5-16　Si（111）-7×7 表面

从 STM 扫描图 5-16（a）中可清楚地看出，Si（111）-7×7 表面平整光滑台阶高度保持一致，图 5-16（b）所示的原子分辨显示，硅表面无杂物，很清晰地分辨出 12 个顶戴原子[74,75]，这也同时表明制备的针尖质量良好、稳定。Si（111）-7×7 表面重构虽然是 Si（111）表面最稳定的重构面，但其顶戴原子还具有很多悬挂键，与分子间的相互作用很强，不利于直接沉积有机高分子。

5.6.1.2 半金属 Bi 膜沉积

在沉积有机高分子前，先在硅衬底上沉积比较惰性的半金属 Bi。由于半金属 Bi 的费米波长较长、带隙很小，与分子间的相互作用力很小，所以有利于有机高分子的沉积。将 Bi 装在高纯的三氧化二铝坩埚里，坩埚外缠上用于加热的钨丝，首先在制备好的 Si（111）−7×7 表面室温沉积 20 个单原子层的 Bi，然后在 120℃下退火 2h 就可以得到非常平整光滑的 Bi（0001）薄膜。将制备好的 Bi 薄膜传入 STM 扫面头扫描观察，得到了高质量的 Bi 膜，如图 5-17 所示。

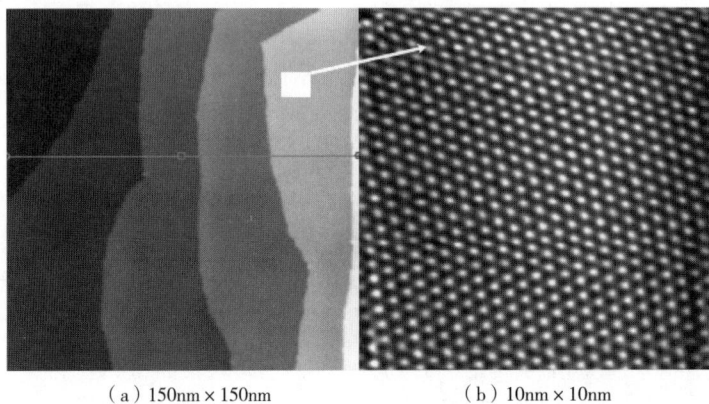

（a）150nm×150nm   （b）10nm×10nm

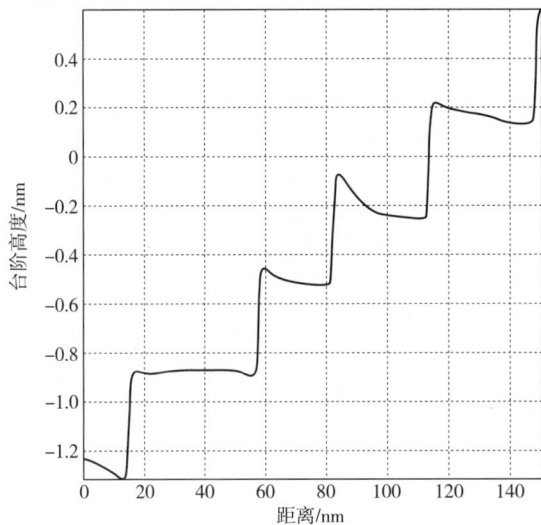

（c）Bi 台阶高度

图 5-17　Bi（0001）STM 图

其中，图 5-17（a）为大范围 Bi（0001）形貌，从中可看出制得的 Bi 膜表面无缺陷，干净，台阶分布均匀；图 5-17（b）为 Bi 的原子分辨，清晰、无噪声干扰。一般情况下，由于 Bi 的带隙很小，要获得其原子分辨，针尖要非常尖锐，这也再次证明了制备的探针获得了成功。图 5-17（c）为 Bi（0001）表面的台阶高度，从图上台阶高度亦可验证制备 Bi 膜的高质量。

5.6.1.3 红荧烯分子沉积

红荧烯分子（纯度为 99%）首先在 120℃下经过一整夜的除气，然后在自制的钽舟中进行真空蒸发沉积。生长速率约为每分钟 0.1mL。此处，把一层红荧烯薄膜的覆盖度定义为自组装结构双层膜，即 2mL。

为了建立红荧烯单分子吸附模型，采用自旋-极化二维傅里叶变换（DFT）和广义梯度（GGA）近似的计算方法，用一对基底与极化波函数来描述电子波函数。图 5-18（b）为红荧烯分子在 Bi（0001）表面吸附的侧面结构图，在这种吸附模型中，并四苯脊骨与衬底平面有 29.8° 的倾角，分子与衬底的最短距离为 2.5Å。图 5-18（c）为计算得出的红荧烯分子在 Bi（0001）表面总的电子密度分布，这与在实验中得到的单分子吸附图像非常吻合，如图 5-18（d）所示。

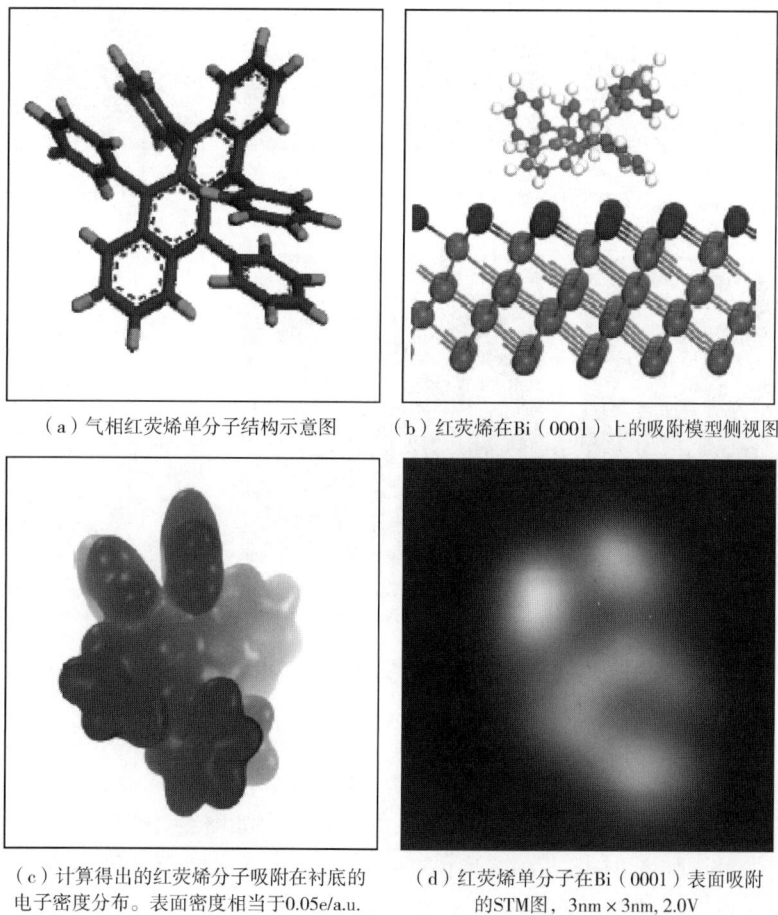

（a）气相红荧烯单分子结构示意图　　（b）红荧烯在 Bi（0001）上的吸附模型侧视图

（c）计算得出的红荧烯分子吸附在衬底的　　（d）红荧烯单分子在 Bi（0001）表面吸附
电子密度分布。表面密度相当于 0.05e/a.u.　　的 STM 图，3nm×3nm，2.0V

图 5-18　红荧烯单分子吸附在 Bi（0001）表面

5.6.2　实验结果与讨论

首先在室温下沉积少量的红荧烯分子，它优先选择吸附在台阶边缘并形成自组装双层岛，如图 5-19（a）所示。双层岛的高度由于偏压的不同，在 6~8Å 之间，这比红荧烯单分子高度（约 2.0Å）高出很多。图 5-19（b）为另一红荧烯双层岛，从台阶边缘可以清楚地看出岛的底层。图 5-19（c）为大范围自组装双层膜形貌图，可以看出几个不同方向的畴以及莫尔条纹。图 5-19（d）为莫尔条纹的放大图，其具有 4×3 结构的周期性特征。自组装双层膜的晶格常数为 $c_1 = 14.6$Å± 0.2Å，$c_2 = 16.6$Å± 0.2Å，$\theta = 68.0°\pm 0.5°$；c_1 平行于 Bi 衬底的一条主轴，自组装膜密度为 1.72nm^{-2}。

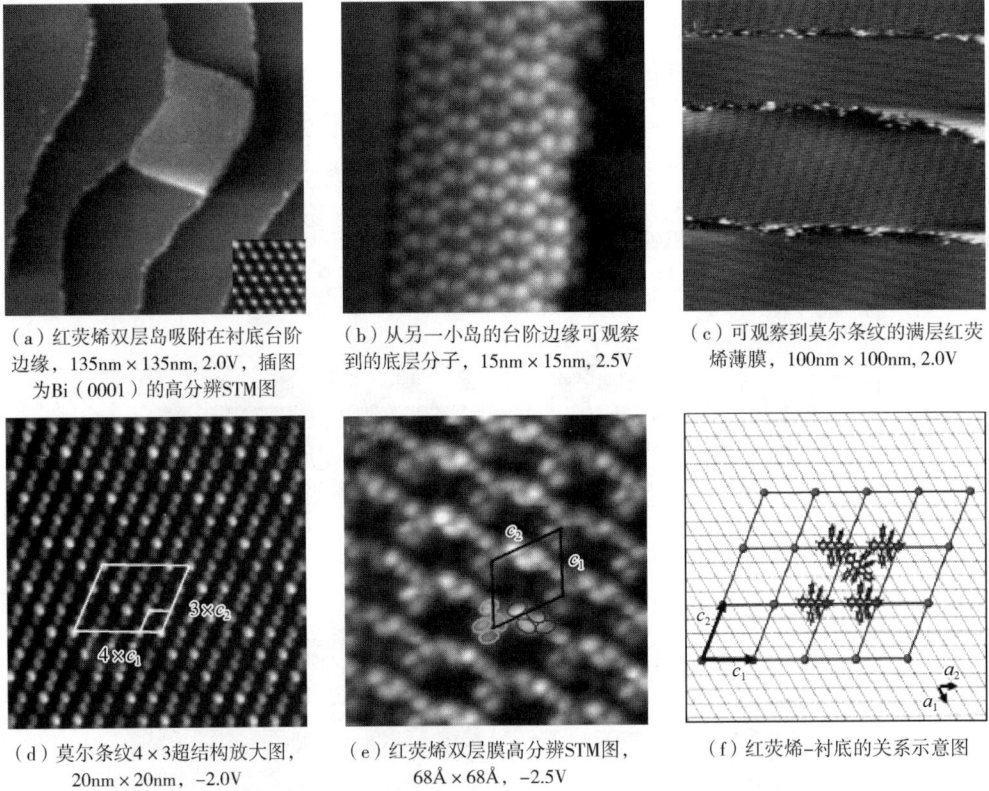

（a）红荧烯双层岛吸附在衬底台阶边缘，135nm×135nm，2.0V，插图为 Bi（0001）的高分辨 STM 图

（b）从另一小岛的台阶边缘可观察到的底层分子，15nm×15nm，2.5V

（c）可观察到莫尔条纹的满层红荧烯薄膜，100nm×100nm，2.0V

（d）莫尔条纹 4×3 超结构放大图，20nm×20nm，−2.0V

（e）红荧烯双层膜高分辨 STM 图，68Å×68Å，−2.5V

（f）红荧烯–衬底的关系示意图

图 5-19　在 Bi（0001）上的红荧烯自组装双层膜

从高分辨 STM 图 5-19（e）可以看出，每个单胞内有两个红荧烯分子，每个分子都呈现出四个亮点。根据莫尔条纹和 Bi（0001）表面的晶格常数 $a_1 = a_2 = 4.54$Å，$\theta = 60°$[76]，可以模拟出覆盖层和衬底之间关系的示意图，如图 5-19（f）所示。在这种结构中，红荧烯分子如图 5-18（c）所示的单分子一样基本处于平躺结构。自组装双层膜的晶格基矢可以用转换矩阵表示，如式（5-10）所示：

$$\begin{pmatrix} c_1 \\ c_2 \end{pmatrix} = \begin{pmatrix} 13/4 & 0 \\ -2/3 & 4 \end{pmatrix} \begin{pmatrix} a_1 \\ a_2 \end{pmatrix} \tag{5-10}$$

这个转换矩阵表明红荧烯双层膜与 Bi（0001）衬底是一种高阶公度相（point-on-line）的关系。红荧烯双层膜的所有格点处在与衬底 a_2 轴平行的一条晶格线上。这种大范围的巧合取决于与分子间相互作用有关的弹性模量，它比覆盖层-衬底界面的弹性模量要大[26]。

继续增加红荧烯覆盖度，红荧烯自组装双层膜开始转变为弱的非公度相，这是一种连续相变。

图 5-20（a）所示为室温下沉积 2.5ML 的红荧烯薄膜形貌图。可以看出自组装双层膜与弱的非公度相共存，这种弱的非公度相具有畴壁的结构。当覆盖度增加到 3ML 时，样品表面大部分区域呈现出具有"之"形网状畴壁的弱的非公度相，如图 5-20（b）所示。在图 5-20（c）中可更清楚地看出畴壁的排列，它们沿着 Bi（0001）衬底 $[\bar{1}\bar{1}2]$ 或 $[12\bar{1}]$ 方向。而在 Bi 衬底的 $[21\bar{1}]$ 方向，畴壁缺失，因此可以把它们看

（a）红荧烯覆盖度为2.5ML的高阶公度-弱的非公度相变，低台阶处的自组装双层膜在与弱的非公度相共存，60nm×60nm，3.0V

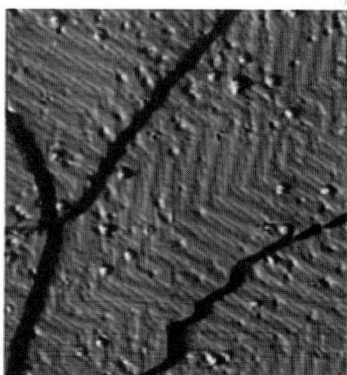

（b）红荧烯覆盖度为2.5ML的高阶公度-弱的非共度相变，样品表面全部形成弱的非公度相，100nm×100nm，4.5V

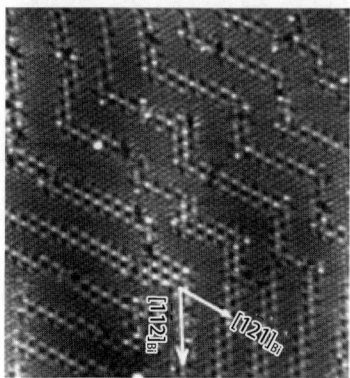

（c）弱的非公度相中呈"之"字形的畴壁，47nm×47nm，2.8V

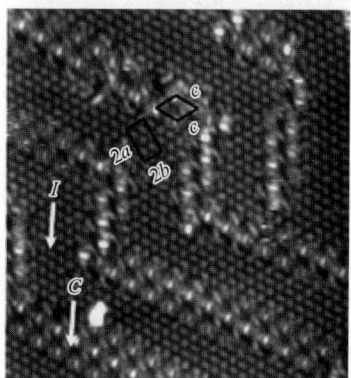

（d）弱的非公度相放大图，25nm×25nm，2.5V

图 5-20　室温沉积下红荧烯覆盖层高阶公度-弱的非公度相变

作是一种准六角的网状结构。从图 5-20（d）的放大图看，在非公度畴区域分子的排列呈现出具有正交晶格的"人"字形结构，而在畴壁区域则呈现出六角点阵（$c = 15.5\text{Å}\pm0.1\text{Å}$），这与 Bi（0001）表面 $2\sqrt{3}\times2\sqrt{3}$ 重构相吻合。因此这种畴壁是一种公度相。这与前人所报道过的非公度相的畴壁不同。此外，畴壁中的分子形貌与自组装双层膜中的分子非常类似。正交晶系相中的晶格常数为 $a = 12.6\text{Å}\pm0.2\text{Å}$，$b = 7.3\text{Å}\pm0.2\text{Å}$，$\varphi = 90.9°\pm0.5°$，$a/b = 1.73$。通过计算转换矩阵，我们发现正交晶系相与 Bi 衬底是非公度的。有趣的是，它很类似于红荧烯晶体相的 a-b 面的晶格常数，即 $a_0 = 14.4\text{Å}$，$b_0 = 7.2\text{Å}$，$\theta_0 = 90°$，$a/b = 2.01^{[77]}$。这里把各向异性应变定义为所测得的晶格常数与体相的晶格常数的微小偏差：$\delta_a = (a - a_0)/a_0 = -12.5\%$，$\delta_b = (b - b_0)/b_0 = 1.4\%$。通过计算表明正交晶系相在 a 轴方向存在很大的压缩应变，而在 b 轴存在轻微的拉伸应变。在红荧烯晶体中，它的并四苯脊骨是垂直于 a-b 面的，而在自组装双层膜中与 Bi（0001）衬底有 30° 的倾角。因此，推测从高阶公度到弱的非公度相转变过程中，红荧烯分子的取向也发生了变化。

图 5-21（a）是弱的非公度相的高分辨图，可以看到畴壁的一条 c 轴平行于正交晶系相中的 b 轴，它们都平行于 Bi 衬底的 $[\bar{2}11]$ 方向。正交晶系相的 a 轴平行于 Bi（0001）的一条主轴。有趣的是，a、b 轴构成了一个其中一个锐角是 30.1° 的"直角三角形"，这与六角对称的 Bi（0001）衬底精确的匹配。事实上，红荧烯正交晶系相可以被看作是一个准 bcc（110）晶格在 fcc（111）面上的生长。图 5-21（b）为弱的非公度相在 Bi（0001）衬底的结构模型。正交晶系相的 a 轴平行于 Bi（0001）的一条主轴，这正好符合 Kurdjumov-Sachs（KS）取向关系。经过计算得到晶格失配度为 $m = (\sqrt{3}a_1 - b)/\sqrt{3}a_1 = 7.2\%$。

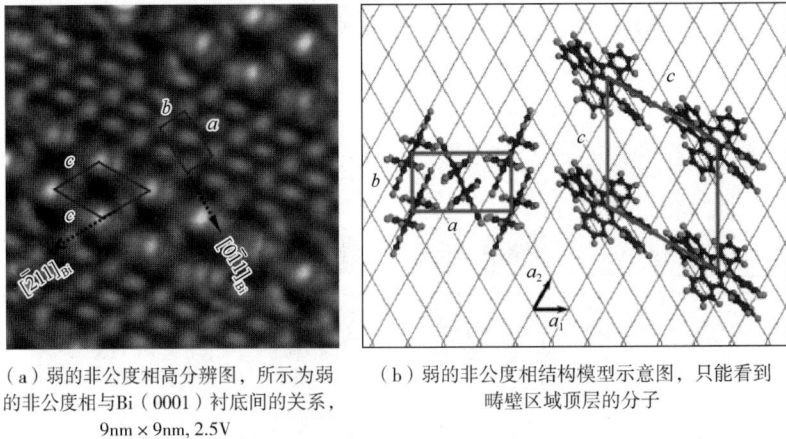

（a）弱的非公度相高分辨图，所示为弱的非公度相与Bi（0001）衬底间的关系，9nm × 9nm, 2.5V

（b）弱的非公度相结构模型示意图，只能看到畴壁区域顶层的分子

图 5-21　弱的非公度相高分辨图及结构模型示意图

图 5-22 展示了高温下沉积红荧烯薄膜的高阶公度-弱的非公度相变。畴壁呈现出相互平行的条状结构，或者说所有的畴壁都沿着同一个方向。图 5-22（a）为沉积 2.5ML 形成的弱的非公度相形貌图，畴壁比非公度的畴要厚。从放大的图 5-22（b）

光电功能材料的制备与性能研究

看，正交点阵的畴和六角点阵的畴壁相对于 Bi（0001）衬底均有大约 5° 的小角度偏转，这类似于 Novaco 和 McTague 所提出的转动外延[78,79]。在畴壁中的晶格常数变为 $c_1' = 16.4Å±0.2Å$，$c_2' = 15.3Å±0.2Å$，$\varphi = 64.5°±0.5°$，因此畴壁相与 Bi 衬底不再是公度的。而正交晶系的晶格常数变为 $a' = 13.6Å±0.2Å$，$b' = 7.1Å±0.2Å$，$\theta' = 85°±0.5°$。而各向异性应变则变为 $\delta_a = -5.5\%$，$\delta_b = -1.4\%$。这表明由于晶格的转动，在 a 轴上存在的压缩应力大部分被释放出来，而在 b 轴上的应力变化却很小。覆盖度增加到 3.2ML 时，如图 5-22（c）所示，在弱的非公度相中畴壁主要是条形的，而很少有"之"字形网状结构。畴壁的厚度比畴的厚度要小。当覆盖度增加到 3.5ML 时，条状畴壁的厚度变得越来越薄以至于这些畴壁不再连贯，如图 5-22（d）所示。基于不同覆盖度下弱的非公度相形貌差异，表明高温下的高阶公度–弱的非公度相变是一种连续相变。

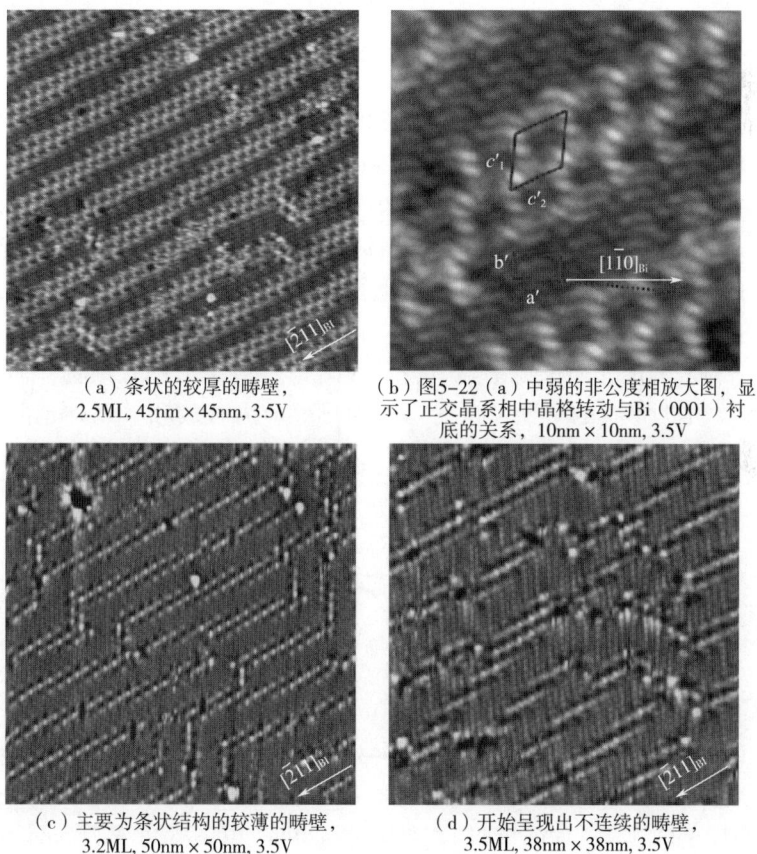

（a）条状的较厚的畴壁，
2.5ML, 45nm×45nm, 3.5V

（b）图5-22（a）中弱的非公度相放大图，显示了正交晶系相中晶格转动与Bi（0001）衬底的关系，10nm×10nm, 3.5V

（c）主要为条状结构的较薄的畴壁，
3.2ML, 50nm×50nm, 3.5V

（d）开始呈现出不连续的畴壁，
3.5ML, 38nm×38nm, 3.5V

图5-22　高温（约80℃）沉积下红荧烯覆盖层高阶公度-弱的非共度相变

值得注意的是，高温下的 HC-WI 连续相变以及条状畴壁的形成和 BMVW 关于 C-I 相变的理论相符合。在 BMVW 理论中，由于畴壁的相互排斥作用（$\lambda > 0$），会导致一种具有条状畴壁的连续相变。然而，对于相互吸引的畴壁（$\lambda < 0$），BMVW 模型则指出会产生一种具有六角畴壁的一级 C-I 相变，这和实验所观察到的结果不一致。在

图 5-20 中，室温沉积的红荧稀薄膜所形成的具有准六角畴壁的结构是一种连续的 HC-WI 相变。实际上，实验所观察到的结果类似于 Kr 在石墨上的生长情形，产生的是连续相变，但仍然具有六角形结构[80]。Villain 和 Gordon 指出，Kr 在石墨上公度-非公度相变中条状结构的消失可能是杂质效应所引起的[81]。笔者认为弱的非公度相中准六角形畴壁的形成是各向异性应力和 KS 取向中转动外延之间的微弱平衡造成的。当在高温沉积的时候，由于各向异性应力的释放和在一个方向上的晶格转动，这种微弱的平衡被打破。相对地，畴壁的对称性也出现破缺，从准六角网状结构变为条状结构。

5.7 小结

本章的主要结论如下：

（1）研制一套制备 STM 探针的自动切断电路，并用自制的装置制备高质量的探针，通过 SEM 扫描显示探针尖端直径达到 50nm。

（2）借助自制的探针，在 STM 仪器中研究红荧烯分子在 Bi（0001）薄膜上的生长状况。在红荧烯薄膜中观察到从高阶公度相到具有畴壁结构的非公度相的转变。

（3）弱的非公度相是一种在公度相的畴壁和非共度相的畴相间分布的混合相，在非公度畴中存在着很大的各向异性应力。

（4）基于衬底温度，畴壁在室温下会呈现出"之"字形网状结构，而在高温下呈现出条状结构。不同形状的畴壁可认为是各向异性应力释放和转动外延的相互作用所导致的。

参考文献

［1］ YAMAGISHI M，TAKEYA J，TOMINARI Y，et al. High-mobility double-gate organic single-crystal transistors with organic crystal gate insulators ［J］. Applied Physics Letters，2007，90（18）：1705.

［2］ KAFER D，WITTE G. Growth of crystalline rubrene films with enhanced stability ［J］. Physical Chemistry Chemical Physics，2005，7（15）：2850-2853.

［3］ KÄFER D，RUPPEL L，WITTE G，et al. Role of molecular conformations in rubrene thin film growth ［J］. Physical Review Letters，2005，95（16）：166602.

［4］ KYTKA M，GISSLEN L，GERLACH A，et al. Optical spectra obtained from amorphous films of rubrene：Evidence for predominance of twisted isomer ［J］. Journal of Chemical Physics，2009，130（21）：497.

［5］ SEO S, PARK B N, EVANS P G. Ambipolar rubrene thin film transistors ［J］. Applied Physics Letters, 2006, 88 (23): 086602.

［6］ KÄFER D, et al. Role of molecular conformations in rubrene thin film growth ［J］. Physical Review Letters, 2005, 95 (16): 166602-166605.

［7］ MCGARRY K A, XIE W, SUTTON C, et al. Rubrene-based single-crystal organic semiconductors: synthesis, electronic structure, and charge-transport properties ［J］. Chemistry of Materials, 2013, 25 (11): 2254-2263.

［8］ 张玉婷, 王卓, 孙洋, 等. 红荧烯薄膜生长及稳定性的研究 ［J］. 发光学报, 2017, 38 (8): 1047-1055.

［9］ MA H P, LIU N, HUANG J D. A DFT study on the electronic structures and conducting properties of rubrene and its derivatives in organic field-effect transistors ［J］. Scientific Reports, 2017, 7 (1): 331-342.

［10］ 张蔓蔓. 红荧烯及其衍生物电子吸收和荧光光谱的理论研究 ［D］. 郑州: 郑州大学, 2019.

［11］ 马彩虹, 汤仙童, 许静, 等. 红荧烯掺入多种激基复合物器件的微观过程 ［J］. 科学通报, 2021, 66 (1): 63-72.

［12］ 王辉耀, 宁亚茹, 吴凤娇, 等. 纯红荧烯器件中极化子对的系间窜越与高能三重态激子的反向系间窜越过程"消失"的原因 ［J］. 物理学报, 2022, 71 (21): 310-320.

［13］ 汤仙童, 潘睿亨, 熊祖洪. 红荧烯发光器件中激子和激基复合物共同调控的系间窜越反常电流依赖性 ［J］. 科学通报, 2023, 68 (18): 2401-2410.

［14］ VILLAIN J. In ordering in strongly fluctuating condensed matter systems ［M］. New York: Plenum Press, 1980: 221.

［15］ BAK P. Commensurate phases, incommensurate phases and the devil's staircase ［J］. Reports on Progress in Physics, 1982, 45 (6): 587.

［16］ PARTRYKIEJEW A, SOKOLOSKI S, BINDER K. Phase transitions in adsorbed layers formed on crystals of square and rectangular surface lattice ［J］. Surface Science Reports, 2000, 37 (6-8): 207-344.

［17］ NIJS M D. in Phase transitions and critical phenomena ［M］. London: Academic Press, 1988. 219.

［18］ BRUCH L W, DIEHL R D, VENABLES J A. Progress in the measurement and modeling of physisorbed layers ［J］. Reviews of Modern Physics, 2007, 79 (4): 1381-1454.

［19］ KERN K, PETER Z, RUDOLF D, et al. Incommensurate to high-order commensurate phase transition of Kr on Pt (111) ［J］. Physical Review Letters, 1987, 59 (1): 79-82.

［20］ FRENKEL Y I, KONTOROVA T A. On the theory of plastic deformation and twinning. part Ⅱ ［J］. Zhurnal Eksperimental'noi i Teoreticheskoi Fiziki, 1938 (8):

1340−1348.

［21］ FRANK F C, MERWE J H V D. One-dimensional dislocations. I. static theory ［J］. Proceedings of the Royal Society A, 1949, 198（1053）: 205−216.

［22］ BAK P, MUKAMEL D, VILLAIN J, et al. Commensurate-incommensurate transitions in rare-gas monolayers adsorbed on graphite and in layered charge-density-wave systems ［J］. Physical Review B, 1979, 19（3）: 1610−1613.

［23］ KERN K, DAVID R, ZEPPENFELD P, et al. Symmetry breaking commensurate-incommensurate transition of monolayer Xe physisorbed on Pt（111）［J］. Solid State Communications, 1987, 62（6）: 391−394.

［24］ SCHREIBER F. Organic molecular beam deposition: growth studies beyond the first monolayer ［J］. Physica Status Solidi（a）, 2004, 201（6）: 1037−1054.

［25］ BURKE S A, TOPPEL J M, GRUTTER P. Molecular dewetting on insulators ［J］. Journal of Physics: Condensed Matter, 2009, 21（42）: 423101−423116.

［26］ HOOKS D E, FRITZ T, WARD M D. Epitaxy and molecular organization on solid substrates ［J］. Advanced Materials, 2001, 13（4）: 227−241.

［27］ ZANGWILL A. Physics at surface ［M］. Cambridge: Cambridge University Press, 1988: 422.

［28］ 任英建, 黄淼铭, 刘浩, 等. 红荧烯晶体薄膜的研究进展 ［J］. 微纳电子技术, 2020, 57（11）: 877−888, 904.

［29］ WANG C, BRAULT P, ZAEPFFEL C, et al. Deposition and structure of W−Cu multilayer coatings by magnetron sputtering ［J］. Journal of Physics D Applied Physics, 2003, 36（21）: 2709−2713.

［30］ ZONG R L, WEN S P, ZENG F, et al. Nanoindentation studies of Cu−W alloy films prepared by magnetron sputtering ［J］. Journal of Alloys and Compounds, 2008, 464（1−2）: 544−549.

［31］ 梅芳, 弓满锋, 李玲. 溅射技术在 SiC 薄膜沉积中的应用和工艺研究进展 ［J］. 表面技术, 2008, 37（2）: 75−77.

［32］ 王华馥, 吴自勤. 固体物理实验方法 ［M］. 北京: 高等教育出版社, 1990.

［33］ 杨树人, 丁墨元. 外延生长技术 ［M］. 北京: 国防工业出版社, 1992.

［34］ 田民波, 薄膜技术与薄膜材料 ［M］. 北京: 清华大学出版社, 2006.

［35］ 唐承欢. 固体物理实验方法 ［M］. 北京: 高等教育出版社, 1990.

［36］ ZENG X R. Modern analytical technology of polymers ［M］. Guangzhou: The Press of South China University of Technology, 2007.

［37］ 杨序纲, 吴琪琳. 拉曼光谱的分析与应用 ［M］. 北京: 国防工业出版社, 2008.

［38］ 吴自勤, 王兵. 薄膜生长 ［M］. 北京: 科学出版社, 2001.

［39］ 郭可信. 高分辨电子显微学 ［M］, 北京: 科学出版社, 1986.

［40］ 白春礼. 扫描隧道显微术及其应用 ［M］. 上海: 上海科学技术出版社, 1992.

［41］ BINNIG G, ROHRER H, GERBER C, et al. 7×7 reconstruction on Si（111） resolved in real space [J]. Physical Review Letters, 1983 (50): 120.

[42] 彭昌盛, 谷庆宝. 扫描探针显微技术理论与应用 [M]. 北京: 化学工业出版社, 2007.

[43] BINING G, ROHRER H. Scanning tunneling microscopy—from birth to adolescence [J]. Review of Modern Physics, 1987 (59): 615.

[44] BINING G, ROHRER H. Scanning tunneling microscopy [J]. Surface Science, 1983 (126): 236-244.

[45] TERSOFF J, HAMANN D R. Theory of the scanning tunneling microscope [J]. Physical Review B, 1985 (31): 805.

[46] 郭仪, 白春礼. 扫描隧道显微镜针尖制备及其影响因素的研究 [J]. 真空科学与技术, 1993, 13 (1): 56-64.

[47] BIEGELSEN D K, PONCE F A, TRAMONTANA J C, et al. Ion milled tips for scanning tunneling microscopy [J]. Applied Physics Letters, 1987, 50 (11): 696-698.

[48] IBE J P. On the electrochemical etching of tips for scanning tunneling microscopy [J]. Journal of Vacuum Science & Technology A: Vacuum Surfaces & Films, 1990, 8 (4): 3570-3575.

[49] LEWIS J, BURROUGHES J, OHMORI Y, et al. Organic electronics [J]. Proceedings of the IEEE, 2009, 97 (9): 1555-1557.

[50] AL-SHAMERY K, HOROWITZ G, SITTER H, et al. Interface Controlled Organic Thin Films [M]. Berlin: Springer Berlin Heidelberg, 2009.

[51] SHIRAKAWA H, LOUIS E J, MACDIARMID A G, et al. Synthesis of electrically conducting organic polymers: halogen derivatives of polyacetylene, $(CH)_x$ [J]. Journal of the Chemical Society Chemical Communications, 1977, 16 (16): 578-580.

[52] CHIANG C K, FINCHER J R C R, PARK Y W, et al. Electrical conductivity in doped polyacetylene [J]. Physical Review Letters, 1977, 39 (17): 1098-1101.

[53] 蒋鑫元. 有关有机半导体器件的电学性能研究与探讨 [J]. 硅谷, 2008 (8): 16, 3.

[54] SALZMANN I, HEIMEL G, OEHZELT M, et al. Molecular electrical doping of organic semiconductors: fundamental mechanisms and emerging dopant design rules [J]. Accounts of Chemical Research, 2016, 49 (3): 370-378.

[55] SCACCABAROZZI A D, BASU A, ANIES F, et al. Doping approaches for organic semiconductors [J]. Chemical Reviews, 2022, 122 (4): 4420-4492.

[56] ONO T, KODA T, SASAKI T, et al. Checkpoint nano-protacs for activatable cancer photo-immunotherapy [J]. Advanced Materials, 2023, 35 (11): 22104-13.

[57] 裴梦皎, 李雅婷, 鲁娇娇, 等. "薄膜即是界面, 界面即是薄膜": 二维有机半导体晶体的研究进展 [J]. 物理学进展, 2021, 41 (1): 1-38.

［58］张宵，丁嘉敏，刘力瑶，等．环境友好型有机热电和薄膜晶体管材料的研究进展［J］．中国科学：化学，2022，52（2）：194-208.

［59］李尧，王奋强，王爱玲，等．有机薄膜晶体管陷阱态密度检测研究进展［J］．激光与光电子学进展，2024，61（13）：55-67.

［60］李正珂，岳晚．有机电化学晶体管材料、器件及功能［J］．科学通报，2024，69（20）：2856-2868.

［61］黄忆男，王中武，陈小松，等．有机场效应晶体管的稳定性瓶颈：从失稳机制到解决方案［J］．科学通报，2023，68（14）：1469-1473.

［62］王治芳，Daniel Martin-Jimenez，张莹莹，等．类液晶作为高性能有机场效应晶体管的有源层［J］．中国科学：材料科学（英文版），2023，66（4）：1518-1526.

［63］周雪，王莎莎，刘兵，等．全小分子有机太阳能电池研究进展［J］．化工新型材料，2024，52（9）：43-47.

［64］曾光，张奔，李耀文．液晶分子优化给体材料组装制备高性能有机太阳能电池［J］．高分子学报，2024，55（6）：698-708.

［65］李晓云，杜晓宇．量子点发光二极管传输层研究进展［J］．传感器与微系统，2024，43（9）：1-5.

［66］边浩冬，李佳睿，张春芳，等．基于激基复合物主体的高效杂化白光有机发光二极管［J］．发光学报，2024，45（7）：1163-1172.

［67］赵志东，何缘，祁星瑞，等．基于 Fe/Ni 二元金属有机框架/多壁碳纳米管的电化学传感器对芬太尼的快速检测［J］．分析化学，2024，52（8）：1152-1162.

［68］周芷任，刘娅楠，黄晓婧，等．基于功能化金属有机骨架材料的比率电化学传感器在检测领域的应用进展［J］．理化检验-化学分册，2024，60（5）：527-535.

［69］朱洪强，屈芬兰，贾伟尧，等．高温环境中掺杂 Ir（ppy）3 的红荧烯型有机发光二极管的光-电-磁性能及激子演化过程［J］．中国科学：物理学 力学 天文学，2021，51（11）：114-121.

［70］马彩虹，汤仙童，许静，等．红荧烯掺入多种激基复合物器件的微观过程［J］．科学通报，2021，66（1）：63-72.

［71］李瑞东，邓金祥，张浩，等．Rubrene：MoO_3 混合薄膜的制备及光学和电学性质［J］．物理学报，2019，68（17）：253-260.

［72］RODRIGUES N D L, LNOCH F W, GOMES L F M, et al. Localized-states quantum confinement induced by roughness in CdMnTe/CdTe heterostructures grown on Si (111) substrates［J］. Journal of Semiconductors, 2024, 45（9）：34-42.

［73］管丹丹，王欣伟，毛宏颖，等．Adsorption of Perylene on Si (111)（7×7）［J］. Chinese Physics Letters, 2020, 37（2）：59-62.

［74］TAKAYANAGI K, TANISHIRO Y, TAKAHASHI M, et al. Structural analysis of Si (111) −7×7 by UHV-transmission electron diffraction and microscopy［J］. Journal of Vacuum Science and Technology A, 1985（3）：1502.

［75］刘惠周，李哲吟．Si (111) 7×7 结构模型的稳定性研究［J］．物理学报，1989，

38（10）：1569-1577.

［76］ NAGAO T, SADOWSKI J T, YAGINUMA S, et al. Nanofilm allotrope and phase transformation of ultrathin Bi film on Si（111）-7×7［J］. Physical Review Letters, 2004, 93（10）：105501-105504.

［77］ SUNDAR V C, ZAUMSEIL J, PODZOROV V, et al. Elastomeric transistor stamps: reversible probing of charge transport in organic crystals［J］. Science, 2004, 303（5664）：1644-1646.

［78］ NOVACO A D, MCTAGUE J P. Orientational epitaxy—the orientational ordering of incommensurate structures［J］. Physical Review Letters, 1977, 38（22）：1286-1289.

［79］ MCTAGUE J P, NOVACO A D. Substrate-induced strain and orientational ordering in adsorbed monolayers［J］. Physical Review B, 1979, 19（10）：5299-5306.

［80］ MONCTON D E, STEPHENS P W, BIRGENEAU R J, et al. Synchrotron X-ray study of the commensurate-incommensurate transition of monolayer krypton on graphite［J］. Physical Review Letters, 1981, 46（23）：1533-1536.

［81］ VILLAIN J, GORDON M B. In dynamical process and ordering on solid surface［M］. Berlin: Springer Press, 1985：144.

第 5 章　红荧烯光电薄膜的生长研究